数学の真髄

ベクトル

東進ハイスクール・東進衛星予備校 講師

青木純二

東進ブックス

はじめに

　教え子の間では有名な話ですが，むかーしむかし，私は北海道の高等学校で教員生活を送っていました。もう 30 年以上前の話です。父親が教師だったこともあり，私にとって教師は少年の頃から夢の職業でした。「数学」という教科を選んだ積極的な理由はありません。特に数学が大好きだったわけでも，得意だったわけでもなく，教師になれるなら教科は何でもよかったというのが本当のところです。ところが「数学」という教科を選んだことが原因で，私の教員生活はわずか 3 年で幕を閉じます。辞めた理由，それは 1 つではないのですが，最大の理由は

「教科書を使って教えなければダメ」

という縛りに耐え切れなかったことです。現在は少し変わってきたようですが，当時指定された教科書には，

- 【1】証明の付いていない定理や公式がたくさん
- 【2】例題の後に「解き方と解答」が載ってはいるが，なぜそのように考えるのかについての説明はほぼ皆無
- 【3】単元間の数学的なつながりの説明が皆無

など，私にとっては大いにいら立つ内容でした。私は心の中で

- ただ「解き方を覚えましょう！」って教えろとでも言うんか？
- 加法定理，丸暗記しろってかぁ？
- 【3】なんて，数学の一番面白いところだべ！
- 先にベクトルを学べば，「点と直線の距離公式」も「三角関数の加法定理・合成公式」も当たり前なのに……。

などと叫ぶ悶々とした日々に耐え切れず，上京し，この生き馬の目を抜く「塾・予備校業界」に身を置く羽目になったわけであります。それがよい選択だったのかどうかは微妙なところですが……。

2022 年に，東進ブックスから『数学の真髄 —論理・写像—』という本を出版させていただきました。執筆の動機は上記【2】に対する叫びです。そしてこのたび，本書『数学の真髄 —ベクトル—』を出版させていただくことができました。本書は上記【3】に対する叫びです。「数学的なつながり」のすべてを書き記すのは到底無理ですが，

「ベクトル」を学ぶことで見えてくる高校数学

を自分なりにまとめてみました。現在（2024 年時点），教科書からは「行列」「線形変換」などの数学的に重要で，かつ楽しい内容が消えうせていますが，その真髄は「ベクトル」だけでも十分伝わるのではないか，という思いで書き上げました。（現在の）教科書には載っていない「言葉」や「概念」も登場しますが，私が 30 年以上，高校生に授業してきた内容をさらけだしたつもりです。

　本書が想定している生徒の前提条件は，次の通りです。
(ⅰ)　難関大学に合格したいと思っている（文理は問わない）。
(ⅱ)　教科書は一通り終え，その知識を十分に保持している。
(ⅲ)　教科書の章末問題や教科書傍用の問題集などはある程度スラスラ解ける。
(ⅳ)　$\land$，$\lor$，$\implies$，$\forall$，$\exists$ などの論理の基本を理解している。

　(ⅳ)については，前出の拙著『数学の真髄 —論理・写像—』の基本を理解していることを想定しています。また，教科書ではベクトルの成分表示を，
$$(x, y),\quad (x, y, z)$$
と「横書き」の表記をとっているものが多いですが，本書では「縦書き」の表記に統一しています。

「ベクトルの問題を解くためにベクトルを学ぶ」だけではなく，
「ベクトルを学んだおかげで，いろいろな数学的事象が当たり前に見えてきた」
と思う高校生が一人でも増えてくれたら，こんなにうれしいことはありません。

　本書の出版にあたり，執筆が遅れに遅れ，迷惑をかけ続けた東進ブックスのスタッフと，内容についての貴重な意見を頂戴した，普段の授業でもアドバイザーをしてくれている，山内康太郎氏に，感謝の言葉を述べさせていただきます。
2024 年 7 月　青木純二

本書の特長

Good Point of This Book

1.「1」を理解して「100」に応用するための「講義」

　1次独立・斜交座標・符号付き長さ・正射影ベクトルなど，教科書には登場しなくても，入試問題を考える際には必須となる概念を講義します。「教科書に書いてあることはそういう意味だったんだ！」という発見を大切にし，それを様々な問題に応用する力を養成します。

2.「計算」よりも「図形的考察」を重視した考え方の伝授

　図形問題には「計算処理による解法」と「図形的考察による解法」の2つのアプローチがあります。本書で鍛えるのは圧倒的に後者です。入試問題には「計算しなくても意味を考えれば，先に答えがわかる！」という問題が少なくありません。「計算で解く」のではなく「考えて解く」とはどういうことなのかを解説します。

3.「公式を自作して使える」ように指導

　「公式は暗記して使うもの」ではなく「公式は意味を考えれば当たり前，いつだって作れるぜ」というのが賢い人の感覚です。数学的に賢くなるということは「当たり前を増やす」ということです。当たり前のことをいくつか合わせれば，教科書に載っていない公式を自作することだって難しくありません。その考え方を実際の入試問題にどのように適用できるのかを伝授します。

4. 論理的な答案作成力を鍛える「実践問題」

　「講義」で学んだ考え方をすぐに応用できるよう，各 Part の最後に実践問題を収録しました。実際に大学入試で出題された問題などを演習し，解答・解説を確認する中で，論理的な答案を作成する力を身に付けることができます。

本書の使い方
How to Use This Book

本書では，数学の「ベクトル」の分野を Part 1 ～ Part 4 に分け，すべての Part について，「講義」→「実践問題」という形式で進めていきます。まずは，授業を受けているつもりで「講義」を読み進め，読み終わったら「実践問題」を解き，「講義」で学んだ考え方を実践しましょう。

1. 講義

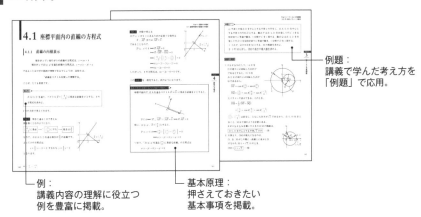

例題：
講義で学んだ考え方を「例題」で応用。

例：
講義内容の理解に役立つ例を豊富に掲載。

基本原理：
押さえておきたい基本事項を掲載。

2. 実践問題

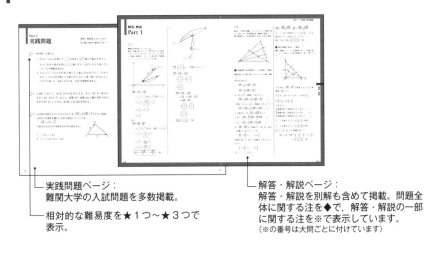

実践問題ページ：
難関大学の入試問題を多数掲載。

相対的な難易度を★1つ～★3つで表示。

解答・解説ページ：
解答・解説を別解も含めて掲載。問題全体に関する注を◆で，解答・解説の一部に関する注を※で表示しています。
（※の番号は大問ごとに付けています）

目次
Contents

＊学習指導要領外の知識を扱う章・節に★を付けています。それぞれの学習状況に応じて読み進めてください。

Part

1

1次独立と斜交座標

「君はどれだけ移動したの？」「あなたはどこにいるの？」
これらの質問に「どのようなベクトルをいくつ用意すれ
ば効率よく答えることができるか」を考えることがベク
トルの最初の一歩です。

1.1 位置ベクトル

1.1.1 位置ベクトルの考え方

筆者の故郷は，北海道留萌市で，下の地図の点 P に位置します。

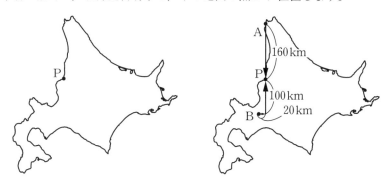

「留萌ってどこにあるの？」

と言う友人にこの場所を紹介するには，どう表現すればよいでしょう。

「留萌市は北緯 44 度，東経 142 度に位置する」

という地球儀的な言い方だと，その友人はどうもピンとこないようです。そこで，

「稚内（点 A）からおよそ南に 160 km のところ」
「札幌（点 B）からおよそ東に 20 km，北に 100 km のところ」

と伝えると，何となく理解してくれました。このように，点の位置を把握する際に「既知のある点を基準にする」というのは，日常生活の中で普通に行われていることです。これが**位置ベクトル**の考え方です。

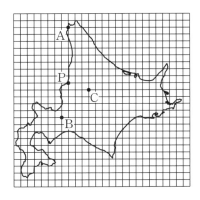

上図のように，北海道の地図上に $20\,\mathrm{km}$ 間隔で東西，南北に目盛りを入れて，東向きが x 軸の正の向き，北向きが y 軸の正の向きとなるような座標平面を設定します。原点の位置は気にしません。このとき，稚内 A から見た留萌 P の位置は，

$$\overrightarrow{\mathrm{AP}} = \begin{pmatrix} 0 \\ -8 \end{pmatrix}$$

札幌 B から見た留萌 P の位置は，

$$\overrightarrow{\mathrm{BP}} = \begin{pmatrix} 1 \\ 5 \end{pmatrix}$$

と，ベクトルで表現できます。このとき，

$\overrightarrow{\mathrm{AP}}$ を，点 A を始点とする点 P の位置ベクトル

$\overrightarrow{\mathrm{BP}}$ を，点 B を始点とする点 P の位置ベクトル

などといいます。こうすることで，既知の点を利用して，他の点の相対的な位置情報を数式化できるというわけです。

友人：留萌ってどこにあるの？

私　：札幌から見れば $\begin{pmatrix} 1 \\ 5 \end{pmatrix}$，稚内から見たら $\begin{pmatrix} 0 \\ -8 \end{pmatrix}$，旭川（図の点 C）から見たら $\begin{pmatrix} -3 \\ 1 \end{pmatrix}$ の位置だよ！

という感じです（ちなみに，数値は厳密な値ではありません）。

基本原理1（位置ベクトル）▶

　既知の点 A に対し，$\overrightarrow{AP}$ を，

　　　点 P の点 A を始点（あるいは基点）とする位置ベクトル

という。

　学校等で

「位置ベクトルの始点はどこでもよい」

と教わり，「その意味がわからない」という質問をよく受けます。点 P の位置をベクトルで表現するのが位置ベクトルの概念なので，その始点は既知の点であればどこでもよいわけです。留萌の場所を紹介するときに，稚内を利用しようが，札幌を利用しようが，それは表現者の自由なのです。ただし，

「札幌」を基準にすると「留萌」は $\begin{pmatrix} 1 \\ 5 \end{pmatrix}$，「旭川」は $\begin{pmatrix} 4 \\ 4 \end{pmatrix}$

というように，複数の点の位置を紹介するとき，基準となる点を同じにしないと混乱します。これが

「ベクトルは始点をそろえて考えよう」

という自然な発想につながります。

例1 ▶

　右図において，

　・A を始点とする P の位置ベクトルは $\begin{pmatrix} -3 \\ -2 \end{pmatrix}$

　・B を始点とする P の位置ベクトルは $\begin{pmatrix} -3 \\ 1 \end{pmatrix}$

　・O を始点とする P の位置ベクトルは $\begin{pmatrix} 1 \\ 2 \end{pmatrix}$

　・P を始点と考えれば，A の位置ベクトルは $\begin{pmatrix} 3 \\ 2 \end{pmatrix}$，B の位置ベクト

　　ルは $\begin{pmatrix} 3 \\ -1 \end{pmatrix}$，O の位置ベクトルは $\begin{pmatrix} -1 \\ -2 \end{pmatrix}$

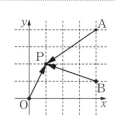

1.1.2　始点の変更

　点Aと，Aを始点とする点Pの位置ベクトルが与えられているとき，その始点をAとは別の点Bに変更したくなることがよくあります。ルールは簡単で，

$$\overrightarrow{\mathrm{BP}} = \overrightarrow{\mathrm{AP}} - \overrightarrow{\mathrm{AB}}$$

です。これは右図を見れば明らかです。

Aが他の点の場合も同じで，

$$\overrightarrow{\mathrm{BP}} = \overrightarrow{\square\mathrm{P}} - \overrightarrow{\square\mathrm{B}}$$

という等式は□がどんな点でも成立
します。

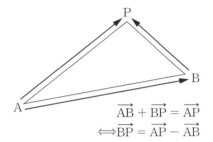

$$\overrightarrow{\mathrm{AB}} + \overrightarrow{\mathrm{BP}} = \overrightarrow{\mathrm{AP}}$$
$$\Longleftrightarrow \overrightarrow{\mathrm{BP}} = \overrightarrow{\mathrm{AP}} - \overrightarrow{\mathrm{AB}}$$

　　　　ベクトルは，「（終点の位置ベクトル）－（始点の位置ベクトル）」

練習を積めば，やがてこれも当たり前に思えてくるはずです。

1.1.3　始点が原点の位置ベクトル

　例1のように，座標平面上で点Pの位置ベクトルを考えるとき，始点を原点Oにとると，位置ベクトル$\overrightarrow{\mathrm{OP}}$の成分とPの座標が同じになります。Oを始点とする位置ベクトルと点が1対1に対応し，これらを同一視することができるため，$\overrightarrow{\mathrm{OP}} = \vec{p}$のとき，「点P」のことを「点$\vec{p}$」と呼ぶこともあります。

> **基本原理2（原点Oを始点とする位置ベクトル）**
>
> ・Oを原点とする座標平面において，
>
> $$\text{Pの座標が}(a, b) \Longleftrightarrow \overrightarrow{\mathrm{OP}} = \begin{pmatrix} a \\ b \end{pmatrix}$$
>
> ・Oを原点とする座標空間において，
>
> $$\text{Pの座標が}(a, b, c) \Longleftrightarrow \overrightarrow{\mathrm{OP}} = \begin{pmatrix} a \\ b \\ c \end{pmatrix}$$

この性質を利用すると,

　　座標を求めるときには, 原点 O を始点とする位置ベクトルを利用する

という考え方が「常識」となってきます。

例2

A$(-3, 5)$, B$(-2, 2)$, C$(1, -3)$ に対し, 点 A から出発して, $2\overrightarrow{\text{BC}}$
だけ移動したときにたどり着く点を P とすると,

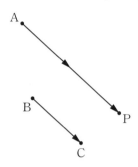

$$\begin{aligned}
\overrightarrow{\text{OP}} &= \overrightarrow{\text{OA}} + 2\,\overrightarrow{\text{BC}} \\
&= \overrightarrow{\text{OA}} + 2\,(\,\overrightarrow{\text{OC}} - \overrightarrow{\text{OB}}\,) \\
&= \binom{-3}{5} + 2\left\{\binom{1}{-3} - \binom{-2}{2}\right\} \\
&= \binom{3}{-5}
\end{aligned}$$

より, P の座標は $(3, -5)$

1.1.4　ベクトルの伸縮

大きさ 3 のベクトルを $\dfrac{1}{3}$ 倍すると大きさは 1 になります。大きさ $\dfrac{1}{10}$ のベク
トルを 10 倍しても大きさは 1 になります。このように

　　$\vec{0}$ でないベクトル $\vec{a}$ を $\dfrac{1}{|\vec{a}|}$ 倍すると大きさが 1 になる

という事実は重要です。大きさが 1 のベクトルを「**単位ベクトル**」といいます。単位ベクトル $\vec{e}$ を 3 倍すると，$\vec{e}$ と同じ向きに 3 進むベクトルになり，$\vec{e}$ を -2 倍すると，$\vec{e}$ と逆向きに 2 進むベクトルになるのも当然です。

ということは，例えば

「$\vec{a}$ と同じ向きに 3 だけ進むベクトルを作れ！」

と言われたら，

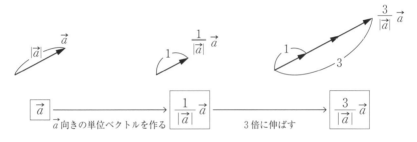

という操作で作ることができます。

基本原理 3（単位ベクトルの利用）▶

(1) $\vec{0}$ でないベクトル $\vec{a}$ と同じ向きの単位ベクトルは $\dfrac{1}{|\vec{a}|}\vec{a}$

(2) $\vec{0}$ でないベクトル $\vec{a}$ と同じ向きに k だけ進むベクトルは $\dfrac{k}{|\vec{a}|}\vec{a}$

$k<0$ のときは「$\vec{a}$ と逆向きに $(-k)$ 進む」と解釈する。

これであなたは

「向きと大きさを指定すれば，どんなベクトルでも作ることができる」

ようになりました。

(1) $\vec{a} = \begin{pmatrix} 3 \\ 1 \end{pmatrix}$ と逆向きの単位ベクトル $\vec{e}$ は,

$$\vec{e} = -\frac{1}{|\vec{a}|}\vec{a} = -\frac{1}{\sqrt{3^2+1^2}}\vec{a} = -\frac{1}{\sqrt{10}}\begin{pmatrix} 3 \\ 1 \end{pmatrix}$$

(2) $\vec{b} = \begin{pmatrix} 1 \\ 2 \\ 2 \end{pmatrix}$ と同じ向きに 15 だけ進むベクトル $\vec{f}$ は,

$$\vec{f} = \frac{15}{|\vec{b}|}\vec{b} = \frac{15}{\sqrt{1^2+2^2+2^2}}\vec{b} = 5\begin{pmatrix} 1 \\ 2 \\ 2 \end{pmatrix}$$

Column ✏

「向き」と「方向」について

「向き」と「方向」という言葉は，日常生活では同じ意味で使われることが多いようですが，本書では明快に区別して用いることにします。

　　・冬に吹いてくる冷たい北風は，「南向き」に吹く風

　　・大阪は東京から見ると「西の向き」に位置する

　　・東海道線は「東西方向」に走っている

　　・$\begin{pmatrix} 2 \\ 1 \end{pmatrix}$ と $\begin{pmatrix} 4 \\ 2 \end{pmatrix}$ は「同方向で同じ向き」

　　・$\begin{pmatrix} 2 \\ 1 \end{pmatrix}$ と $\begin{pmatrix} -4 \\ -2 \end{pmatrix}$ は「同方向で逆向き」

という感じです。「向き」は片側を指し，「方向」は両側を指すイメージです。

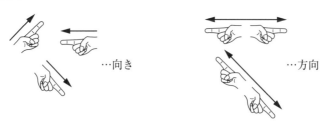

…向き　　　　　　　　　　　　…方向

例題 1 ▷

(1) 点 $A(-1, 1)$ から $\vec{a} = \begin{pmatrix} 2 \\ 1 \end{pmatrix}$ と同じ向きに 10 進むと点 P にたどり着いた。P の座標を求めよ。

(2) 点 $B(2, 1, -1)$ から点 $C(7, 5, 6)$ に向かって 3 進むと点 Q にたどり着いた。Q の座標を求めよ。

解答・解説

(1)
$$\overrightarrow{OP} = \overrightarrow{OA} + \overrightarrow{AP}$$
$$= \overrightarrow{OA} + (\vec{a} \text{ と同じ向きに } 10 \text{ だけ進むベクトル})$$
$$= \overrightarrow{OA} + \frac{10}{|\vec{a}|} \vec{a}$$
$$= \begin{pmatrix} -1 \\ 1 \end{pmatrix} + \frac{10}{\sqrt{2^2 + 1^2}} \begin{pmatrix} 2 \\ 1 \end{pmatrix}$$
$$= \begin{pmatrix} -1 \\ 1 \end{pmatrix} + 2\sqrt{5} \begin{pmatrix} 2 \\ 1 \end{pmatrix}$$

よって，$\boxed{P(-1 + 4\sqrt{5},\ 1 + 2\sqrt{5})}$ …(答)

(2) $\overrightarrow{BC} = \begin{pmatrix} 5 \\ 4 \\ 7 \end{pmatrix}$ なので，

$$\overrightarrow{OQ} = \overrightarrow{OB} + \overrightarrow{BQ}$$
$$= \overrightarrow{OB} + (\overrightarrow{BC} \text{ と同じ向きに } 3 \text{ だけ進むベクトル})$$
$$= \overrightarrow{OB} + \frac{3}{|\overrightarrow{BC}|} \overrightarrow{BC}$$
$$= \begin{pmatrix} 2 \\ 1 \\ -1 \end{pmatrix} + \frac{3}{\sqrt{5^2 + 4^2 + 7^2}} \begin{pmatrix} 5 \\ 4 \\ 7 \end{pmatrix}$$
$$= \begin{pmatrix} 2 \\ 1 \\ -1 \end{pmatrix} + \frac{1}{\sqrt{10}} \begin{pmatrix} 5 \\ 4 \\ 7 \end{pmatrix}$$

よって，$\boxed{Q\left(2 + \dfrac{5}{\sqrt{10}},\ 1 + \dfrac{4}{\sqrt{10}},\ -1 + \dfrac{7}{\sqrt{10}}\right)}$ …(答)

1.2 1次独立と1次従属

1.2.1 ベクトルで旅をする

横浜駅から1駅で$\vec{a}$進む地下鉄で3駅進んで羽田空港まで行き，$\vec{b}$という飛行機に乗って新千歳空港まで行ってから，1駅で$\vec{c}$進む電車に乗り換えて4駅進んだら札幌駅にたどり着いた。

このような状況は，私たちの日常ではよくあることです。横浜駅をP，羽田空港をQ，新千歳空港をR，札幌駅をSとすると，この移動は

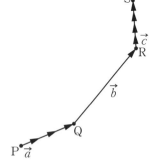

$$\overrightarrow{\mathrm{PS}} = 3\vec{a} + \vec{b} + 4\vec{c}$$

と表すことができます。

このように，1つの移動$\vec{p}$をn個のベクトル$\vec{a_1}$，$\vec{a_2}$，…，$\vec{a_n}$とn個の実数 c_1，c_2，…，c_nを用いて

$$\vec{p} = c_1\vec{a_1} + c_2\vec{a_2} + \cdots + c_n\vec{a_n} \quad \cdots\cdots①$$

の形で表すことがあります。

$\vec{a_1}$でc_1駅進み，$\vec{a_2}$に乗り換えてc_2駅進み，…という移動が$\vec{p}$というイメージです。この①の右辺の形を，

$\vec{a_1}$，$\vec{a_2}$，…，$\vec{a_n}$の**1次結合**

といいます。例えば，$\vec{p} = \begin{pmatrix} 6 \\ 6 \end{pmatrix}$という移動は，

$$\vec{p} = 2\begin{pmatrix} 1 \\ 3 \end{pmatrix} + 4\begin{pmatrix} 1 \\ 0 \end{pmatrix} \quad \cdots\cdots\begin{pmatrix} 1 \\ 3 \end{pmatrix}と\begin{pmatrix} 1 \\ 0 \end{pmatrix}の1次結合の形$$

$$= 2\begin{pmatrix} 2 \\ 2 \end{pmatrix} + 2\begin{pmatrix} 1 \\ 1 \end{pmatrix} \quad \cdots\cdots\begin{pmatrix} 2 \\ 2 \end{pmatrix}と\begin{pmatrix} 1 \\ 1 \end{pmatrix}の1次結合の形$$

$$= 4\begin{pmatrix} 1 \\ 1 \end{pmatrix} + 3\begin{pmatrix} 2 \\ 1 \end{pmatrix} - \begin{pmatrix} 4 \\ 1 \end{pmatrix} \quad \cdots\cdots\begin{pmatrix} 1 \\ 1 \end{pmatrix}と\begin{pmatrix} 2 \\ 1 \end{pmatrix}と\begin{pmatrix} 4 \\ 1 \end{pmatrix}の1次結合の形$$

のように，いろいろな 1 次結合の形で表せます。横浜駅から札幌駅に行く方法（乗り物の選び方）も無数にありますよね。それと同じです。

基本原理 4(1 次結合) ▶

n 個のベクトル $\vec{a}_1$, $\vec{a}_2$, $\cdots$, $\vec{a}_n$ に対し，

$$c_1\vec{a}_1 + c_2\vec{a}_2 + \cdots + c_n\vec{a}_n \quad (c_1,\ c_2,\ \cdots,\ c_n \text{ は実数})$$

の形を

$$\vec{a}_1,\ \vec{a}_2,\ \cdots,\ \vec{a}_n \text{ の 1 次結合}$$

という。「1 次結合」は「線形結合」ということもある。

1.2.2　2 つのベクトルの 1 次独立

2 つのベクトル $\vec{a}$, $\vec{b}$（平面ベクトルでも空間ベクトルでも OK）が平行でも $\vec{0}$ でもない状態を，

$$\vec{a},\ \vec{b} \text{ は 1 次独立（線形独立）である}$$

といいます。また，$\vec{a}$, $\vec{b}$ が 1 次独立でない状態を，

$$\vec{a},\ \vec{b} \text{ は 1 次従属（線形従属）である}$$

といいます。

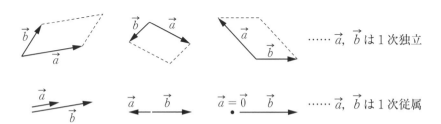

……$\vec{a}$, $\vec{b}$ は 1 次独立

……$\vec{a}$, $\vec{b}$ は 1 次従属

数式で表すなら,

$\vec{a}, \vec{b}$ が 1 次独立 $\iff \vec{a} \neq \vec{0} \ \wedge \ \vec{b} \neq \vec{0} \ \wedge \ \vec{a} \not\! / \! / \vec{b}$

$\vec{a}, \vec{b}$ が 1 次従属 $\iff \vec{a} = \vec{0} \ \vee \ \vec{b} = \vec{0} \ \vee \ \vec{a} / \! / \vec{b}$[1]

となります。

　「$\vec{a}$ と $\vec{b}$ の始点をそろえたとき, 平行四辺形が作れれば 1 次独立」

と考えてもよいでしょう。

　下の図のような三角形 OAB があって, $\vec{a} = \overrightarrow{OA}$, $\vec{b} = \overrightarrow{OB}$ とするとき, $\vec{a}$, $\vec{b}$ は 1 次独立です。この $\vec{a}$ を「電車」に, $\vec{b}$ を「バス」に例えます[2]。
O から出発して電車とバスに乗り継いで旅をします。

　　・電車に 3 回乗り, バスに乗り換えて 2 回乗ると, 点 P まで行ける。

　　・電車に -1 回乗り, バスに乗り換えて 2 回乗ると, 点 Q まで行ける。

　　・点 R まで行くには, 電車に 3 回, バスに -1 回乗ればよい。

という感じがわかってもらえるとうれしいです。

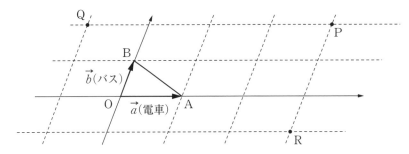

これらの移動をベクトルの等式で表すと,

$$3\vec{a} + 2\vec{b} = \overrightarrow{OP}, \quad -\vec{a} + 2\vec{b} = \overrightarrow{OQ}, \quad \overrightarrow{OR} = 3\vec{a} - \vec{b}$$

となります。このように, 電車に s 回, バスに t 回乗る移動は,「$s\vec{a} + t\vec{b}$」という $\vec{a}$ と $\vec{b}$ の 1 次結合で表せ, このとき, 次のことが直観的にわかるでしょう。

　　・s, t をいろいろ変えることにより, 平面 OAB 上の任意の点に行くことができる(行けない点はこの平面上にはない)。

　　・1 つの点にたどり着くための s, t の組はただ 1 つである。

　一方, $\vec{a}, \vec{b}$ が 1 次従属の場合を考えてみましょう。次図のように, $\vec{a}$ が $\vec{b}$ と同じ向きで, 大きさがちょうど 2 倍になっている場合を例にとると,

---

※ 1:「∧」は「かつ」を,「∨」は「または」を表す論理記号。「//」は「平行」,「∦」は「平行でない」を表す記号。
※ 2:ベクトルを乗り物に例えることについては, p.23 のコラムを参照。

- 電車に3回乗り，バスに乗り換えて2回乗ると，点Pまで行ける。
- 電車に−1回乗り，バスに乗り換えて2回乗ると，点Qまで行ける。
  このQはスタート地点のOと一致する。
- 点Rまで行くには，電車に3回，バスに−1回乗ればよい。
  電車に1回乗って，バスに3回乗っても，Rには行ける。
  電車に乗らずに，バスにだけ5回乗っても，Rには行ける。
- どんなに電車とバスに乗り継いでも，図の点Sに行くことは不可能。

このように電車にs回，バスにt回乗る移動，「$s\vec{a}+t\vec{b}$」では，

- 上の例の点Sのように，どうしてもたどり着けない点がある。
- 1つの点にたどり着けたとしても，そこへ行くためのs, tの組は複数
  組ある（1通りではない）。

ということがわかるでしょう。

上記のように，2つのベクトル$\vec{a}$, $\vec{b}$で旅をするとき，これらが「1次独立」
なのか「1次従属」なのかによって，できることとできないことがはっきりと
分かれます。

基本原理5(2つのベクトルの1次独立と1次従属) ▶

平面 α 上に3点 O，A，B があり，$\vec{a}=\overrightarrow{\mathrm{OA}}$，$\vec{b}=\overrightarrow{\mathrm{OB}}$ とする。

(1) $\vec{a}$，$\vec{b}$ が1次独立であることは，次のそれぞれと同値である。

・$\vec{a}\neq\vec{0} \ \wedge \ \vec{b}\neq\vec{0} \ \wedge \ \vec{a}\!\!\not{/}\!\!/\,\vec{b}$

・$\vec{a}$，$\vec{b}$ が平行四辺形を張る

・3点 O，A，B が同一直線上にない

・α 上の任意の点 P は，$\overrightarrow{\mathrm{OP}}=s\vec{a}+t\vec{b}$ という $\vec{a}$，$\vec{b}$ の1次結合の形でただ1通りに表せる

(2) $\vec{a}$，$\vec{b}$ が1次従属であることは，次のそれぞれと同値である。

・$\vec{a}=\vec{0} \ \vee \ \vec{b}=\vec{0} \ \vee \ \vec{a}\,/\!/\,\vec{b}$

・$\vec{a}$，$\vec{b}$ が平行四辺形を張らない

・3点 O，A，B が同一直線上にある

・α 上の点 P で，$\overrightarrow{\mathrm{OP}}=s\vec{a}+t\vec{b}$ という $\vec{a}$，$\vec{b}$ の1次結合の形で表せない点がある

・α 上の点 P が，$\overrightarrow{\mathrm{OP}}=s\vec{a}+t\vec{b}$ という $\vec{a}$，$\vec{b}$ の1次結合の形で表せたとしても，その表し方は1通りではない

　厳密にはきちんと証明を要する事項も含まれていますが，図を見て直観的に理解できる方をここでは優先します。

　基本原理5により，次のことがわかります。

基本原理6(2つのベクトルの1次独立と係数比較) ▶

平面α上に3点O, A, Bがあり, $\vec{a}=\overrightarrow{\mathrm{OA}}$, $\vec{b}=\overrightarrow{\mathrm{OB}}$とするとき,
次の(ⅰ), (ⅱ)は同値である.

(ⅰ) $\vec{a}$, $\vec{b}$ が1次独立である

(ⅱ) $s\vec{a}+t\vec{b}=s'\vec{a}+t'\vec{b} \Longrightarrow \begin{cases} s=s' \\ t=t' \end{cases}$ ……♠

　　　という$\vec{a}$, $\vec{b}$の係数比較が許される

上の原理はとてもよく用いられる性質です. ♠は,

　　　たどり着いた点が同じなら, 電車とバスに乗った回数の組は同じ

という意味なので, 先ほどの例を見れば「当たり前」に思えるはずです.

Column ✎

ベクトルを乗り物に例えることについて

お気づきのように, 筆者は授業中, ベクトルを電車やバスといった
乗り物によく例えます. 実際の電車やバスは真っすぐにしか進めな
いわけではなく, 駅も等間隔に並んでいるとは限らないので,「電車
$\vec{a}$で3駅進むと$3\vec{a}$進んだことになる」などと言うと, 生徒からは失
笑と共に一斉にツッコミが入ります.

本書の執筆にあたり,「この表現を慎もうかなぁ……」とも考えたの
ですが, 何せ30年以上こうやって説明してきたため, 他のうまい表
現が思いつかず, 普段の授業のつもりで今までどおり書いています.

活字にすると余計に違和感満載なのですが, 読者の方には温かい目
で読み過ごしていただければ幸いです.

(1) $a\begin{pmatrix}3\\1\end{pmatrix}+b\begin{pmatrix}5\\2\end{pmatrix}=2\begin{pmatrix}3\\1\end{pmatrix}+3\begin{pmatrix}5\\2\end{pmatrix}$ のとき，$\begin{cases}a=2\\b=3\end{cases}$ といえるか？

(2) $a\begin{pmatrix}3\\1\end{pmatrix}+b\begin{pmatrix}6\\2\end{pmatrix}=2\begin{pmatrix}3\\1\end{pmatrix}+3\begin{pmatrix}6\\2\end{pmatrix}$ のとき，$\begin{cases}a=2\\b=3\end{cases}$ といえるか？

(3) $a\begin{pmatrix}1\\2\\3\end{pmatrix}+b\begin{pmatrix}3\\2\\1\end{pmatrix}=\vec{0}$ のとき，$\begin{cases}a=0\\b=0\end{cases}$ といえるか？

解答・解説

(1) $\begin{pmatrix}3\\1\end{pmatrix}$ と $\begin{pmatrix}5\\2\end{pmatrix}$ は 1 次独立（$\vec{0}$ でも平行でもない）。

よって両辺の係数比較が許され，$\begin{cases}a=2\\b=3\end{cases}$ と $\boxed{\text{いえる}}$ …(答)

(2) $\begin{pmatrix}3\\1\end{pmatrix} \mathbin{/\!/} \begin{pmatrix}6\\2\end{pmatrix}$ より $\begin{pmatrix}3\\1\end{pmatrix}$ と $\begin{pmatrix}6\\2\end{pmatrix}$ は 1 次従属。

よって，両辺の係数比較は許されず，$\begin{cases}a=2\\b=3\end{cases}$ とは $\boxed{\text{いえない}}$ …(答)

$$(左辺)=a\begin{pmatrix}3\\1\end{pmatrix}+b\begin{pmatrix}6\\2\end{pmatrix}=(a+2b)\begin{pmatrix}3\\1\end{pmatrix}$$

$$(右辺)=2\begin{pmatrix}3\\1\end{pmatrix}+3\begin{pmatrix}6\\2\end{pmatrix}=8\begin{pmatrix}3\\1\end{pmatrix}$$

なので，$a+2b=8$ を満たすすべての a, b でこの等式は成り立つ。

(3) $\begin{pmatrix}1\\2\\3\end{pmatrix}$ と $\begin{pmatrix}3\\2\\1\end{pmatrix}$ は 1 次独立（$\vec{0}$ でも平行でもない）。

よって両辺の係数比較が許され，$\begin{cases}a=0\\b=0\end{cases}$ と $\boxed{\text{いえる}}$ …(答)

1.2.3　3つのベクトルの1次独立

3次元空間に3つのベクトル

$$\overrightarrow{\mathrm{OA}} = \vec{a}, \ \overrightarrow{\mathrm{OB}} = \vec{b}, \ \overrightarrow{\mathrm{OC}} = \vec{c}$$

があったとき，4点 O，A，B，C が同一平面上にない状態を，

$$\vec{a}, \ \vec{b}, \ \vec{c} \text{ は1次独立(線形独立)である}$$

といいます。そうでない状態を「1次従属」と呼ぶのは2つのベクトルの場合
と同じです。

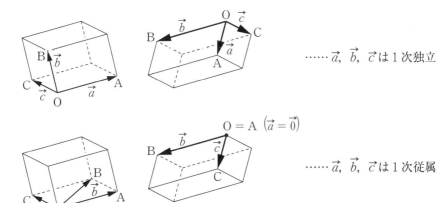

$\cdots\cdots \vec{a}, \ \vec{b}, \ \vec{c}$ は1次独立

$\cdots\cdots \vec{a}, \ \vec{b}, \ \vec{c}$ は1次従属

　下図のように，$\vec{a}, \ \vec{b}, \ \vec{c}$ が1次独立のとき，3つの乗り物

　　$\vec{a}$(電車)，$\vec{b}$(バス)，$\vec{c}$(エスカレーター)

で空間内を旅してみましょう。

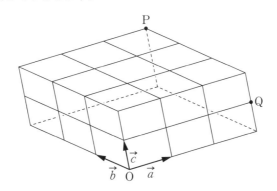

・電車に3回乗り，バスに乗り換えて3回乗って，エスカレーターに2回乗ると，点Pまで行ける。

・電車に3回乗ってバスには乗らずに，エスカレーターに1回乗ると，点Qまで行ける。

という感じです。このとき，

$$\overrightarrow{\mathrm{OP}}=3\vec{a}+3\vec{b}+2\vec{c}, \quad \overrightarrow{\mathrm{OQ}}=3\vec{a}+\vec{c}$$

であり，これらの移動は，$\vec{a}, \vec{b}, \vec{c}$ の1次結合「$s\vec{a}+t\vec{b}+u\vec{c}$」の形で表せます。そして，その行き方($s, t, u$ の組の選び方)は1通りであることも，図から読み取れるでしょう。

　一方，例えば下図のように $\vec{a}, \vec{b}, \vec{c}$ が1次従属のとき，

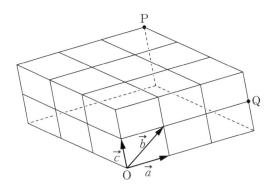

この3つの乗り物をどう乗り継いでも点Pに行くことはできないし，点Qには行けるけれど，

$$\overrightarrow{\mathrm{OQ}}=3\vec{a}+\vec{c}, \quad \overrightarrow{\mathrm{OQ}}=2\vec{a}+\vec{b}, \quad \overrightarrow{\mathrm{OQ}}=\vec{a}+2\vec{b}-\vec{c}$$

など，s, t, u の値のとり方は1通りではありません。

　これらの状況をまとめると，次のようになります。「2つのベクトルの1次独立と1次従属」の場合と比べてみてください。

基本原理7(3つのベクトルの1次独立と1次従属) ▶

空間内に4点 O, A, B, C があり, $\vec{a} = \overrightarrow{OA}$, $\vec{b} = \overrightarrow{OB}$, $\vec{c} = \overrightarrow{OC}$ とする。

(1) $\vec{a}$, $\vec{b}$, $\vec{c}$ が1次独立であることは次のそれぞれと同値である。

· $\vec{a}$, $\vec{b}$, $\vec{c}$ が平行六面体を張る

· 4点 O, A, B, C が同一平面上にない

· 空間内の任意の点 P は, $\overrightarrow{OP} = s\vec{a} + t\vec{b} + u\vec{c}$ という $\vec{a}$, $\vec{b}$, $\vec{c}$ の1次結合の形でただ1通りに表せる

(2) $\vec{a}$, $\vec{b}$, $\vec{c}$ が1次従属であることは次のそれぞれと同値である。

· $\vec{a}$, $\vec{b}$, $\vec{c}$ が平行六面体を張らない

· 4点 O, A, B, C が同一平面上にある

· 空間内の点 P で, $\overrightarrow{OP} = s\vec{a} + t\vec{b} + u\vec{c}$ という $\vec{a}$, $\vec{b}$, $\vec{c}$ の1次結合の形で表せない点がある

· 空間内の点 P が, $\overrightarrow{OP} = s\vec{a} + t\vec{b} + u\vec{c}$ という $\vec{a}$, $\vec{b}$, $\vec{c}$ の1次結合の形で表せたとしても, その表し方は1通りではない

そして, 上の基本原理により, 次のことがわかります。

基本原理8(3つのベクトルの1次独立と係数比較) ▶

空間内に4点 O, A, B, C があり, $\vec{a} = \overrightarrow{OA}$, $\vec{b} = \overrightarrow{OB}$, $\vec{c} = \overrightarrow{OC}$ とするとき, 次の(ⅰ), (ⅱ)は同値である。

(ⅰ) $\vec{a}$, $\vec{b}$, $\vec{c}$ が1次独立である

(ⅱ) $s\vec{a} + t\vec{b} + u\vec{c} = s'\vec{a} + t'\vec{b} + u'\vec{c} \implies \begin{cases} s = s' \\ t = t' \\ u = u' \end{cases}$

という $\vec{a}$, $\vec{b}$, $\vec{c}$ の係数比較が許される

ここで，3つのベクトル $\vec{a}$, $\vec{b}$, $\vec{c}$ に対し，

$$\vec{a},\ \vec{b},\ \vec{c}\ \text{が1次独立}\ \text{ならば}\ \begin{cases} \vec{a},\ \vec{b}\ \text{が1次独立} \\ \vec{b},\ \vec{c}\ \text{が1次独立} \\ \vec{c},\ \vec{a}\ \text{が1次独立} \end{cases}$$

は正しいですが，その逆

$$\begin{cases} \vec{a},\ \vec{b}\ \text{が1次独立} \\ \vec{b},\ \vec{c}\ \text{が1次独立} \\ \vec{c},\ \vec{a}\ \text{が1次独立} \end{cases}\text{ならば}\ \vec{a},\ \vec{b},\ \vec{c}\ \text{が1次独立}$$

は正しくない，ということには注意が必要です。

例4 ▶

(1) $\vec{a}=\begin{pmatrix}1\\0\\0\end{pmatrix}$, $\vec{b}=\begin{pmatrix}0\\1\\0\end{pmatrix}$, $\vec{c}=\begin{pmatrix}0\\0\\1\end{pmatrix}$ について，

　・$\vec{a}$, $\vec{b}$ は1次独立

　・$\vec{b}$, $\vec{c}$ は1次独立

　・$\vec{c}$, $\vec{a}$ は1次独立

　・$\vec{a}$, $\vec{b}$, $\vec{c}$ は1次独立

(2) $\vec{a}=\begin{pmatrix}1\\0\\0\end{pmatrix}$, $\vec{b}=\begin{pmatrix}0\\1\\0\end{pmatrix}$, $\vec{c}=\begin{pmatrix}1\\1\\0\end{pmatrix}$ について，

　・$\vec{a}$, $\vec{b}$ は1次独立

　・$\vec{b}$, $\vec{c}$ は1次独立

　・$\vec{c}$, $\vec{a}$ は1次独立

　・$\vec{a}$, $\vec{b}$, $\vec{c}$ は1次従属（1次独立ではない）

　3つのベクトル $\vec{a}$, $\vec{b}$, $\vec{c}$ が1次独立であることを

$$\vec{a}\neq\vec{0}\ \wedge\ \vec{b}\neq\vec{0}\ \wedge\ \vec{c}\neq\vec{0}\ \wedge\ \vec{a}\nparallel\vec{b}\ \wedge\ \vec{b}\nparallel\vec{c}\ \wedge\ \vec{c}\nparallel\vec{a}$$

のことであると勘違いしている生徒は過去に何人もいました。要注意です。

1.2.4　一般の1次独立の定義★ (★の付いた章・節の内容の一部は，高校数学の範囲を超えます)

　「1次独立」や「1次従属」という言葉は教科書には登場していないかもしれません。ということは，高校生にとっては「知らなくてもよい言葉」なのかもしれませんが，「知っておかなければいけない概念」であることは間違いありません。

　大学で学ぶ線形代数では，「1次独立」という概念は次のように定義されます。

基本原理9(n 個のベクトルの1次独立) ▶

　n 個のベクトル $\vec{a_1}$, $\vec{a_2}$, $\cdots$, $\vec{a_n}$ に対して，

$$\sum_{k=1}^{n} c_k \vec{a_k} = \vec{0} \Longrightarrow c_1 = c_2 = \cdots = c_n = 0$$

　が成り立つとき，$\vec{a_1}$, $\vec{a_2}$, $\cdots$, $\vec{a_n}$ は「1次独立」(あるいは線形独立)であるという。

　確かに高校生にとってこの定義はハードルが高く，現在のところこれを理解する必要はありません。$n = 2$ の場合と，$n = 3$ の場合で理解できていれば十分です。上の定義は，簡単に言うと

　　　係数比較が例外なく許されるときは1次独立である

ということなので，1.2.2節の例題のように

　　　「1次独立だから係数比較が許される」

という論述にはちょっと違和感があるのも事実です。ここでは前述のように1次独立をあくまでも「図形的に」定義したうえでの説明であると認識してください。

1.3 斜交座標

1.3.1 座標の拡張

2つのベクトル(平面ベクトルでも空間ベクトルでもよい)$\overrightarrow{OA}$, $\overrightarrow{OB}$ が1次独立のとき, 3点O, A, Bを通る平面は1つに定まります。この平面を,

・平面 OAB

・Oを通る, $\overrightarrow{OA}$, $\overrightarrow{OB}$ の張る平面

・Oを通り, $\overrightarrow{OA}$, $\overrightarrow{OB}$ で張られる平面

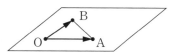

などといいます。

さて, 1次独立な2つのベクトル $\vec{a}$, $\vec{b}$ と定点Oに対し, Oを通り, $\vec{a}$, $\vec{b}$ で張られる平面を α とします。

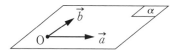

前章で学んだことから, 平面 α 上の任意の点Pは,

$$\overrightarrow{OP} = s\vec{a} + t\vec{b} \quad \cdots\cdots ①$$

の形でただ1通りに表せます。①で表される点Pを (s, t) で表して, いくつかの s, t についてPを図示してみると, 次の図のようになり, そこには「斜めの座標」が現れることに気づくでしょう。

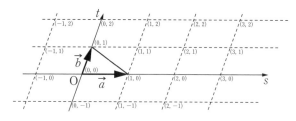

この座標系のことを，

O を原点，$\vec{a}, \vec{b}$ を基底とする座標系

といいます。座標軸が直交していなくても，座標を考えることはできるのです。「基底」とは座標の「1目盛り分の移動量」を表すベクトルで，実際の大きさは 1 でなくても構いません。

原点 O から出発して，電車に 3 回乗り，バスに 2 回乗ってたどり着いた点が $(3, 2)$

という感じです。「基底」とは「電車とバスの 1 回分の移動量」のこと。「座標」とは「(電車に乗った回数，バスに乗った回数)」という数値の順列のことです。このとき原点の指定と基底の順序は重要で，例えば次の図において，

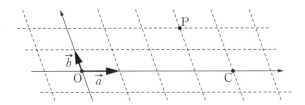

O を原点，$\vec{a}, \vec{b}$ を基底とする座標系における P の座標は $(3, 2)$

O を原点，$\vec{b}, \vec{a}$ を基底とする座標系における P の座標は $(2, 3)$

C を原点，$\vec{a}, \vec{b}$ を基底とする座標系における P の座標は $(-1, 2)$

となります。

斜交座標を考えると，p.23 の基本原理 6 で学んだ

「1 次独立なら係数比較ができる」

という事実は，

「点が同じなら座標は同じ」

という，当たり前のことを言っているのだと気づくでしょう。

1.3.2 係数の条件と点の位置

$\overrightarrow{\mathrm{OA}}$, $\overrightarrow{\mathrm{OB}}$ は 1 次独立であるものとします。

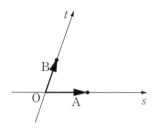

O を原点, $\overrightarrow{\mathrm{OA}}$, $\overrightarrow{\mathrm{OB}}$ を基底とする座標系を W とします。

$$\overrightarrow{\mathrm{OP}} = s\overrightarrow{\mathrm{OA}} + t\overrightarrow{\mathrm{OB}}$$

で表された点 P の W における座標は (s, t) です。s, t の条件を満たす点 P がどこにあるのかを考える問題を, 例を通じて学びましょう。

例5 ▷

　$s = 2$, $t = 1$ のとき, P の位置は？

これは簡単です。P は W における座標が $(2, 1)$ である右図のような点です。
　　電車 $\overrightarrow{\mathrm{OA}}$ に 2 回, バス $\overrightarrow{\mathrm{OB}}$ に 1 回
　　乗ったらどこに着く？
というイメージです。

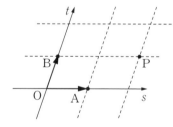

例6 ▷

　$s + t = 1$ のとき, P の動き得る範囲は？

$s + t = 1$ を満たす点として, 具体的に

$$(s, t) = (-1, 2),\ (0, 1),\ (1, 0),\ (2, -1),\ \cdots$$

などを拾っていけば図 2 のような直線になることがわかります。普通の xy 平面上で $x + y = 1$ は $(1, 0)$ と $(0, 1)$ を通る直線（図1）を表すので, 点 P が W における A$(1, 0)$, B$(0, 1)$ を通る直線を表すのも当たり前です。

図1

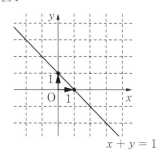

$x + y = 1$

図2

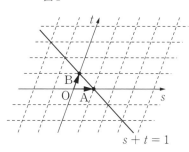

$s + t = 1$

例7 ▶

$2s + 3t \geqq 6$ のとき，P の動き得る範囲は？

xy 平面上で $2x + 3y \geqq 6$ を満たす点 (x, y) は左下図の網目部分を動き得るので，点 P が右下図の網目部分を動くことがわかります。境界も含みます。

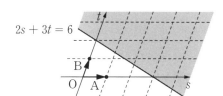

例8 ▶

点 P が三角形 OAB の周および内部に存在するための s, t の条件は？

普通の xy 平面で，点 (x, y) が，O $(0, 0)$，A $(1, 0)$，B $(0, 1)$ を結ぶ三角形の周および内部に存在する条件は，

$x \geqq 0$, $y \geqq 0$, $x + y \leqq 1$

ですから，点 P が三角形 OAB の周および内部に存在するための s, t の条件は

$s \geqq 0$, $t \geqq 0$, $s + t \leqq 1$

です。

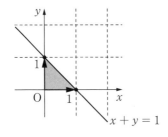 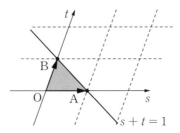

　このように，通常の座標の概念がわかっている人にとって斜交座標のイメージは単純です。空間(3次元)の斜交座標についても全く同様なのですが，それについては「空間内の平面の方程式」や「空間内の直線の方程式」を学んでから，その例題や演習に取り組むことにします(➡ p.182 以降)。

例題3 ▷

三角形 OAB が図のように与えられている。$s,\ t$ を実数として

$$\overrightarrow{OP} = s\overrightarrow{OA} + t\overrightarrow{OB}$$

で与えられる点 P について，

$s,\ t$ が以下の条件を満たして動

くとき，P が動き得る範囲を図

示せよ。

(1) $0 \leqq s \leqq 1,\ \ 0 \leqq t \leqq 2$

(2) $s + 2t = 2$

(3) $0 \leqq 3s + 2t \leqq 6$

(4) $t = s^2$

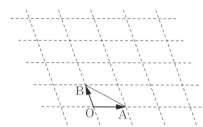

解答・解説

O を原点，$\overrightarrow{OA},\ \overrightarrow{OB}$ を基底とする座標系で考えれば，P の座標は (s, t) である

から，求める範囲はそれぞれ次の太実線部，網目部分のようになり，境界は

すべて含まれる。

(1)

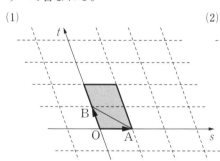

(2)

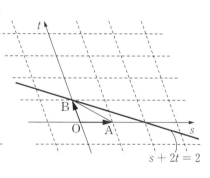

$s + 2t = 2$

(3)

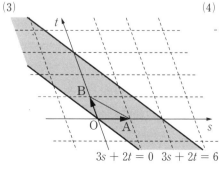

$3s + 2t = 0 \quad 3s + 2t = 6$

(4)

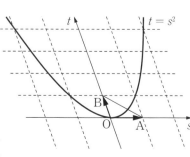

$t = s^2$

1.3.3　比の保存

　今まで普通に使ってきたxy座標と，$\vec{a}, \vec{b}$を基底とする斜交座標とでは，同じ式で表される図形でも形（大きさ，面積，角度など）は異なります。しかしながら，「平行な線分の長さの比」や「面積の比」はどの座標系でも変わらないことは直観的に理解できるでしょう。

基本原理 10（斜交座標の性質） ▶

　平行な線分の長さの比，面積の比は，どの座標系でも変わらない。

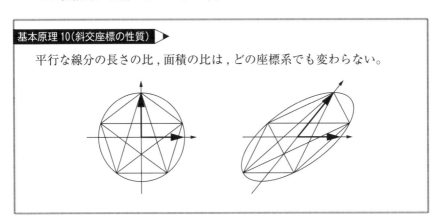

例9

(1) 座標系が変わっても，平行な線分の長さの比は同じ

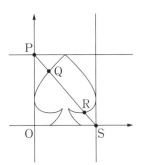 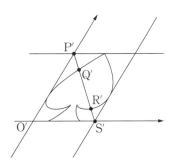

$$PQ : QR : RS = P'Q' : Q'R' : R'S'$$

(2) 座標系が変わると，平行でない線分比は（一般には）同じにならない

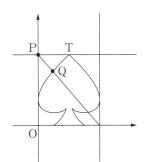 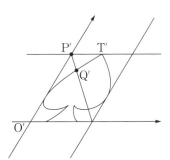

$$PQ : PT \neq P'Q' : P'T'$$

(3) 座標系が変わっても，面積比は同じ

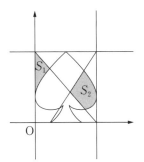 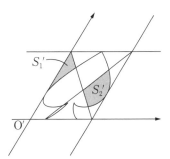

$$S_1 : S_2 = S_1' : S_2'$$

　三角形 OAB において，OA を $2:1$ に内分する点を P，OB を $2:3$ に内分する点を Q，AQ と BP の交点を R とする。

(1) $\overrightarrow{OR}$ を $\overrightarrow{OA}$，$\overrightarrow{OB}$ で表せ。

(2) OR と AB の交点を S とするとき，OR : RS，AS : SB を求めよ。

「チェバ・メネラウスの定理」などの幾何の定理を用いる方法も重要ですが，ベクトルの練習としてやってみましょう。

方針1　係数比較を利用

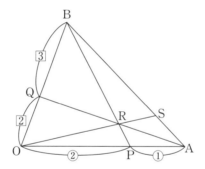

(1) AR : RQ $= s : 1-s$，BR : RP $= t : 1-t$ とおくと，

$$\begin{cases} \overrightarrow{OR} = (1-s)\overrightarrow{OA} + s\overrightarrow{OQ} = (1-s)\overrightarrow{OA} + \dfrac{2s}{5}\overrightarrow{OB} & \cdots\cdots① \\[2mm] \overrightarrow{OR} = (1-t)\overrightarrow{OB} + t\overrightarrow{OP} = \dfrac{2t}{3}\overrightarrow{OA} + (1-t)\overrightarrow{OB} & \cdots\cdots② \end{cases}$$

　今，$\overrightarrow{OA}$ と $\overrightarrow{OB}$ は1次独立であるから，①，②の係数比較が許され，

$$\begin{cases} 1-s = \dfrac{2t}{3} \\[2mm] \dfrac{2s}{5} = 1-t \end{cases}$$

これを解いて，

$$\begin{cases} s = \dfrac{5}{11} \\[2mm] t = \dfrac{9}{11} \end{cases}$$

$$\therefore \quad \boxed{\overrightarrow{OR} = \frac{6}{11}\overrightarrow{OA} + \frac{2}{11}\overrightarrow{OB}} \quad \cdots(\text{答})$$

(2) O, R, S は一直線上にあるので, $\overrightarrow{OS} = k\overrightarrow{OR}$ と表せ, (1)より,

$$\overrightarrow{OS} = \frac{6k}{11}\overrightarrow{OA} + \frac{2k}{11}\overrightarrow{OB} \quad \cdots\cdots③$$

一方, S は AB 上の点なので, $AS : SB = u : 1 - u$ とおくと,
$$\overrightarrow{OS} = (1-u)\overrightarrow{OA} + u\overrightarrow{OB} \quad \cdots\cdots④$$

今, $\overrightarrow{OA}$ と $\overrightarrow{OB}$ は 1 次独立であるから, ③, ④の係数比較が許され,

$$\begin{cases} 1 - u = \dfrac{6k}{11} \\ u = \dfrac{2k}{11} \end{cases}$$

これを解いて

$$\begin{cases} k = \dfrac{11}{8} \\ u = \dfrac{1}{4} \end{cases}$$

$$\therefore \quad \boxed{OR : RS = 8 : 3, \ AS : SB = 1 : 3} \quad \cdots(\text{答})$$

方針2 斜交座標を利用

(1) O を原点, $\overrightarrow{OA}$, $\overrightarrow{OB}$ を基底とする XY 座標系で考える(下図)。

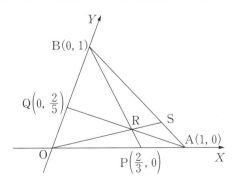

直線 AQ の方程式は $Y = -\dfrac{2}{5}(X-1)$ $\quad\cdots\cdots①$

直線 BP の方程式は $Y = -\dfrac{3}{2}X + 1$ $\quad\cdots\cdots②$

①, ②を連立すると, その交点として $R\left(\dfrac{6}{11}, \dfrac{2}{11}\right)$ を得るので,

$$\overrightarrow{\mathrm{OR}} = \frac{6}{11}\overrightarrow{\mathrm{OA}} + \frac{2}{11}\overrightarrow{\mathrm{OB}} \quad \cdots(\text{答})$$

(2) 直線 OR の方程式は $Y = \dfrac{1}{3}X$ ……③

直線 AB の方程式は $Y = -X + 1$ ……④

③, ④を連立すると, その交点として $\mathrm{S}\left(\dfrac{3}{4}, \dfrac{1}{4}\right)$ を得るので,

$\mathrm{OR} : \mathrm{RS} = \dfrac{2}{11} : \dfrac{1}{4} - \dfrac{2}{11}$, $\mathrm{AS} : \mathrm{SB} = 1 - \dfrac{3}{4} : \dfrac{3}{4}$

つまり, $\boxed{\mathrm{OR} : \mathrm{RS} = 8 : 3, \ \mathrm{AS} : \mathrm{SB} = 1 : 3}$ $\cdots(\text{答})$

　　斜交座標に慣れていない人は, 今までどおりの直交座標を描いて, 2つの座標系を比較しながら考えるのがよいでしょう。

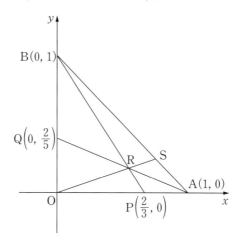

例題5

> 平面上に△ABC および点 P があり，$2\overrightarrow{AP}+4\overrightarrow{BP}+3\overrightarrow{CP}=\vec{0}$……① が成立している。面積の比△PBC：△PCA：△PAB を求めよ。

解答・解説

まず始点を A にそろえる[3]。

$$① \Longleftrightarrow 2\overrightarrow{AP}+4\left(\overrightarrow{AP}-\overrightarrow{AB}\right)+3\left(\overrightarrow{AP}-\overrightarrow{AC}\right)=\vec{0}$$
$$\Longleftrightarrow 9\overrightarrow{AP}=4\overrightarrow{AB}+3\overrightarrow{AC}$$
$$\Longleftrightarrow \overrightarrow{AP}=\frac{4}{9}\overrightarrow{AB}+\frac{1}{3}\overrightarrow{AC} \quad ……②$$

方針1 　内分点を利用

②より，$\overrightarrow{AP}=\dfrac{4\overrightarrow{AB}+3\overrightarrow{AC}}{9}=\dfrac{7}{9}\cdot\dfrac{4\overrightarrow{AB}+3\overrightarrow{AC}}{7}$

よって，BC を $3:4$ に内分する点を D とすると，

$\overrightarrow{AP}=\dfrac{7}{9}\overrightarrow{AD}$ であり，P は次図のような位置にある。

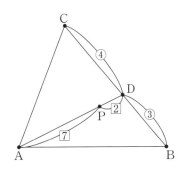

よって，$\begin{cases} \triangle PBC=\dfrac{2}{9}\triangle ABC \\[2mm] \triangle PCA=\dfrac{7}{9}\triangle ADC=\dfrac{7}{9}\cdot\dfrac{4}{7}\triangle ABC=\dfrac{4}{9}\triangle ABC \\[2mm] \triangle PAB=\dfrac{7}{9}\triangle ABD=\dfrac{7}{9}\cdot\dfrac{3}{7}\triangle ABC=\dfrac{3}{9}\triangle ABC \end{cases}$

ゆえに $\boxed{\triangle PBC：\triangle PCA：\triangle PAB=2:4:3}$ …（答）

---

[3]：始点は B にそろえても C にそろえてもよい。

方針2 斜交座標を利用

A を原点，$\overrightarrow{AB}$，$\overrightarrow{AC}$ を基底とする XY 座標系を考えると，②より P の座標は $\left(\dfrac{4}{9}, \dfrac{1}{3}\right)$ であり，左下図のようになっている。

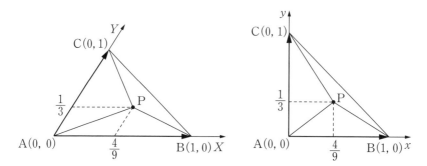

斜交座標も直交座標も面積比は同じなので，右上図のように普通の xy 平面で考えれば，

$$\begin{cases} \triangle \mathrm{PCA} = \dfrac{2}{9} = \dfrac{4}{18} \\[2mm] \triangle \mathrm{PAB} = \dfrac{1}{6} = \dfrac{3}{18} \\[2mm] \triangle \mathrm{PBC} = \triangle \mathrm{ABC} - \triangle \mathrm{PCA} - \triangle \mathrm{PAB} = \dfrac{1}{2} - \dfrac{4}{18} - \dfrac{3}{18} = \dfrac{2}{18} \end{cases}$$

面積の比は $\boxed{\triangle \mathrm{PBC} : \triangle \mathrm{PCA} : \triangle \mathrm{PAB} = 2 : 4 : 3}$ …(答)

Column✎

斜交座標は万能ではない！

斜交座標の授業をすると，

　　・三角形の問題を直交座標に移して解くなんて，超簡単じゃん！

　　・面積比の問題を中学生でも解ける問題に変えるなんてすごい！

と盛り上がる生徒が時々います。それ自体は悪いことではありません。しかし，「斜交座標は万能ではない」ということを忘れてはなりません。2次元の斜交座標と直交座標で保存されるのは

　①平行な線分の長さの比

　②面積の比

だけです。この章で紹介している問題はすべて①②についての問題で，言い換えれば「斜交座標が活躍できるタイプの問題」です。しかし，実際の入試問題は「比」に関する問題だけではありません。

　　・三角形 ABC において，∠A＝45° とする……

　　・三角形 ABC において，AB＝3，BC＝2 とする……

など「角」や「長さ」に関する問題，あるいは後に学ぶ「内積」に関する問題では，斜交座標はほとんどの場合役に立ちません。斜交座標では，

　　・角，長さ，内積などの情報は失われる

ということを決して忘れずに，学習を進めてください。

1.4 直線と平面のパラメータ表示

1.4.1 直線のパラメータ表示

点 A から出発して，1 秒間で $\vec{u}$ だけ進む車に乗り，t 秒間移動したら点 P にたどり着いた。

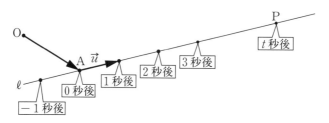

この様子は，

$$\overrightarrow{\mathrm{AP}} = t\vec{u} \quad \cdots\cdots①$$

という等式で表現できます。原点 O を始点とする位置ベクトルの形で

$$\overrightarrow{\mathrm{OP}} = \overrightarrow{\mathrm{OA}} + t\vec{u} \quad \cdots\cdots②$$

と表すこともできます。t は「パラメータ（parameter）」[4] と呼ばれる変数で，他の文字を使っても構いません。そして，t がいろいろな実数値をとって動くと，点 P は A を通る $\vec{u}$ 方向の直線全体を描きます。この直線を ℓ とするとき，等式①や等式②を「直線 ℓ 上の点 P のパラメータ表示」あるいは単に「直線 ℓ のパラメータ表示」といいます[5]。

直線のパラメータ表示で大切なことは，上図のように，

直線 ℓ 上に，A を原点，$\vec{u}$ を 1 目盛りとする「数直線」を作る

というイメージです。

基本原理 11（直線のパラメータ表示）

点 A を通る $\vec{u}\left(\neq\vec{0}\right)$ 方向の直線上の点 P は，実数 t を用いて，

$$\overrightarrow{\mathrm{OP}} = \overrightarrow{\mathrm{OA}} + t\vec{u}$$

とパラメータ表示できる。

---

[4]：「媒介変数」ともいう。「パラメタ」と呼ぶ人も多い。
[5]：論理的には，「$\mathrm{P} \in \ell \iff \exists\, t \in \mathbb{R},\ \mathrm{OP} = \mathrm{OA} + t\vec{u}$」ということ。

例題6 ▶

次の2直線 ℓ, m が交わるかどうかを調べ, 交わるときにはその交点の座標を求めよ。

(1) ℓ : 2点 $A(2, 1, -1)$, $B(1, 2, 1)$ を通る直線

   m : 2点 $C(1, 0, -2)$, $D(2, 2, 1)$ を通る直線

(2) ℓ : 点 $A(3, 0, 2)$ を通る $\begin{pmatrix} 4 \\ 3 \\ -5 \end{pmatrix}$ 方向の直線

   m : 点 $B(1, -4, 5)$ を通る $\begin{pmatrix} 2 \\ -1 \\ -2 \end{pmatrix}$ 方向の直線

解答・解説

(1) 直線 ℓ 上の点 P は, 実数 t を用いて

$$\overrightarrow{OP} = \overrightarrow{OA} + t\overrightarrow{AB}$$

直線 m 上の点 Q は, 実数 u を用いて

$$\overrightarrow{OQ} = \overrightarrow{OC} + u\overrightarrow{CD}$$

とそれぞれパラメータ表示できる。この P と Q が一致するための条件は,

$$\overrightarrow{OP} = \overrightarrow{OQ} \Longleftrightarrow \overrightarrow{OA} + t\overrightarrow{AB} = \overrightarrow{OC} + u\overrightarrow{CD}$$

$$\Longleftrightarrow \begin{pmatrix} 2 \\ 1 \\ -1 \end{pmatrix} + t\begin{pmatrix} -1 \\ 1 \\ 2 \end{pmatrix} = \begin{pmatrix} 1 \\ 0 \\ -2 \end{pmatrix} + u\begin{pmatrix} 1 \\ 2 \\ 3 \end{pmatrix}$$

$$\Longleftrightarrow \begin{cases} 1 - t = u & \cdots\cdots① \\ 1 + t = 2u & \cdots\cdots② \\ 1 + 2t = 3u & \cdots\cdots③ \end{cases}$$

①, ②より $(t, u) = \left(\dfrac{1}{3}, \dfrac{2}{3} \right)$ となるが, これは③を満たさない。

よって, P と Q が一致するような t, u は存在しないので,

$\boxed{\ell \text{ と } m \text{ は交わらない}}$ …(答)

(2) 直線 ℓ 上の点 P は，実数 t を用いて

$$\overrightarrow{\mathrm{OP}} = \begin{pmatrix} 3 \\ 0 \\ 2 \end{pmatrix} + t \begin{pmatrix} 4 \\ 3 \\ -5 \end{pmatrix}$$

直線 m 上の点 Q は，実数 u を用いて

$$\overrightarrow{\mathrm{OQ}} = \begin{pmatrix} 1 \\ -4 \\ 5 \end{pmatrix} + u \begin{pmatrix} 2 \\ -1 \\ -2 \end{pmatrix}$$

とそれぞれパラメータ表示できる。この P と Q が一致するための条件は，

$$\overrightarrow{\mathrm{OP}} = \overrightarrow{\mathrm{OQ}} \Longleftrightarrow \begin{pmatrix} 3 \\ 0 \\ 2 \end{pmatrix} + t \begin{pmatrix} 4 \\ 3 \\ -5 \end{pmatrix} = \begin{pmatrix} 1 \\ -4 \\ 5 \end{pmatrix} + u \begin{pmatrix} 2 \\ -1 \\ -2 \end{pmatrix}$$

$$\Longleftrightarrow \begin{cases} 2 + 4t = 2u & \cdots\cdots\text{①} \\ 4 + 3t = -u & \cdots\cdots\text{②} \\ -3 - 5t = -2u & \cdots\cdots\text{③} \end{cases}$$

①，②より $(t, u) = (-1, -1)$ となり，これは③を満たす。このとき，

$$\overrightarrow{\mathrm{OP}} = \overrightarrow{\mathrm{OQ}} = \begin{pmatrix} -1 \\ -3 \\ 7 \end{pmatrix}$$

である。よって，　$\boxed{\ell \text{ と } m \text{ は点} (-1, -3, 7) \text{で交わる}}$ …(答)

1.4.2　平面のパラメータ表示

　点 A から出発して，1 秒間で $\vec{u}$ だけ進む車に乗って s 秒間移動し，1 秒間で $\vec{v}$ だけ進む車に乗り換えて t 秒間移動したら点 P にたどり着いたとします。この様子は，

$$\overrightarrow{\mathrm{AP}} = s\vec{u} + t\vec{v} \quad \cdots\cdots ①$$

という等式で表現できます。始点を原点 O に変更すると，

$$\overrightarrow{\mathrm{OP}} = \overrightarrow{\mathrm{OA}} + s\vec{u} + t\vec{v} \quad \cdots\cdots ②$$

と表すこともできます。

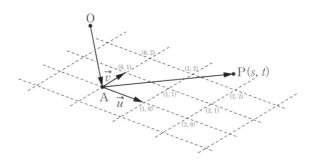

　この P を (s, t) と表せば，$\vec{u}$，$\vec{v}$ が 1 次独立のとき，上図のような A を原点とする斜交座標ができ，s，t がいろいろな実数値をとって動くと，点 P は A を通る $\vec{u}$，$\vec{v}$ の張る平面を描きます。この平面を α とするとき，等式①や等式②を「平面 α 上の点 P のパラメータ表示」あるいは単に「平面 α のパラメータ表示」といいます。「A まで行って，2 つの乗り物 $\vec{u}$，$\vec{v}$ で旅をすれば，α 上のどの点にだって行ける！」というイメージです。

> 直線上の点は，1 つのパラメータで表せる。
> 平面上の点は，2 つのパラメータで表せる。

という感覚は重要です。

基本原理 12（平面のパラメータ表示） ▶

　$\vec{u}$，$\vec{v}$ が 1 次独立のとき，点 A を通る $\vec{u}$，$\vec{v}$ の張る平面上の点 P は，実数 s，t を用いて，

$$\overrightarrow{\mathrm{OP}} = \overrightarrow{\mathrm{OA}} + s\vec{u} + t\vec{v}$$

とパラメータ表示できる。

1.5 共線条件・共面条件

1.5.1 3点が同一直線上にある条件

　平面内，もしくは空間内において，異なる2点A，Bを通る直線をℓとします。このとき，点Pが直線ℓ上にあるための条件を考えます。

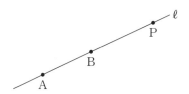

$\overrightarrow{AB} \neq \vec{0}$に注意して，

　　　　点Pが直線ℓ上にある

　　　$\iff$ある実数tに対し，$\overrightarrow{AP} = t\overrightarrow{AB}$　……①

これが基本です。①を「$\overrightarrow{AB} = t\overrightarrow{AP}$」とするのは間違いです。「P = A」のときがウソになります。

始点を任意の点Oに変更すると，

　　　　点Pが直線ℓ上にある

　　　$\iff$ある実数tに対し，

　　　　　$\overrightarrow{OP} = \overrightarrow{OA} + t\overrightarrow{AB}$　……②

　　　$\iff$ある実数tに対し，

　　　　　$\overrightarrow{OP} = (1-t)\overrightarrow{OA} + t\overrightarrow{OB}$　……③

　　　$\iff s+t=1$を満たすある実数s, tに対し，

　　　　　$\overrightarrow{OP} = s\overrightarrow{OA} + t\overrightarrow{OB}$

②は，Aを通る$\overrightarrow{AB}$方向の直線のパラメータ表示の形です。③はいわゆる「分点公式」の式です。これらはどれもよく用いられる形ですが，「全部同じことを言っている」ということを理解することが重要です。

特に $\overrightarrow{OA}$, $\overrightarrow{OB}$ が1次独立のときを考えれば,次のようにまとめることができます。

基本原理13(共線条件) ▶

(1) 三角形OABに対し,「点Pが直線AB上にある」ことは,次の(ⅰ)(ⅱ)(ⅲ)とそれぞれ同値である。

(ⅰ) ある実数 t に対し,$\overrightarrow{OP} = \overrightarrow{OA} + t\overrightarrow{AB}$

(ⅱ) ある実数 t に対し,$\overrightarrow{OP} = (1-t)\overrightarrow{OA} + t\overrightarrow{OB}$

(ⅲ) $s+t=1$ を満たすある実数 s, t に対し,$\overrightarrow{OP} = s\overrightarrow{OA} + t\overrightarrow{OB}$

(2) 三角形OABに対し,
$$\overrightarrow{OP} = X\overrightarrow{OA} + Y\overrightarrow{OB}$$
と表される点Pが直線AB上にあるための必要十分条件は
$$X + Y = 1$$
である。

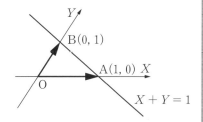

「上の(2)の公式を教わったけれど,意味がわかりません」という質問を受けることがあります。確かにこの性質を使えば解ける入試問題は数多くありますが,

「意味もわからず公式を使う」

というのは論外です。p.32の例6のように「斜交座標」を考えても明らかで,これを「公式」というのがそもそも奇妙な話です。

1.5.2 4点が同一平面上にある条件

空間内の3点A, B, Cについて,$\overrightarrow{AB}$, $\overrightarrow{AC}$ が1次独立のとき,3点A, B, Cは1つの平面を定めます。その平面を α とおくと,p.47の1.4.2節より,

点 P が α 上にある

⟺ ある実数 t, u に対し，$\overrightarrow{\mathrm{AP}} = t\overrightarrow{\mathrm{AB}} + u\overrightarrow{\mathrm{AC}}$ ……①

が成り立ちます。始点を任意の点 O に変更すると，

① ⟺ ある実数 t, u に対し，
$$\overrightarrow{\mathrm{OP}} = \overrightarrow{\mathrm{OA}} + t\overrightarrow{\mathrm{AB}} + u\overrightarrow{\mathrm{AC}}$$

⟺ ある実数 t, u に対し，
$$\overrightarrow{\mathrm{OP}} = (1 - t - u)\overrightarrow{\mathrm{OA}} + t\overrightarrow{\mathrm{OB}} + u\overrightarrow{\mathrm{OC}}$$

⟺ $s + t + u = 1$ を満たすある実数 s, t, u に対し，
$$\overrightarrow{\mathrm{OP}} = s\overrightarrow{\mathrm{OA}} + t\overrightarrow{\mathrm{OB}} + u\overrightarrow{\mathrm{OC}}$$

特に OABC が四面体を作る場合，次のようにまとめることができます。

基本原理 14（共面条件） ▶

(1) 四面体 OABC に対し，「点 P が平面 ABC 上にある」ことは，次の（ⅰ）
（ⅱ）（ⅲ）とそれぞれ同値である。

（ⅰ）ある実数 t, u に対し，$\overrightarrow{\mathrm{OP}} = \overrightarrow{\mathrm{OA}} + t\overrightarrow{\mathrm{AB}} + u\overrightarrow{\mathrm{AC}}$

（ⅱ）ある実数 t, u に対し，$\overrightarrow{\mathrm{OP}} = (1 - t - u)\overrightarrow{\mathrm{OA}} + t\overrightarrow{\mathrm{OB}} + u\overrightarrow{\mathrm{OC}}$

（ⅲ）$s + t + u = 1$ を満たすある実数 s, t, u に対し，
$$\overrightarrow{\mathrm{OP}} = s\overrightarrow{\mathrm{OA}} + t\overrightarrow{\mathrm{OB}} + u\overrightarrow{\mathrm{OC}}$$

(2) 四面体 OABC に対し，
$$\overrightarrow{\mathrm{OP}} = X\overrightarrow{\mathrm{OA}} + Y\overrightarrow{\mathrm{OB}} + Z\overrightarrow{\mathrm{OC}}$$
と表される点 P が平面 ABC 上にある
ための必要十分条件は
$$X + Y + Z = 1$$

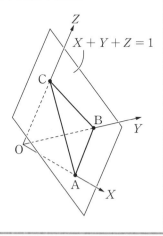

上の (2) は，「3 次元の斜交座標」を用いると当たり前の事実に思えるのですが，
それについては，p.182 で学ぶことにします。

例題 7 ▶

A$(1, 1, 1)$, B$(0, 2, 2)$, C$(3, 2, 0)$, L$(4, 1, 5)$, M$(5, 0, 7)$ に対し, 平面 ABC と直線 LM の交点 P の座標を求めよ。

解答・解説

$\overrightarrow{AB} = \begin{pmatrix} -1 \\ 1 \\ 1 \end{pmatrix}$, $\overrightarrow{AC} = \begin{pmatrix} 2 \\ 1 \\ -1 \end{pmatrix}$ は 1 次独立であり, 点 P は平面 ABC 上にあるので,

$$\overrightarrow{OP} = \overrightarrow{OA} + s\overrightarrow{AB} + t\overrightarrow{AC} \quad \cdots\cdots①$$

とパラメータ表示できる。

また, P は直線 LM 上にあるので,

$$\overrightarrow{OP} = \overrightarrow{OL} + u\overrightarrow{LM} \quad \cdots\cdots②$$

とパラメータ表示できる。

①＝②より,

$$\overrightarrow{OA} + s\overrightarrow{AB} + t\overrightarrow{AC} = \overrightarrow{OL} + u\overrightarrow{LM}$$

$$\Longleftrightarrow \begin{pmatrix} 1 \\ 1 \\ 1 \end{pmatrix} + s\begin{pmatrix} -1 \\ 1 \\ 1 \end{pmatrix} + t\begin{pmatrix} 2 \\ 1 \\ -1 \end{pmatrix} = \begin{pmatrix} 4 \\ 1 \\ 5 \end{pmatrix} + u\begin{pmatrix} 1 \\ -1 \\ 2 \end{pmatrix}$$

$$\Longleftrightarrow \begin{cases} -s + 2t = 3 + u \\ s + t = -u \\ s - t = 4 + 2u \end{cases}$$

$$\Longleftrightarrow \begin{cases} s = 1 \\ t = 1 \\ u = -2 \end{cases}$$

$$\therefore \overrightarrow{OP} = \begin{pmatrix} 4 \\ 1 \\ 5 \end{pmatrix} - 2\begin{pmatrix} 1 \\ -1 \\ 2 \end{pmatrix} = \begin{pmatrix} 2 \\ 3 \\ 1 \end{pmatrix} \quad \therefore \boxed{P(2, 3, 1)} \cdots(答)$$

A$(-1, 3, 0)$, B$(1, 1, 4)$, C$(3, 5, 2)$, D$(1, 7, 8)$ に対し，点 P は直線 AB 上を，点 Q は直線 CD 上を自由に動く。このとき，PQ の中点 R が描く図形はどのような図形か。

解答・解説

点 P は直線 AB 上を動くので，
$$\overrightarrow{OP} = \overrightarrow{OA} + s\overrightarrow{AB}$$
とパラメータ表示でき，点 Q は直線 CD 上を動くので，
$$\overrightarrow{OQ} = \overrightarrow{OC} + t\overrightarrow{CD}$$
とパラメータ表示できる。この s, t を用いると，PQ の中点 R の原点 O を始点とする位置ベクトルは，

$$\overrightarrow{OR} = \frac{1}{2}\left(\overrightarrow{OP} + \overrightarrow{OQ}\right)$$

$$= \frac{1}{2}\left(\overrightarrow{OA} + s\overrightarrow{AB} + \overrightarrow{OC} + t\overrightarrow{CD}\right)$$

$$= \frac{1}{2}\left\{ \begin{pmatrix} 2 \\ 8 \\ 2 \end{pmatrix} + s\begin{pmatrix} 2 \\ -2 \\ 4 \end{pmatrix} + t\begin{pmatrix} -2 \\ 2 \\ 6 \end{pmatrix} \right\}$$

$$= \begin{pmatrix} 1 \\ 4 \\ 1 \end{pmatrix} + s\begin{pmatrix} 1 \\ -1 \\ 2 \end{pmatrix} + t\begin{pmatrix} -1 \\ 1 \\ 3 \end{pmatrix}$$

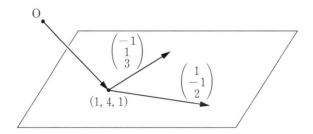

今，$\begin{pmatrix} 1 \\ -1 \\ 2 \end{pmatrix}$, $\begin{pmatrix} -1 \\ 1 \\ 3 \end{pmatrix}$ は 1 次独立なので，s, t が任意の実数を動くとき，R が描く図形は，

点$(1, 4, 1)$を通る, $\begin{pmatrix} 1 \\ -1 \\ 2 \end{pmatrix}$, $\begin{pmatrix} -1 \\ 1 \\ 3 \end{pmatrix}$ の張る平面 …（答）

☐ **1**
★

次の問いに答えよ。

(1) 点 A$(7, 5)$から出発して$\begin{pmatrix} -1 \\ -1 \end{pmatrix}$の向きに$4\sqrt{2}$進んだ地点を B とし，さらに B から原点を背にして 5 進んだら，点 P にたどり着いたという。P の座標を求めよ。

(2) 点 A$(2, 1, 1)$から点 B を目指して 3 進んだ点を P とし，P から点 C$(-2, 6, 0)$を目指して 6 進んだら，点 C に着く前に点 Q$(0, 4, 1)$にたどり着いた。AB $= 6$ のとき，点 B の座標を求めよ。

☐ **2**
★

△ABC において，辺 AC の中点を M とする。また，辺 BC の 3 等分点を B に近い方から P，Q とし，直線 AP，直線 AQ と線分 BM の交点をそれぞれ K，L とする。比 ML:LK:KB を求めよ。

☐ **3**
★

△OAB が図のように与えられている。$\overrightarrow{OA} = \vec{a}, \overrightarrow{OB} = \vec{b}$ とする。実数x，y が以下の条件を満たしながら変化していくとき，

$$\overrightarrow{OX} = x\vec{a} + y\vec{b}$$

で表される点 X の全体をそれぞれ図示せよ。

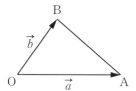

(1) $-1 \leqq x + y \leqq 1$

(2) $|x| + |y| \leqq 2$ かつ $x \leqq 1$

□ **4** 平面上に $\triangle OAB$ があり，その面積を S とおく。s, t を実数とし，点 P を
★
$$\overrightarrow{OP} = s\overrightarrow{OA} + t\overrightarrow{OB}$$

によって定める。s, t が

$$s \geq 0, \ 1 \leq s + 2t \leq 2, \ 3s + t \leq 3$$

を満たすとき，点 P が存在し得る部分の面積 T は S の何倍か。

□ **5** 実数 t が（　　）内の範囲を動くとき，次の式で与えられた点 $P(x, y)$ の
★　　軌跡の概形を図示せよ。

(1) $\begin{cases} x = 3t - 1 \\ y = -t + 1 \end{cases}$ $(0 \leq t \leq 2)$

(2) $\begin{cases} x = t - \dfrac{1}{t} \\ y = t + \dfrac{1}{t} \end{cases}$ $(t > 0)$

(3) $\begin{cases} x = t + 2^t \\ y = t - 2^t \end{cases}$ $(t \in \mathbb{R})$

(4) $\begin{cases} x = t - 2t^3 \\ y = 2t + t^3 \end{cases}$ $(t \in \mathbb{R})$

□ **6** 右図のような凸四角形 ABCD がある。
★★　ただし AB と CD は平行ではないものと
する。点 P は辺 AB 上を，点 Q は辺 CD
上をそれぞれ自由に動く。線分 PQ を
$1:2$ に内分する点 R が存在し得る領域
を W とするとき，W を図示せよ。

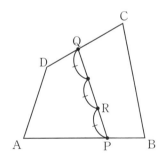

☐ 7 平面上に平行四辺形 ABCD および点 P があり，
★
$$\overrightarrow{AP} + 2\overrightarrow{BP} + 3\overrightarrow{CP} + 4\overrightarrow{DP} = \vec{0}$$
が成立している。面積の比 △PAB : △PBC : △PCD : △PDA を求め
よ。

☐ 8 四面体 OABC の辺 OA 上に点 P，辺 AB 上に点 Q，辺 BC 上に点 R，
★★
辺 CO 上に点 S をとる。これら 4 点をこの順序で結んで得られる図形
が平行四辺形となるとき，この平行四辺形 PQRS の 2 つの対角線の交
点は 2 つの線分 AC と OB のそれぞれの中点を結ぶ線分上にあること
を示せ。　　　　　　　　　　　　　　　　　　　　　　　（京都大）

☐ 9 四角形 ABCD を底面とする四角錐 OABCD は
★★
$$\overrightarrow{OA} + \overrightarrow{OC} = \overrightarrow{OB} + \overrightarrow{OD}$$
を満たしており，0 と異なる 4 つの実数 p, q, r, s に対して 4 点 P，Q，
R，S を
$$\overrightarrow{OP} = p\overrightarrow{OA}, \quad \overrightarrow{OQ} = q\overrightarrow{OB}, \quad \overrightarrow{OR} = r\overrightarrow{OC}, \quad \overrightarrow{OS} = s\overrightarrow{OD}$$
によって定める。このとき P，Q，R，S が同一平面上にあれば
$$\frac{1}{p} + \frac{1}{r} = \frac{1}{q} + \frac{1}{s}$$
が成立することを示せ。　　　　　　　　　　　　　　　（京都大）

内積と正射影

ベクトルの内積を正しく理解すると，長さ，角，面積，体積などの図形の計量を簡単に記述できるようになり，図形問題を考えるときの視野が一気に広がります。その基本を徹底的に学びましょう。

★のついた章の内容の一部は，高校数学の範囲を超えます。

2.1 符号付き長さと内積

2.1.1 ベクトルのなす角

$\vec{0}$ でない 2 つのベクトル $\vec{a}$, $\vec{b}$ に対し, $\vec{a} = \overrightarrow{\mathrm{OA}}$, $\vec{b} = \overrightarrow{\mathrm{OB}}$ とするとき,
$\angle \mathrm{AOB}$ を

「$\vec{a}$ と $\vec{b}$ のなす角」

といいます。$\vec{0}$ でない 2 つのベクトルを与えると,
それらのなす角は一意に定まります。ベクトルの
なす角は, $0°$ 以上 $180°$ 以下の範囲にあり,

「始点をそろえたときの夾角」

であることは重要です。

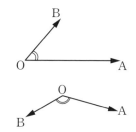

例 10

右図において,

(1) $\overrightarrow{\mathrm{AB}}$ と $\overrightarrow{\mathrm{AC}}$ のなす角は $60°$

(2) $\overrightarrow{\mathrm{AB}}$ と $\overrightarrow{\mathrm{CA}}$ のなす角は $120°$

(3) $\overrightarrow{\mathrm{AB}}$ と $\overrightarrow{\mathrm{CD}}$ のなす角は $120°$

(4) $\overrightarrow{\mathrm{BA}}$ と $\overrightarrow{\mathrm{CD}}$ のなす角は $60°$

(5) $\overrightarrow{\mathrm{AB}}$ と $\overrightarrow{\mathrm{AB}}$ のなす角は $0°$

(6) $\overrightarrow{\mathrm{AB}}$ と $\overrightarrow{\mathrm{BA}}$ のなす角は $180°$

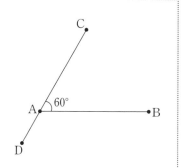

2.1.2 正射影

　スクリーンに垂直に光を当てたときにできる影を「正射影」といいます。

例えば右図のように，点 B，C から直線 OA に下ろした垂線をそれぞれBH, CIとするとき，

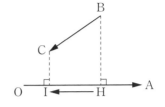

・線分 BC の直線 OA への正射影は線分 HI

・ベクトル $\overrightarrow{BC}$ の直線 OA への正射影は，ベクトル $\overrightarrow{HI}$

・ベクトル $\overrightarrow{BC}$ のベクトル $\overrightarrow{OA}$ への正射影は，ベクトル $\overrightarrow{HI}$

・ベクトル $\overrightarrow{BC}$ のベクトル $\overrightarrow{AO}$ への正射影は，ベクトル $\overrightarrow{HI}$

・ベクトル $\overrightarrow{CB}$ の直線 OA への正射影は，ベクトル $\overrightarrow{IH}$

・ベクトル $\overrightarrow{CB}$ のベクトル $\overrightarrow{OA}$ への正射影は，ベクトル $\overrightarrow{IH}$

・ベクトル $\overrightarrow{CB}$ のベクトル $\overrightarrow{AO}$ への正射影は，ベクトル $\overrightarrow{IH}$

大切なことは，「線分の正射影は線分」，「ベクトルの正射影はベクトル」だということです。スクリーンがベクトルのとき，その向きは正射影には無関係ということも重要です。

　上図において，$\overrightarrow{HI}$ を

　　　$\overrightarrow{BC}$ の $\overrightarrow{OA}$ への正射影ベクトル

といいます。一般に，$\vec{x}$ の $\vec{a}$ への正射影ベクトルと，$\vec{x}$ の $-\vec{a}$ への正射影ベクトルは，同じベクトルです。

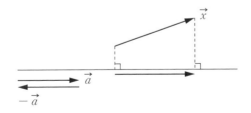

右図において,

(1) $\vec{x}$ の $\vec{a}$ への正射影ベクトルは, $\vec{u}$

(2) $\vec{y}$ の $\vec{a}$ への正射影ベクトルは, $-\vec{u}$

(3) $-\vec{x}$ の $\vec{a}$ への正射影ベクトルは, $-\vec{u}$

(4) $-\vec{y}$ の $\vec{a}$ への正射影ベクトルは, $\vec{u}$

(5) $\vec{x}$ の $-\vec{a}$ への正射影ベクトルは, $\vec{u}$

(6) $\vec{y}$ の $-\vec{a}$ への正射影ベクトルは, $-\vec{u}$

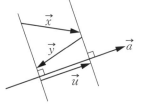

2.1.3 符号付き長さ

$\vec{0}$ でないベクトル $\vec{a}$ に対し,下図のように,$\vec{a}$ の向きを正の向きとする数直線を設定します。

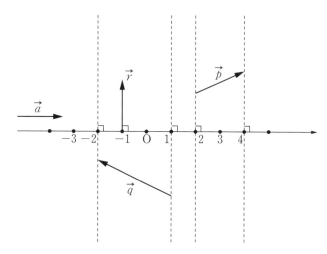

このとき，前ページの図において，

　・$\vec{p}$は$\vec{a}$の向きに2進んでいる

　・$\vec{q}$は$\vec{a}$の向きに-3進んでいる

　・$\vec{r}$は$\vec{a}$の向きに0進んでいる

ことがわかるでしょう。このように，ベクトル$\vec{x}$が$\vec{a}$と同じ向きにどれだけ移動しているかを表す数値を，

　　「$\vec{x}$の$\vec{a}$向きの符号付き長さ」　……♠

といいます。$\vec{x}$の$\vec{a}$への正射影ベクトルを$\vec{u}$とすると，♠は，

　　「$\vec{u}$の$\vec{a}$向きの符号付き長さ」

と同じです。

図において，

　・$\vec{p}$の$\vec{a}$向きの符号付き長さは2

　・$\vec{q}$の$\vec{a}$向きの符号付き長さは-3

　・$\vec{r}$の$\vec{a}$向きの符号付き長さは0

となります。

「長さ」が負になることはありませんが，「符号付き長さ」は負になることもあります。

例12

　右図において，

(1) $\vec{x}$の$\vec{a}$向きの符号付き長さは，3

(2) $\vec{x}$の$\vec{b}$向きの符号付き長さは，-2

(3) $\vec{x}$の$-\vec{a}$向きの符号付き長さは，-3

(4) $\vec{x}$の$-\vec{b}$向きの符号付き長さは，2

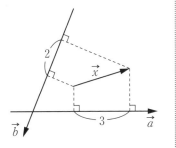

「符号付き長さ」を数式で表すと，次のようになります。

基本原理15(符号付き長さ) ▶

$\vec{0}$ でない2つのベクトル $\vec{a}$, $\vec{x}$ に対し，そのなす角を θ とすると，

$\vec{x}$ の $\vec{a}$ 向きの符号付き長さ L

は，

$$L = |\vec{x}|\cos\theta$$

と定義される。ただし，$\vec{x}=\vec{0}$ のときは，$L=0$ と約束する。

なお，$\vec{a}=\vec{0}$ のとき，L は定義されない。

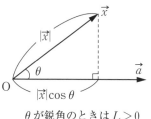

θ が鋭角のときは $L>0$
$\cos\theta>0$ に注意

θ が鈍角のときは $L<0$
$\cos\theta<0$ に注意

2.1.4 内積の定義

「内積」は次のように定義されます。

基本原理16(内積の定義) ▶

2つのベクトル $\vec{a}$, $\vec{b}$ のなす角を θ とするとき，

$$|\vec{a}||\vec{b}|\cos\theta$$

の値を，

$\vec{a}$, $\vec{b}$ の内積

といい，

$\vec{a}\cdot\vec{b}$　（「エー・ドット・ビー」と読むことが多い）

で表す。ただし，$\vec{a}$, $\vec{b}$ のいずれかが $\vec{0}$ のときは，なす角 θ が定義でき

ないが，このときは $\vec{a}\cdot\vec{b}=0$ と約束する。

前述の定義は,

$$\vec{a}\cdot\vec{b}=|\vec{a}||\vec{b}|\cos\theta$$
$$=|\vec{a}|\times\left(|\vec{b}|\cos\theta\right)$$
$$=(\vec{a}\,\text{の大きさ})\times(\vec{b}\,\text{の}\,\vec{a}\,\text{向きの符号付き長さ})$$

と書き直すことができ,これが内積の図形的な意味です。

基本原理17(内積の図形的意味) ▶

2つのベクトル $\vec{a}$, $\vec{b}$ の内積 $\vec{a}\cdot\vec{b}$ とは,

$\vec{a}$ の大きさ ……①

と

$\vec{b}$ の $\vec{a}$ 向きの符号付き長さ

……②

の積である。

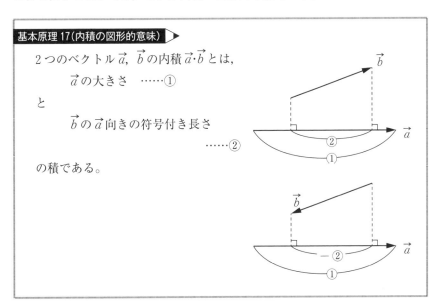

右の図1では,

$$\begin{cases} (\vec{a}\text{の大きさ})=7 \\ (\vec{b}\text{の}\vec{a}\text{向きの符号付き長さ})=4 \end{cases}$$

$$\therefore \ \vec{a}\cdot\vec{b}=7\times4=28$$

図1

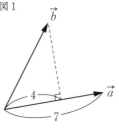

右の図2では,

$$\begin{cases} (\vec{a}\text{の大きさ})=7 \\ (\vec{b}\text{の}\vec{a}\text{向きの符号付き長さ})=-4 \end{cases}$$

$$\therefore \ \vec{a}\cdot\vec{b}=7\times(-4)=-28$$

図2

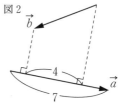

右の図3では,

$$\begin{cases} (\vec{a}\text{の大きさ})=7 \\ (\vec{b}\text{の}\vec{a}\text{向きの符号付き長さ})=0 \end{cases}$$

$$\therefore \ \vec{a}\cdot\vec{b}=7\times0=0$$

図3

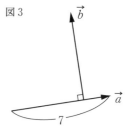

例題9 ▶

次図において，「$\vec{x}$ の $\vec{a}$ 向きの符号付き長さ L」および「$\vec{a}$ と $\vec{x}$ の内積 $\vec{a}\cdot\vec{x}$」をそれぞれ求めよ。

(1)

(2)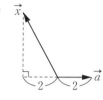

(3) $\vec{x}=\vec{0}$

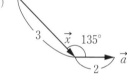

(4)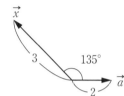

(5)

(6)

(7)

(8)

Part
2
内積と正射影

解答・解説

(1) $\begin{cases} L=2 \\ \vec{a}\cdot\vec{x}=6 \end{cases}$

(2) $\begin{cases} L=-2 \\ \vec{a}\cdot\vec{x}=-4 \end{cases}$

(3) $\begin{cases} L=0 \\ \vec{a}\cdot\vec{x}=0 \end{cases}$

(4) $\begin{cases} L=3\cos 135°=-\dfrac{3\sqrt{2}}{2} \\ \vec{a}\cdot\vec{x}=-3\sqrt{2} \end{cases}$

(5) $\begin{cases} L = 3\cos 45° = \dfrac{3\sqrt{2}}{2} \\ \vec{a}\cdot\vec{x} = 3\sqrt{2} \end{cases}$ (6) $\begin{cases} L = 3 \\ \vec{a}\cdot\vec{x} = 6 \end{cases}$

(7) $\begin{cases} L = -3 \\ \vec{a}\cdot\vec{x} = -6 \end{cases}$ (8) $\begin{cases} L = 0 \\ \vec{a}\cdot\vec{x} = 0 \end{cases}$

2.1.5 内積の性質

内積には様々な性質があります。

基本原理 18（内積の性質 1） ▶

(1) $\vec{a}$, $\vec{b}$ のなす角が θ のとき, $\vec{a}\cdot\vec{b} = |\vec{a}||\vec{b}|\cos\theta$ （定義）

(2) $\vec{a}$, $\vec{b}$ のいずれかが $\vec{0}$ のとき, $\vec{a}\cdot\vec{b} = 0$ （定義）

(3) $\vec{a}$, $\vec{b}$ のなす角が θ のとき, $\cos\theta = \dfrac{\vec{a}\cdot\vec{b}}{|\vec{a}||\vec{b}|}$

(4) $\vec{a}\cdot\vec{b} = \vec{b}\cdot\vec{a}$ （交換法則）

(5) $\vec{a}\cdot(\vec{b}+\vec{c}) = \vec{a}\cdot\vec{b} + \vec{a}\cdot\vec{c}$ （分配法則）

(6) k が実数のとき, $(k\vec{a})\cdot\vec{b} = \vec{a}\cdot(k\vec{b}) = k(\vec{a}\cdot\vec{b})$

(7) $\vec{a}\cdot\vec{a} = |\vec{a}|^2$

(8) $\vec{a} \perp \vec{b} \Longrightarrow \vec{a}\cdot\vec{b} = 0$

(9) $\vec{a}\cdot\vec{b} = 0 \Longleftrightarrow (\vec{a}=\vec{0}) \lor (\vec{b}=\vec{0}) \lor (\vec{a} \perp \vec{b})$

---

(4)(5)(6)について簡単に説明します。

(4)について, $\vec{a}$, $\vec{b}$ のなす角が θ のとき, $\vec{b}$, $\vec{a}$ のなす角も θ なので, (1)より,
$$\begin{cases} \vec{a}\cdot\vec{b} = |\vec{a}||\vec{b}|\cos\theta \quad \cdots\cdots① \\ \vec{b}\cdot\vec{a} = |\vec{b}||\vec{a}|\cos\theta \quad \cdots\cdots② \end{cases}$$
①＝②なので, $\vec{a}\cdot\vec{b} = \vec{b}\cdot\vec{a}$ が成り立ちます。

(5)について, $\vec{a}=\vec{0}$ のときは明らかなので, $\vec{a} \neq \vec{0}$ とします。$\vec{a} = \overrightarrow{OA}$, $\vec{b} = \overrightarrow{OB}$, $\vec{c} = \overrightarrow{BC}$ とし, B, C から直線 OA に下ろした垂線と直線 OA との交点をそれぞれ H, I とします（次図）。

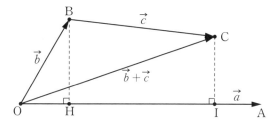

「符号付き長さ」はすべて「$\vec{a}$向きの符号付き長さ」であるものとすると,
$$\vec{a}\cdot(\vec{b}+\vec{c}) = \overrightarrow{\text{OA}}\cdot\overrightarrow{\text{OC}}$$
$$= \text{OA}\times(\overrightarrow{\text{OC}} \text{ の符号付き長さ})$$
$$= \text{OA}\times(\overrightarrow{\text{OI}} \text{ の符号付き長さ})$$
$$= \text{OA}\times(\overrightarrow{\text{OH}} \text{ の符号付き長さ}+\overrightarrow{\text{HI}} \text{ の符号付き長さ})$$
$$= \text{OA}\times(\overrightarrow{\text{OH}} \text{ の符号付き長さ})+\text{OA}\times(\overrightarrow{\text{HI}} \text{ の符号付き長さ})$$
$$= \text{OA}\times(\overrightarrow{\text{OB}} \text{ の符号付き長さ})+\text{OA}\times(\overrightarrow{\text{BC}} \text{ の符号付き長さ})$$
$$= \vec{a}\cdot\vec{b}+\vec{a}\cdot\vec{c}$$

よって,分配法則$\vec{a}\cdot(\vec{b}+\vec{c})=\vec{a}\cdot\vec{b}+\vec{a}\cdot\vec{c}$が成り立ちます。

図は平面ベクトルの場合ですが,空間ベクトルでも同様に考えれば説明できます。

(6)について,
$$(k\vec{b} \text{ の符号付き長さ})=k(\vec{b} \text{ の符号付き長さ})$$
が k の符号によらず成り立つので,
$$\vec{a}\cdot(k\vec{b}) = |\vec{a}|\times(k\vec{b} \text{ の符号付き長さ})$$
$$= |\vec{a}|\times\{k\cdot(\vec{b} \text{ の符号付き長さ})\}$$
$$= k\cdot\{|\vec{a}|\times(\vec{b} \text{ の符号付き長さ})\}$$
$$= k(\vec{a}\cdot\vec{b})$$
が成り立ちます。

(9)について,よく,数の性質
$$ab=0\Longleftrightarrow a=0\vee b=0$$
と混同して,
$$\vec{a}\cdot\vec{b}=0\Longleftrightarrow \vec{a}=\vec{0}\vee \vec{b}=\vec{0}$$
が成り立つと信じている人が少なからずいるので,要注意です。

p.66 の基本原理 18 のおかげで，$\vec{a}$ と $\vec{b}$ の 1 次結合で表された 2 つのベクトルの内積は，「文字式の展開」と同じ感覚で計算できるようになります。

基本原理 19（内積の性質 2） ▶

(1) $\left(p\vec{a}+q\vec{b}\right)\cdot\left(r\vec{a}+s\vec{b}\right)=pr|\vec{a}|^2+(ps+qr)\vec{a}\cdot\vec{b}+qs\left|\vec{b}\right|^2$

(2) $\left|p\vec{a}+q\vec{b}\right|^2=\left(p\vec{a}+q\vec{b}\right)\cdot\left(p\vec{a}+q\vec{b}\right)=p^2|\vec{a}|^2+2pq\vec{a}\cdot\vec{b}+q^2\left|\vec{b}\right|^2$

例えば，次のようにベクトルの計算で余弦定理を証明することができます。

例 14 ▶

三角形 OAB において，$\overrightarrow{\mathrm{OA}}=\vec{a}$，$\overrightarrow{\mathrm{OB}}=\vec{b}$，$\angle\mathrm{AOB}=\theta$ とおくと，

$$
\begin{aligned}
\mathrm{AB}^2 &= \left|\overrightarrow{\mathrm{AB}}\right|^2 \\
&= \left|\vec{b}-\vec{a}\right|^2 \\
&= \left(\vec{b}-\vec{a}\right)\cdot\left(\vec{b}-\vec{a}\right) \\
&= \left|\vec{b}\right|^2-2\vec{a}\cdot\vec{b}+|\vec{a}|^2 \\
&= |\vec{a}|^2+\left|\vec{b}\right|^2-2|\vec{a}|\left|\vec{b}\right|\cos\theta \\
&= \mathrm{OA}^2+\mathrm{OB}^2-2\mathrm{OA}\cdot\mathrm{OB}\cdot\cos\theta
\end{aligned}
$$

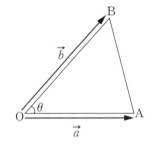

例題10 ▶

平行四辺形 ABCD において，AB = 3，BC = 4 であるとする。

(1) $AC^2 + BD^2$ の値を求めよ。

(2) $AC^2 - BD^2 = k$ のとき，$\cos\angle BAD$ を k で表せ。

解答・解説

(1) $\overrightarrow{AB} = \vec{b}$，$\overrightarrow{AD} = \vec{d}$ とおくと，

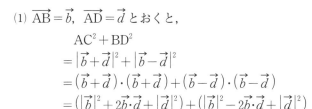

$$AC^2 + BD^2$$
$$= |\vec{b} + \vec{d}|^2 + |\vec{b} - \vec{d}|^2$$
$$= (\vec{b} + \vec{d}) \cdot (\vec{b} + \vec{d}) + (\vec{b} - \vec{d}) \cdot (\vec{b} - \vec{d})$$
$$= (|\vec{b}|^2 + 2\vec{b} \cdot \vec{d} + |\vec{d}|^2) + (|\vec{b}|^2 - 2\vec{b} \cdot \vec{d} + |\vec{d}|^2)$$
$$= 2(|\vec{b}|^2 + |\vec{d}|^2)$$
$$= 2(3^2 + 4^2)$$
$$= \boxed{50} \cdots (答)$$

(2) $$AC^2 - BD^2 = |\vec{b} + \vec{d}|^2 - |\vec{b} - \vec{d}|^2$$
$$= (|\vec{b}|^2 + 2\vec{b} \cdot \vec{d} + |\vec{d}|^2) - (|\vec{b}|^2 - 2\vec{b} \cdot \vec{d} + |\vec{d}|^2)$$
$$= 4\vec{b} \cdot \vec{d}$$

であるから，$AC^2 - BD^2 = k$ のとき，

$$4\vec{b} \cdot \vec{d} = k \quad \therefore \quad \vec{b} \cdot \vec{d} = \frac{k}{4}$$

$\angle BAD$ は $\vec{b}$ と $\vec{d}$ のなす角であるから，

$$\cos\angle BAD = \frac{\vec{b} \cdot \vec{d}}{|\vec{b}||\vec{d}|}$$
$$= \frac{\dfrac{k}{4}}{3 \cdot 4}$$
$$= \boxed{\frac{k}{48}} \cdots (答)$$

2.1.6 内積の成分計算

$\vec{a} = \begin{pmatrix} a \\ b \end{pmatrix}$, $\vec{x} = \begin{pmatrix} x \\ y \end{pmatrix}$ のとき, $\vec{e_1} = \begin{pmatrix} 1 \\ 0 \end{pmatrix}$, $\vec{e_2} = \begin{pmatrix} 0 \\ 1 \end{pmatrix}$ とおくと,

$$\vec{a} = a\vec{e_1} + b\vec{e_2}, \ \vec{x} = x\vec{e_1} + y\vec{e_2}$$

であることに注意して,

$$\vec{a} \cdot \vec{x} = (a\vec{e_1} + b\vec{e_2}) \cdot (x\vec{e_1} + y\vec{e_2})$$
$$= ax(\vec{e_1} \cdot \vec{e_1}) + ay(\vec{e_1} \cdot \vec{e_2}) + bx(\vec{e_2} \cdot \vec{e_1}) + by(\vec{e_2} \cdot \vec{e_2})$$

今,

$$\begin{cases} \vec{e_1} \cdot \vec{e_1} = |\vec{e_1}|^2 = 1, \ \vec{e_2} \cdot \vec{e_2} = |\vec{e_2}|^2 = 1, \\ \vec{e_1} \perp \vec{e_2} \ \text{より}, \ \vec{e_1} \cdot \vec{e_2} = \vec{e_2} \cdot \vec{e_1} = 0 \end{cases}$$

であるから,

$$\vec{a} \cdot \vec{x} = ax \times 1 + ay \times 0 + bx \times 0 + by \times 1 = ax + by$$

空間ベクトルの場合も同様に考えると, 次の重要公式が得られます。

基本原理 20（内積の成分計算）

(1) $\vec{a} = \begin{pmatrix} a \\ b \end{pmatrix}$, $\vec{x} = \begin{pmatrix} x \\ y \end{pmatrix}$ のとき, $\vec{a} \cdot \vec{x} = ax + by$

(2) $\vec{a} = \begin{pmatrix} a \\ b \\ c \end{pmatrix}$, $\vec{x} = \begin{pmatrix} x \\ y \\ z \end{pmatrix}$ のとき, $\vec{a} \cdot \vec{x} = ax + by + cz$

　このように, 内積は「成分計算がとても簡単」です。このわずか数秒で終了する計算で, ベクトルの重要情報を得ることができるのは, 内積の大きな魅力です。

MEMO

2.2 内積と正射影

2.2.1 符号付き長さと正射影ベクトル

$\vec{a} \neq \vec{0}$ とすると，内積の定義より，

$$\vec{a} \cdot \vec{x} = |\vec{a}| \times (\vec{x} \, \text{の} \, \vec{a} \, \text{向きの符号付き長さ})$$

であったので，直ちに

$$(\vec{x} \, \text{の} \, \vec{a} \, \text{向きの符号付き長さ}) = \frac{\vec{a} \cdot \vec{x}}{|\vec{a}|} \quad \cdots\cdots①$$

という重要公式が得られます。ここで，$\vec{x}$ の $\vec{a}$ への正射影ベクトルを $\vec{u}$ とすると，①は「$\vec{u}$ の $\vec{a}$ 向きの符号付き長さ」でもあるので，

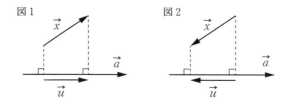

図1　　　　　　　　　　図2

上図において，

　　　図1では，①>0，図2では，①<0

であり，いずれの場合も

　　　$\vec{u}$ は $\vec{a}$ と同じ向きに①だけ進むベクトル

であることがわかります。p.15 の基本原理3で見たように，

　　　$\vec{a}$ と同じ向きに k 進むベクトルは，$\dfrac{k}{|\vec{a}|} \vec{a}$

なので，

$$\vec{u} = \frac{①}{|\vec{a}|} \vec{a} = \frac{\vec{a} \cdot \vec{x}}{|\vec{a}|} \cdot \frac{1}{|\vec{a}|} \vec{a} = \frac{\vec{a} \cdot \vec{x}}{|\vec{a}|^2} \vec{a}$$

という重要公式が導かれました。

基本原理 21（符号付き長さと正射影ベクトル）▶

$\vec{a} \neq \vec{0}$ のとき，

(1) （$\vec{x}$ の $\vec{a}$ 向きの符号付き長さ）$= \dfrac{\vec{a} \cdot \vec{x}}{|\vec{a}|}$

(2) （$\vec{x}$ の $\vec{a}$ への正射影ベクトル）$= \dfrac{\vec{a} \cdot \vec{x}}{|\vec{a}|^2} \vec{a}$

例 15 ▶

(1) $\vec{x} = \begin{pmatrix} 3 \\ -1 \end{pmatrix}$, $\vec{a} = \begin{pmatrix} -1 \\ 2 \end{pmatrix}$ に対し

$\vec{x}$ の $\vec{a}$ 向きの符号付き長さは

$$\frac{\vec{a} \cdot \vec{x}}{|\vec{a}|} = \frac{-5}{\sqrt{5}} = -\sqrt{5}$$

(2) $\vec{y} = \begin{pmatrix} 1 \\ 2 \\ 3 \end{pmatrix}$, $\vec{b} = \begin{pmatrix} 1 \\ -1 \\ 1 \end{pmatrix}$ に対し

$\vec{y}$ の $\vec{b}$ への正射影ベクトルは

$$\frac{\vec{b} \cdot \vec{y}}{|\vec{b}|^2} \vec{b} = \frac{2}{3} \vec{b} = \frac{2}{3} \begin{pmatrix} 1 \\ -1 \\ 1 \end{pmatrix}$$

例題11

次図において，OH，IJ の長さと点 H，I の座標を求めよ。

(1)

B(2, 9)

A(7, 2)

O(0, 0)　H

(2)

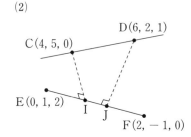

D(6, 2, 1)

C(4, 5, 0)

E(0, 1, 2)

I　J

F(2, −1, 0)

解答・解説

(1) $\overrightarrow{OA} = \begin{pmatrix} 7 \\ 2 \end{pmatrix}$, $\overrightarrow{OB} = \begin{pmatrix} 2 \\ 9 \end{pmatrix}$ であるから

$\overrightarrow{OB}$ の $\overrightarrow{OA}$ 向きの符号付き長さは

$$\frac{\overrightarrow{OA} \cdot \overrightarrow{OB}}{|\overrightarrow{OA}|} = \frac{\begin{pmatrix} 7 \\ 2 \end{pmatrix} \cdot \begin{pmatrix} 2 \\ 9 \end{pmatrix}}{\left| \begin{pmatrix} 7 \\ 2 \end{pmatrix} \right|} = \frac{32}{\sqrt{53}}$$

$\therefore$ $\boxed{OH = \dfrac{32}{\sqrt{53}}}$ …(答)

$\overrightarrow{OH}$ は $\overrightarrow{OB}$ の $\overrightarrow{OA}$ への正射影ベクトルなので，

$$\overrightarrow{OH} = \frac{\overrightarrow{OA} \cdot \overrightarrow{OB}}{|\overrightarrow{OA}|^2} \overrightarrow{OA} = \frac{\begin{pmatrix} 7 \\ 2 \end{pmatrix} \cdot \begin{pmatrix} 2 \\ 9 \end{pmatrix}}{\left| \begin{pmatrix} 7 \\ 2 \end{pmatrix} \right|^2} \begin{pmatrix} 7 \\ 2 \end{pmatrix} = \frac{32}{53} \begin{pmatrix} 7 \\ 2 \end{pmatrix}$$

$\therefore$ $\boxed{H\left(\dfrac{224}{53}, \dfrac{64}{53} \right)}$ …(答)

(2) $\overrightarrow{\mathrm{CD}} = \begin{pmatrix} 2 \\ -3 \\ 1 \end{pmatrix}$, $\overrightarrow{\mathrm{EF}} = \begin{pmatrix} 2 \\ -2 \\ -2 \end{pmatrix}$ であるから

$\overrightarrow{\mathrm{CD}}$ の $\overrightarrow{\mathrm{EF}}$ 向きの符号付き長さは

$$\frac{\overrightarrow{\mathrm{EF}} \cdot \overrightarrow{\mathrm{CD}}}{|\overrightarrow{\mathrm{EF}}|} = \frac{\begin{pmatrix} 2 \\ -2 \\ -2 \end{pmatrix} \cdot \begin{pmatrix} 2 \\ -3 \\ 1 \end{pmatrix}}{\left| \begin{pmatrix} 2 \\ -2 \\ -2 \end{pmatrix} \right|} = \frac{8}{2\sqrt{3}} = \frac{4}{\sqrt{3}}$$

$\therefore$ $\boxed{\mathrm{IJ} = \dfrac{4}{\sqrt{3}}}$ $\cdots$(答)

$\overrightarrow{\mathrm{EI}}$ は $\overrightarrow{\mathrm{EC}} = \begin{pmatrix} 4 \\ 4 \\ -2 \end{pmatrix}$ の $\overrightarrow{\mathrm{EF}}$ への正射影ベクトルなので,

$$\overrightarrow{\mathrm{EI}} = \frac{\overrightarrow{\mathrm{EF}} \cdot \overrightarrow{\mathrm{EC}}}{|\overrightarrow{\mathrm{EF}}|^2} \overrightarrow{\mathrm{EF}} = \frac{\begin{pmatrix} 2 \\ -2 \\ -2 \end{pmatrix} \cdot \begin{pmatrix} 4 \\ 4 \\ -2 \end{pmatrix}}{\left| \begin{pmatrix} 2 \\ -2 \\ -2 \end{pmatrix} \right|^2} \begin{pmatrix} 2 \\ -2 \\ -2 \end{pmatrix} = \frac{2}{3} \begin{pmatrix} 1 \\ -1 \\ -1 \end{pmatrix}$$

$\therefore$ $\overrightarrow{\mathrm{OI}} = \overrightarrow{\mathrm{OE}} + \overrightarrow{\mathrm{EI}} = \begin{pmatrix} 0 \\ 1 \\ 2 \end{pmatrix} + \frac{2}{3} \begin{pmatrix} 1 \\ -1 \\ -1 \end{pmatrix} = \frac{1}{3} \begin{pmatrix} 2 \\ 1 \\ 4 \end{pmatrix}$

$\therefore$ $\boxed{\mathrm{I}\left(\dfrac{2}{3}, \dfrac{1}{3}, \dfrac{4}{3} \right)}$ $\cdots$(答)

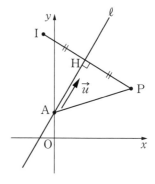

例題12

a, b を実数の定数とする。xy 平面上の直線 $\ell : y = ax + b$ に点 $P(p, q)$ から下ろした垂線と ℓ との交点を H とする。また，P の ℓ に関する対称点を I とする。H，I の座標をそれぞれ a, b, p, q で表せ。

解答・解説

ℓ の傾きが a なので，ℓ に平行なベクトル

として $\vec{u} = \begin{pmatrix} 1 \\ a \end{pmatrix}$ がとれる。そこで ℓ 上に

わかりやすい 1 点 $A(0, b)$ をとると，

$$\overrightarrow{OH} = \overrightarrow{OA} + \overrightarrow{AH}$$
$$= \overrightarrow{OA} + (\overrightarrow{AP} \text{ の } \vec{u} \text{ への正射影ベクトル})$$
$$= \overrightarrow{OA} + \frac{\vec{u} \cdot \overrightarrow{AP}}{|\vec{u}|^2} \vec{u}$$

$$= \begin{pmatrix} 0 \\ b \end{pmatrix} + \frac{\begin{pmatrix} 1 \\ a \end{pmatrix} \cdot \begin{pmatrix} p \\ q-b \end{pmatrix}}{\left| \begin{pmatrix} 1 \\ a \end{pmatrix} \right|^2} \begin{pmatrix} 1 \\ a \end{pmatrix} = \begin{pmatrix} 0 \\ b \end{pmatrix} + \frac{p + aq - ab}{1 + a^2} \begin{pmatrix} 1 \\ a \end{pmatrix}$$

$$= \frac{1}{1 + a^2} \begin{pmatrix} p + aq - ab \\ b + ap + a^2 q \end{pmatrix}$$

よって H の座標は，$\boxed{\left(\dfrac{p + aq - ab}{1 + a^2}, \ \dfrac{b + ap + a^2 q}{1 + a^2} \right)}$ …(答)

また，

$$\overrightarrow{OI} = \overrightarrow{OP} + 2\overrightarrow{PH} = \overrightarrow{OP} + 2(\overrightarrow{OH} - \overrightarrow{OP}) = 2\overrightarrow{OH} - \overrightarrow{OP}$$

$$= \frac{2}{1 + a^2} \begin{pmatrix} p + aq - ab \\ b + ap + a^2 q \end{pmatrix} - \begin{pmatrix} p \\ q \end{pmatrix}$$

$$= \frac{1}{1 + a^2} \begin{pmatrix} -a^2 p + 2aq - 2ab + p \\ a^2 q + 2ap - q + 2b \end{pmatrix}$$

よって I の座標は，

$\boxed{\left(\dfrac{-a^2 p + 2aq - 2ab + p}{1 + a^2}, \ \dfrac{a^2 q + 2ap - q + 2b}{1 + a^2} \right)}$ …(答)

MEMO

2.3 平行四辺形の面積

2.3.1 面積公式

$\vec{a}$, $\vec{c}$ が1次独立のとき，これらのなす角
を θ とし，$\vec{a}$, $\vec{c}$ の張る平行四辺形の面積を
S とします。

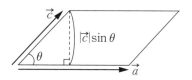

この平行四辺形は $|\vec{a}|$ を底辺，$|\vec{c}|\sin\theta$ を
高さとみなせるので，

$$S = |\vec{a}||\vec{c}|\sin\theta$$

という有名な公式が作れます。さらに，$0 < \theta < \pi$ に注意して，

$$S = |\vec{a}||\vec{c}|\sqrt{1 - \cos^2\theta}$$
$$= \sqrt{|\vec{a}|^2|\vec{c}|^2 - (|\vec{a}||\vec{c}|\cos\theta)^2}$$
$$= \sqrt{|\vec{a}|^2|\vec{c}|^2 - (\vec{a}\cdot\vec{c})^2}$$

と，S を θ を用いずに表すことができます。これは，平面でも空間でも使え
る便利な公式として有名です。

さらに，$\vec{a}$, $\vec{c}$ が平面ベクトルの場合を考え，

$$\vec{a} = \begin{pmatrix} a \\ b \end{pmatrix}, \quad \vec{c} = \begin{pmatrix} c \\ d \end{pmatrix}$$

とおいて代入すると，

$$S = \sqrt{(a^2 + b^2)(c^2 + d^2) - (ac + bd)^2}$$
$$= \sqrt{a^2d^2 + b^2c^2 - 2abcd}$$
$$= \sqrt{(ad - bc)^2}$$
$$= |ad - bc|$$

という，これもまた有名な公式が導かれます。

基本原理 22（平行四辺形の面積）▶

(1) なす角が θ の 2 つのベクトル $\vec{a}$, $\vec{c}$ の張る平行四辺形の面積を S とすると，
$$S = |\vec{a}||\vec{c}|\sin\theta$$

(2) $\vec{a}$, $\vec{c}$ の張る平行四辺形の面積を S とすると，
$$S = \sqrt{|\vec{a}|^2|\vec{c}|^2 - (\vec{a}\cdot\vec{c})^2}$$

(3) $\begin{pmatrix} a \\ b \end{pmatrix}$, $\begin{pmatrix} c \\ d \end{pmatrix}$ の張る平行四辺形の面積を S とすると，
$$S = |ad - bc|$$

Part 2 内積と正射影

この S を $\dfrac{1}{2}$ 倍すると「三角形の面積公式」になります。

例 16 ▶

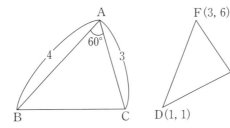

図において，

$$\triangle\text{ABC} = \frac{1}{2}\,\text{AB}\cdot\text{AC}\cdot\sin 60° = \frac{1}{2}\cdot 4\cdot 3\cdot\frac{\sqrt{3}}{2} = 3\sqrt{3}$$

$\overrightarrow{\text{DE}} = \begin{pmatrix} 4 \\ 2 \end{pmatrix}$, $\overrightarrow{\text{DF}} = \begin{pmatrix} 2 \\ 5 \end{pmatrix}$ より

$$\triangle\text{DEF} = \frac{1}{2}|4\times 5 - 2\times 2| = 8$$

(1) $\vec{a} = \begin{pmatrix} 3 \\ 2 \\ 1 \end{pmatrix}$, $\vec{b} = \begin{pmatrix} 0 \\ 1 \\ -1 \end{pmatrix}$ の張る平行四辺形の面積 S を求めよ。

(2) A$(1, 0, 1)$, B$(0, 1, 0)$, C$(a, a, 1)$ とする。a が実数全体を動くとき、△ABC の面積の最小値を求めよ。

解答・解説

(1) $\vec{a} = \begin{pmatrix} 3 \\ 2 \\ 1 \end{pmatrix}$, $\vec{b} = \begin{pmatrix} 0 \\ 1 \\ -1 \end{pmatrix}$ より、

$$|\vec{a}|^2 = 14, \quad |\vec{b}|^2 = 2, \quad \vec{a} \cdot \vec{b} = 1$$

であるから、

$$S = \sqrt{|\vec{a}|^2 |\vec{b}|^2 - (\vec{a} \cdot \vec{b})^2}$$
$$= \sqrt{14 \cdot 2 - 1}$$
$$= \boxed{3\sqrt{3}} \cdots (\text{答})$$

(2) $\overrightarrow{AB} = \begin{pmatrix} -1 \\ 1 \\ -1 \end{pmatrix}$, $\overrightarrow{AC} = \begin{pmatrix} a-1 \\ a \\ 0 \end{pmatrix}$ なので、

$$|\overrightarrow{AB}|^2 = 3, \quad |\overrightarrow{AC}|^2 = 2a^2 - 2a + 1, \quad \overrightarrow{AB} \cdot \overrightarrow{AC} = 1$$

であるから、

$$\triangle ABC = \frac{1}{2}\sqrt{|\overrightarrow{AB}|^2 |\overrightarrow{AC}|^2 - (\overrightarrow{AB} \cdot \overrightarrow{AC})^2}$$
$$= \frac{1}{2}\sqrt{3 \cdot (2a^2 - 2a + 1) - 1}$$
$$= \frac{1}{2}\sqrt{6\left(a - \frac{1}{2}\right)^2 + \frac{1}{2}}$$

よって、△ABC は $a = \dfrac{1}{2}$ のとき最小値 $\boxed{\dfrac{1}{2\sqrt{2}}}$ $\cdots$(答)をとる。

例題14 ▶

3点 A$(1, 0, 0)$，B$(0, 0, 7)$，C$(4, 4, 5)$ に対し，

(1) $\cos\angle BAC$ を求めよ。

(2) 三角形 ABC の面積 S を求めよ。

(3) 三角形 ABC の外接円の半径 R を求めよ。

(4) 三角形 ABC の内接円の半径 r を求めよ。

解答・解説

(1) $\overrightarrow{AB} = \begin{pmatrix} -1 \\ 0 \\ 7 \end{pmatrix}$，$\overrightarrow{AC} = \begin{pmatrix} 3 \\ 4 \\ 5 \end{pmatrix}$ のなす角が $\angle BAC$ であるから，

$$\cos\angle BAC = \frac{\overrightarrow{AB}\cdot\overrightarrow{AC}}{|\overrightarrow{AB}||\overrightarrow{AC}|}$$

$$= \frac{-3+35}{\sqrt{1+49}\cdot\sqrt{9+16+25}} = \boxed{\frac{16}{25}} \cdots(答)$$

(2) (1)より

$$\sin\angle BAC = \sqrt{1-\cos^2\angle BAC} = \sqrt{1-\left(\frac{16}{25}\right)^2} = \frac{3\sqrt{41}}{25}$$

ゆえに

$$S = \frac{1}{2}|\overrightarrow{AB}||\overrightarrow{AC}|\sin\angle BAC^{※1}$$

$$= \frac{1}{2}\cdot\sqrt{50}\cdot\sqrt{50}\cdot\frac{3\sqrt{41}}{25} = \boxed{3\sqrt{41}} \cdots(答)$$

(3) 正弦定理より，

$$\frac{|\overrightarrow{BC}|}{\sin\angle BAC} = 2R$$

$\overrightarrow{BC} = \begin{pmatrix} 4 \\ 4 \\ -2 \end{pmatrix}$ なので，

$$R = \frac{|\overrightarrow{BC}|}{2\sin\angle BAC} = \frac{\sqrt{16+16+4}}{2\cdot\dfrac{3\sqrt{41}}{25}} = \boxed{\frac{25}{\sqrt{41}}} \cdots(答)$$

※1 : $S = \dfrac{1}{2}\sqrt{|\overrightarrow{AB}|^2|\overrightarrow{AC}|^2 - (\overrightarrow{AB}\cdot\overrightarrow{AC})^2}$ を用いてもよい。

(4) 内接円の中心を I とおくと,

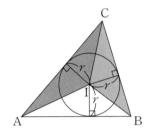

$$S = \triangle IAB + \triangle IBC + \triangle ICA$$

$$= \frac{r}{2}(AB + BC + CA)$$

$$= \frac{r}{2}(\sqrt{50} + 6 + \sqrt{50})$$

$$= r(5\sqrt{2} + 3)$$

(2)の結果より

$$3\sqrt{41} = r(5\sqrt{2} + 3)$$

$$\therefore \ r = \frac{3\sqrt{41}}{5\sqrt{2} + 3}$$

$$= \boxed{\frac{15\sqrt{82} - 9\sqrt{41}}{41}} \cdots (答)$$

2.3.2　平面ベクトルの 90°回転

　右の図をじっと見るだけで，次の公式が成り立つことがわかるでしょう。

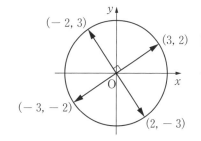

基本原理 23(平面ベクトルの 90°回転) ▶

$\begin{pmatrix} a \\ b \end{pmatrix}$ を反時計回りに 90°回転したベクトルは $\begin{pmatrix} -b \\ a \end{pmatrix}$

これは数学のいろいろな場面でとてもよく使う事実です。筆者は授業中によく次のような言い回しをしています。

$$\begin{pmatrix} a \\ b \end{pmatrix} \xrightarrow{\text{まわれ～右}} \begin{pmatrix} -a \\ -b \end{pmatrix} \quad \cdots\cdots 180°回転$$

$$\begin{pmatrix} a \\ b \end{pmatrix} \xrightarrow{\text{左向けぇ～左}} \begin{pmatrix} -b \\ a \end{pmatrix} \quad \cdots\cdots 90°回転$$

$$\begin{pmatrix} a \\ b \end{pmatrix} \xrightarrow{\text{右向けぇ～右}} \begin{pmatrix} b \\ -a \end{pmatrix} \quad \cdots\cdots -90°回転$$

特に断りのない限り，座標平面内での回転の向きは反時計回りが正の向きです[※2]。重要なことは，

　　　　「図を描けば当たり前なんだから，何も覚える必要はない」

ということです。ベクトルの回転についての一般論は，Part 3 の 3.2 で解説します。

※ 2：だったら「まわれ～右」ではなく「まわれ～左」か。

2.3.3 90°回転と内積

p.79 の基本原理 22 で紹介した公式

$$\vec{a}=\begin{pmatrix} a \\ b \end{pmatrix},\ \vec{c}=\begin{pmatrix} c \\ d \end{pmatrix}\text{の張る平行四辺形の面積を}S\text{とすると,}\ S=|ad-bc|$$

について, この S の絶対値の中は,

$$ad-bc=\begin{pmatrix} -b \\ a \end{pmatrix}\cdot\begin{pmatrix} c \\ d \end{pmatrix}$$

と, 内積の形で表すことができます。

$$\vec{a}'=\begin{pmatrix} -b \\ a \end{pmatrix}$$

とおくと,

$$ad-bc=\vec{a}'\cdot\vec{c}=\underbrace{|\vec{a}'|}_{①}\times\underbrace{(\vec{c}\text{の}\vec{a}'\text{向きの符号付き長さ})}_{②}$$

となります。$\vec{a}'$ は $\vec{a}=\begin{pmatrix} a \\ b \end{pmatrix}$ を反時計回りに 90° 回転したベクトルなので, こ
こまでくると, $ad-bc$ が

「(底辺)×(高さ)」

に見えてきます。

図 1
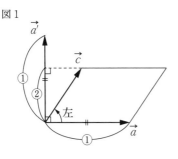

図 2
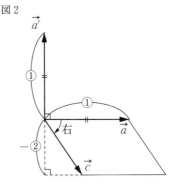

図を見ると,

$\begin{cases} \text{図 1 のように,}\ \vec{a}\ \text{に対して}\ \vec{c}\ \text{が左側にあるとき,}\ ②>0\ \text{より}\ ad-bc>0 \\ \text{図 2 のように,}\ \vec{a}\ \text{に対して}\ \vec{c}\ \text{が右側にあるとき,}\ ②<0\ \text{より}\ ad-bc<0 \end{cases}$

であることも理解できるでしょう。

2.3.4　平面ベクトルの垂直と平行

$\vec{0}$ でない 2 つのベクトル $\vec{a} = \begin{pmatrix} a \\ b \end{pmatrix}$, $\vec{c} = \begin{pmatrix} c \\ d \end{pmatrix}$ に対し,

$$\vec{a} \perp \vec{c} \Longleftrightarrow \vec{a} \cdot \vec{c} = 0 \Longleftrightarrow ac + bd = 0$$

が成り立ちます。また, $\vec{a}$ を反時計回りに 90° 回転したベクトルを $\vec{a}'$ とおくと,

2.3.2 節で学んだように $\vec{a}' = \begin{pmatrix} -b \\ a \end{pmatrix}$ なので,

$$\vec{a} /\!/ \vec{c} \Longleftrightarrow \vec{a}' \perp \vec{c} \Longleftrightarrow \vec{a}' \cdot \vec{c} = 0 \Longleftrightarrow ad - bc = 0$$

が成り立ちます。2 つの平面ベクトルの垂直条件, 平行条件として用いられる
基本公式です。

基本原理 24（平面ベクトルの垂直条件・平行条件） ▶

$\vec{0}$ でない 2 つのベクトル $\begin{pmatrix} a \\ b \end{pmatrix}$, $\begin{pmatrix} c \\ d \end{pmatrix}$ に対し,

$\cdot \begin{pmatrix} a \\ b \end{pmatrix} \perp \begin{pmatrix} c \\ d \end{pmatrix} \Longleftrightarrow ac + bd = 0$

$\cdot \begin{pmatrix} a \\ b \end{pmatrix} /\!/ \begin{pmatrix} c \\ d \end{pmatrix} \Longleftrightarrow ad - bc = 0$

2.3.5　行列と行列式★

2 つの平面ベクトル $\vec{a} = \begin{pmatrix} a \\ b \end{pmatrix}$, $\vec{c} = \begin{pmatrix} c \\ d \end{pmatrix}$ を横に並べてカッコでくくり, それ
を A とおいて,

$$A = (\vec{a}, \vec{c})$$

とします。これを成分で書けば,

$$A = \left(\begin{pmatrix} a \\ b \end{pmatrix}, \begin{pmatrix} c \\ d \end{pmatrix} \right)$$

となりますが, 内側のカッコやカンマを全部省略して,

$$A = \begin{pmatrix} a & c \\ b & d \end{pmatrix}$$

と書きます。このように，ベクトルが並んだものを「行列」といいます。中に並べるベクトルは，平面ベクトルでも空間ベクトルでもよく，また，ベクトルは次元が同じであればいくつ並べても構いません。

例 17 ▶

(1) $\begin{pmatrix} 2 \\ 1 \end{pmatrix}$, $\begin{pmatrix} 5 \\ 6 \end{pmatrix}$, $\begin{pmatrix} 0 \\ 1 \end{pmatrix}$ をこの順に並べてできる行列 A は，

$$A = \begin{pmatrix} 2 & 5 & 0 \\ 1 & 6 & 1 \end{pmatrix}$$

(2) $\begin{pmatrix} 1 \\ 2 \\ 3 \end{pmatrix}$, $\begin{pmatrix} 4 \\ 5 \\ 6 \end{pmatrix}$, $\begin{pmatrix} 7 \\ 8 \\ 9 \end{pmatrix}$ をこの順に並べてできる行列 B は，

$$B = \begin{pmatrix} 1 & 4 & 7 \\ 2 & 5 & 8 \\ 3 & 6 & 9 \end{pmatrix}$$

ここでは，上の例のような一般的な行列ではなく，平面ベクトルを 2 つ並べてできる $\begin{pmatrix} a & c \\ b & d \end{pmatrix}$ という形の行列[※3] だけを考えます。

前節に登場した「$ad - bc$」という値を，

行列 $A = \begin{pmatrix} a & c \\ b & d \end{pmatrix}$ の行列式（determinant）

といい，$\det A$, $\det\begin{pmatrix} a & c \\ b & d \end{pmatrix}$, $|A|$, $\begin{vmatrix} a & c \\ b & d \end{vmatrix}$ などで表します。

　※3：「2 次の正方行列」という。

例 18 ▶

(1) $\det\begin{pmatrix} 3 & 5 \\ 6 & 2 \end{pmatrix} = 3 \cdot 2 - 6 \cdot 5 = -24$

(2) $\begin{vmatrix} 4 & 3 \\ 2 & 1 \end{vmatrix} = 4 \cdot 1 - 2 \cdot 3 = -2$

(3) $\vec{a} = \begin{pmatrix} 2 \\ 1 \end{pmatrix}$, $\vec{b} = \begin{pmatrix} 5 \\ 3 \end{pmatrix}$ のとき,

$\det(\vec{a}, \vec{b}) = \det\begin{pmatrix} 2 & 5 \\ 1 & 3 \end{pmatrix} = 2 \cdot 3 - 1 \cdot 5 = 1$

$\det(\vec{b}, \vec{a}) = \det\begin{pmatrix} 5 & 2 \\ 3 & 1 \end{pmatrix} = 5 \cdot 1 - 3 \cdot 2 = -1$

Part 2 内積と正射影

すると, 2.3.3 節の内容は次のようにまとめることができます。

基本原理 25(行列式とその性質) ▶

2 つの平面ベクトル $\vec{a} = \begin{pmatrix} a \\ b \end{pmatrix}$, $\vec{c} = \begin{pmatrix} c \\ d \end{pmatrix}$ をこの順に並べてできる行列を A とすると,

$$A = (\vec{a}, \vec{c}) = \begin{pmatrix} a & c \\ b & d \end{pmatrix}$$

この A に対し,

$$\det A = ad - bc$$

と定義し, これを「A の行列式」という。行列式には次のような性質がある。

(ⅰ) $\det(\vec{a}, \vec{c}) = -\det(\vec{c}, \vec{a})$

(ⅱ) $\vec{a}$ を反時計回りに 90° 回転したベクトルを $\vec{a'}$ とすると,
$$\det A = \vec{a'} \cdot \vec{c}$$

(ⅲ) $|\det(\vec{a}, \vec{c})|$ は, $\vec{a}$ と $\vec{c}$ の張る平行四辺形の面積に等しい

(ⅳ) $\det(\vec{a}, \vec{c}) > 0 \Longleftrightarrow \vec{a}$ に対して $\vec{c}$ は左側を向く

(ⅴ) $\det(\vec{a}, \vec{c}) < 0 \Longleftrightarrow \vec{a}$ に対して $\vec{c}$ は右側を向く

(ⅵ) $\det(\vec{a}, \vec{c}) = 0 \Longleftrightarrow \vec{a}, \vec{c}$ は 1 次従属

(ⅶ) $\det(\vec{a}, \vec{c}) \neq 0 \Longleftrightarrow \vec{a}, \vec{c}$ は 1 次独立

$\det A = \det(\vec{a}, \vec{c})$ は，$\vec{a}$，$\vec{c}$ の張る平行四辺形の「符号付き面積」を表しているわけです。符号のルールは，$\vec{a}$，$\vec{c}$ の始点をそろえたとき，$\vec{a}$ に対し，$\vec{c}$ が左を向いていれば正，右を向いていれば負です。

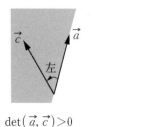

$\det(\vec{a}, \vec{c}) > 0$　　　　　　$\det(\vec{a}, \vec{c}) < 0$

例19 ▶

(1) $\vec{a} = \begin{pmatrix} 2 \\ 1 \end{pmatrix}$, $\vec{b} = \begin{pmatrix} 2 \\ 3 \end{pmatrix}$ に対し

$$\det(\vec{a}, \vec{b}) = 2 \cdot 3 - 1 \cdot 2 = 4$$

よって，$\vec{a}$ に対し $\vec{b}$ は左側を向いていて，$\vec{a}$，$\vec{b}$ の張る平行四辺形の面積は 4

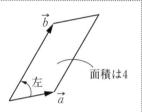

面積は4

(2) $\vec{c} = \begin{pmatrix} \sqrt{5} \\ -4 \end{pmatrix}$, $\vec{d} = \begin{pmatrix} -2 \\ \sqrt{5} \end{pmatrix}$ に対し

$$\det(\vec{c}, \vec{d}) = \sqrt{5} \cdot \sqrt{5} - (-4) \cdot (-2) = -3$$

よって，$\vec{c}$ に対し $\vec{d}$ は右側を向いていて，$\vec{c}$，$\vec{d}$ の張る平行四辺形の面積は 3

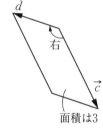

面積は3

(3) $\vec{e} = \begin{pmatrix} 3 \\ -1 \end{pmatrix}$, $\vec{f} = \begin{pmatrix} -6 \\ 2 \end{pmatrix}$ に対し，

$$\det(\vec{e}, \vec{f}) = 3 \cdot 2 - (-1) \cdot (-6) = 0$$

よって，$\vec{e} /\!/ \vec{f}$

例題 15 ▶

(1) A$(1, 4)$，B$(5, 2)$，C$(-2, 1)$ に対し，△ABC の面積を求めよ。

(2) $\vec{a} = \begin{pmatrix} 3 \\ k-1 \end{pmatrix}$ と $\vec{b} = \begin{pmatrix} 2k-1 \\ 2 \end{pmatrix}$ が平行になるような k の値を求めよ。

(3) 2 点 A$(3, 1)$，B$(7, 4)$ を通る直線と点 P$(4, 5)$ との距離 d を求めよ。

解答・解説

(1) $\overrightarrow{AB} = \begin{pmatrix} 4 \\ -2 \end{pmatrix}$，$\overrightarrow{AC} = \begin{pmatrix} -3 \\ -3 \end{pmatrix}$ より，

$$\triangle ABC = \frac{1}{2} \left| \det(\overrightarrow{AB}, \overrightarrow{AC}) \right|$$

$$= \frac{1}{2} \left| \det \begin{pmatrix} 4 & -3 \\ -2 & -3 \end{pmatrix} \right|$$

$$= \frac{1}{2} \cdot \left| 4 \cdot (-3) - (-2) \cdot (-3) \right| = \boxed{9} \cdots (答)$$

(2)
$$\vec{a} = \begin{pmatrix} 3 \\ k-1 \end{pmatrix} \text{ と } \vec{b} = \begin{pmatrix} 2k-1 \\ 2 \end{pmatrix} \text{ が平行}$$

$$\Longleftrightarrow \det(\vec{a}, \vec{b}) = 0 \Longleftrightarrow 3 \times 2 - (k-1)(2k-1) = 0$$

$$\Longleftrightarrow -2k^2 + 3k + 5 = 0 \Longleftrightarrow (k+1)(2k-5) = 0$$

$$\Longleftrightarrow \boxed{k = -1, \ \frac{5}{2}} \cdots (答)$$

(3) $\overrightarrow{AB} = \begin{pmatrix} 4 \\ 3 \end{pmatrix}$，$\overrightarrow{AP} = \begin{pmatrix} 1 \\ 4 \end{pmatrix}$ の張る平行四辺形の面積を 2 通りで表すと，

$$\left| \det(\overrightarrow{AB}, \overrightarrow{AP}) \right| = \left| \overrightarrow{AB} \right| \times d$$

$$\Longleftrightarrow \left| \det \begin{pmatrix} 4 & 1 \\ 3 & 4 \end{pmatrix} \right| = \left| \begin{pmatrix} 4 \\ 3 \end{pmatrix} \right| \times d$$

$$\Longleftrightarrow 13 = 5 \times d \Longleftrightarrow \boxed{d = \frac{13}{5}} \cdots (答)$$

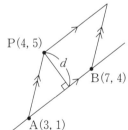

2.4 2つのベクトルに垂直なベクトル

　1次独立な2つの空間ベクトル$\vec{a}$, $\vec{b}$ が与えられたとき，その両方に垂直なベクトルは無数にありますが，それらの方向はすべて一定です（右図）。その方向を簡単に求める計算法を考えます。

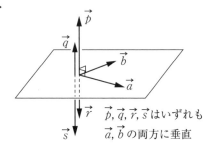

$\vec{p}$, $\vec{q}$, $\vec{r}$, $\vec{s}$はいずれも $\vec{a}$, $\vec{b}$の両方に垂直

2.4.1　成分に0が含まれている場合

　具体的に見ていきましょう。

例20

$\vec{a}=\begin{pmatrix} 3 \\ 0 \\ -1 \end{pmatrix}$, $\vec{b}=\begin{pmatrix} 1 \\ 2 \\ 3 \end{pmatrix}$の両方に垂直なベクトルを1つ求めよ。

求めるベクトルの1つを$\vec{p}=\begin{pmatrix} x \\ y \\ z \end{pmatrix}(\neq \vec{0})$とおくと，

$\vec{p}\perp\vec{a}$より，

$$\vec{p}\cdot\vec{a}=0 \Longleftrightarrow 3x-z=0 \Longleftrightarrow z=3x \quad \cdots\cdots①$$

$\vec{p}\perp\vec{b}$より，

$$\vec{p}\cdot\vec{b}=0 \Longleftrightarrow x+2y+3z=0$$

①を代入して，

$$x+2y+3\cdot3x=0 \quad \therefore\ 5x+y=0$$

これを満たすように例えば，$x=1$, $y=-5$を選ぶと，①より$z=3$

よって，求めるベクトルの1つは，$\vec{p}=\boxed{\begin{pmatrix} 1 \\ -5 \\ 3 \end{pmatrix}}$ …(答)

$$\begin{pmatrix} -1 \\ 5 \\ -3 \end{pmatrix}, \begin{pmatrix} 10 \\ -50 \\ 30 \end{pmatrix} \text{など, これに平行なベクトルはすべて正解です。}$$

上記のような計算も大切なのですが, 時間がかかるのが難点です。もっとサクッと求めましょう。

・$\vec{a}$ の y 成分が「0」であること

・平面ベクトルの常識 $\left[\begin{pmatrix} a \\ b \end{pmatrix} \perp \begin{pmatrix} -b \\ a \end{pmatrix} \right]$ の利用

を考えると, $\vec{a} = \begin{pmatrix} 3 \\ 0 \\ -1 \end{pmatrix}$ に垂直なベクトルとして, $\begin{pmatrix} 1 \\ \Box \\ 3 \end{pmatrix}$ の形のベクトルが浮上します(内積が0になることを確認しましょう)。

これと $\vec{b} = \begin{pmatrix} 1 \\ 2 \\ 3 \end{pmatrix}$ の内積が0になるように, $\Box$ を定めると,

$$1 \cdot 1 + 2 \cdot \Box + 3 \cdot 3 = 0 \quad \therefore \ \Box = -5$$

よって, 求めるベクトルの1つは, $\boxed{\begin{pmatrix} 1 \\ -5 \\ 3 \end{pmatrix}}$ …(答)

このように, $\vec{a}$ か $\vec{b}$ の成分のどこかに0が入っている場合,

$$\begin{pmatrix} a \\ b \\ 0 \end{pmatrix} \perp \begin{pmatrix} -b \\ a \\ \Box \end{pmatrix}, \ \begin{pmatrix} a \\ 0 \\ b \end{pmatrix} \perp \begin{pmatrix} -b \\ \Box \\ a \end{pmatrix}, \ \begin{pmatrix} 0 \\ a \\ b \end{pmatrix} \perp \begin{pmatrix} \Box \\ -b \\ a \end{pmatrix}$$

という性質を利用して求めるベクトルの形を決め, もう1つのベクトルとの内積をとって, $\Box$ を決定するだけです。慣れればほぼ暗算で求めることができるようになるはずです。

では, 成分に0が含まれないときはどうすればよいでしょう。

2.4.2　成分に 0 が含まれていない場合

これも具体的に見ていきましょう。

例21

$\vec{a} = \begin{pmatrix} 3 \\ 1 \\ -1 \end{pmatrix}$, $\vec{b} = \begin{pmatrix} 1 \\ 2 \\ 3 \end{pmatrix}$ の両方に垂直なベクトルを 1 つ求めよ。

成分に 0 が現れていないので，次の性質を用いて「無理やり成分に 0 を作る」ことを考えます。

基本原理 26（垂直なベクトルの性質）

$\vec{0}$ でない 3 つの空間ベクトル $\vec{a}$, $\vec{b}$, $\vec{p}$ があり，$\vec{a}$ と $\vec{b}$ は 1 次独立であるとする。このとき，同時には 0 にならない 2 つの実数 α, β に対し，

$$\begin{cases} \vec{a} \perp \vec{p} \\ \vec{b} \perp \vec{p} \end{cases} \Longrightarrow (\alpha\vec{a} + \beta\vec{b}) \perp \vec{p}$$

図形的にも上の性質は明らかです（下図）。

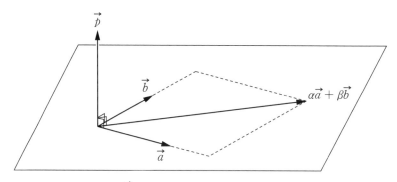

これを用いると，$\vec{a}$ にも $\vec{b}$ にも垂直なベクトルは，例えば

$$3\vec{a} + \vec{b} = 3\begin{pmatrix} 3 \\ 1 \\ -1 \end{pmatrix} + \begin{pmatrix} 1 \\ 2 \\ 3 \end{pmatrix} = \begin{pmatrix} 10 \\ 5 \\ 0 \end{pmatrix} = 5\begin{pmatrix} 2 \\ 1 \\ 0 \end{pmatrix}$$

にも垂直です（成分に 0 が作れた）[4]。

※4：「$2\vec{a} - \vec{b}$」や「$\vec{a} - 3\vec{b}$」など，成分に 0 を作る方法は他にも無数にある。どれを用いてもよい。

よって，求めるベクトルの1つは $\begin{pmatrix} -1 \\ 2 \\ \square \end{pmatrix}$ の形で，これと $\vec{a}\left(\vec{b}\text{でもよい}\right)$ との内積が 0 になるように，（暗算で）$\square = -1$ と決まります。したがって，求めるベクトルの1つは $\begin{pmatrix} -1 \\ 2 \\ -1 \end{pmatrix}$ と求まります $\left(\vec{b}\text{との内積が}0\text{になっていることも確}\right.$ 認しましょう $\bigg)$。

もちろん $\begin{pmatrix} 1 \\ -2 \\ 1 \end{pmatrix}$, $\begin{pmatrix} -2 \\ 4 \\ -2 \end{pmatrix}$ など，これに平行なベクトルはすべて正解です。

このように，成分に 0 が含まれていない場合は，

「何倍かして足したり引いたりして，成分に無理やり 0 を作ってしまえ！」

と考えれば「成分に 0 が含まれている場合」に帰着し，解決します。一見面倒なように見えますが，これも慣れればほぼ暗算で求めることができるようになるはずです。私の授業ではこの方法を「成分 0 づくり作戦」と呼んでいます。

次の $\vec{a}$ と $\vec{b}$ の両方に垂直なベクトルを1つ求めよ。答えのみでよい。

(1) $\vec{a} = \begin{pmatrix} 3 \\ -2 \\ 5 \end{pmatrix}$, $\vec{b} = \begin{pmatrix} 1 \\ 2 \\ 0 \end{pmatrix}$

(2) $\vec{a} = \begin{pmatrix} 11 \\ 3 \\ 17 \end{pmatrix}$, $\vec{b} = \begin{pmatrix} 2 \\ 2 \\ 3 \end{pmatrix}$

解答・解説

(1) $\vec{b} = \begin{pmatrix} 1 \\ 2 \\ 0 \end{pmatrix}$ に垂直なベクトルとして $\begin{pmatrix} -2 \\ 1 \\ \Box \end{pmatrix}$ の形を選び, これと

$\vec{a} = \begin{pmatrix} 3 \\ -2 \\ 5 \end{pmatrix}$ との内積が0になるようにすると,

$$-6 - 2 + 5 \cdot \Box = 0 \quad \therefore \ 5 \cdot \Box = 8$$

よって, 求めるベクトルの1つは, $5\begin{pmatrix} -2 \\ 1 \\ \Box \end{pmatrix} = \boxed{\begin{pmatrix} -10 \\ 5 \\ 8 \end{pmatrix}}$ …(答)

(2) $\vec{a} = \begin{pmatrix} 11 \\ 3 \\ 17 \end{pmatrix}$, $\vec{b} = \begin{pmatrix} 2 \\ 2 \\ 3 \end{pmatrix}$ の両方に垂直なベクトルは,

$$2\vec{a} - 3\vec{b} = 2\begin{pmatrix} 11 \\ 3 \\ 17 \end{pmatrix} - 3\begin{pmatrix} 2 \\ 2 \\ 3 \end{pmatrix} = \begin{pmatrix} 16 \\ 0 \\ 25 \end{pmatrix}$$

にも垂直なので, そのベクトルとして $\begin{pmatrix} -25 \\ \Box \\ 16 \end{pmatrix}$ の形を選び, これと

$\vec{b} = \begin{pmatrix} 2 \\ 2 \\ 3 \end{pmatrix}$ との内積が0になるようにすると,

$$-50 + 2 \cdot \Box + 48 = 0 \quad \therefore \ \Box = 1$$

よって, 求めるベクトルの1つは, $\boxed{\begin{pmatrix} -25 \\ 1 \\ 16 \end{pmatrix}}$ …(答)

(1)は30秒以内に, (2)も1分以内に答えだけでよいので出せるようにしておくこと!

例題17 ▶

3点 $A(1, 1, 1)$, $B(2, 0, -3)$, $C(2, -3, 0)$ に対し, 次の問いに答えよ.

(1) 三角形 ABC は正三角形であることを確かめよ.

(2) 四面体 ABCD が正四面体になるような頂点 D の座標を求めよ. ただし, D の x 座標は正とする.

解答・解説

(1) $\overrightarrow{AB} = \begin{pmatrix} 1 \\ -1 \\ -4 \end{pmatrix}$, $\overrightarrow{AC} = \begin{pmatrix} 1 \\ -4 \\ -1 \end{pmatrix}$, $\overrightarrow{BC} = \begin{pmatrix} 0 \\ -3 \\ 3 \end{pmatrix}$ なので,

$$|\overrightarrow{AB}| = |\overrightarrow{AC}| = |\overrightarrow{BC}| = 3\sqrt{2}$$

である.

よって, 三角形 ABC は1辺の長さが $3\sqrt{2}$ の正三角形である. ∎

(2) 正三角形 ABC の重心を G とおくと,

$$\overrightarrow{OG} = \frac{1}{3}(\overrightarrow{OA} + \overrightarrow{OB} + \overrightarrow{OC}) = \frac{1}{3}\begin{pmatrix} 5 \\ -2 \\ -2 \end{pmatrix}$$

AB の中点を M とすると, 右図のようになり

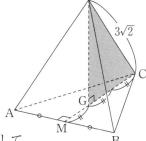

$$CG = \frac{2}{3}CM = \frac{2}{3}\sqrt{CB^2 - BM^2}$$

$$= \frac{2}{3}\sqrt{(3\sqrt{2})^2 - \left(\frac{3\sqrt{2}}{2}\right)^2} = \sqrt{6}$$

$$\therefore\ DG = \sqrt{DC^2 - CG^2}$$

$$= \sqrt{(3\sqrt{2})^2 - (\sqrt{6})^2} = 2\sqrt{3}$$

ここで, $\overrightarrow{AB}$ と $\overrightarrow{BC}$ の両方に垂直なベクトルとして

$$\vec{n} = \begin{pmatrix} 5 \\ 1 \\ 1 \end{pmatrix}$$ がとれ,

$$|\vec{n}| = \sqrt{25 + 1 + 1} = 3\sqrt{3}$$

であるから,

$$\overrightarrow{OD} = \overrightarrow{OG} + [\vec{n}\ \text{方向に}\ 2\sqrt{3}\ \text{進むベクトル}]$$

$$= \overrightarrow{OG} \pm 2\sqrt{3} \cdot \frac{\vec{n}}{|\vec{n}|}$$

$$= \frac{1}{3} \begin{pmatrix} 5 \\ -2 \\ -2 \end{pmatrix} \pm \frac{2\sqrt{3}}{3\sqrt{3}} \begin{pmatrix} 5 \\ 1 \\ 1 \end{pmatrix}$$

$$= \frac{1}{3} \begin{pmatrix} 5 \\ -2 \\ -2 \end{pmatrix} \pm \frac{2}{3} \begin{pmatrix} 5 \\ 1 \\ 1 \end{pmatrix}$$

D の x 座標は正なので,

$$\overrightarrow{\text{OD}} = \frac{1}{3} \begin{pmatrix} 5 \\ -2 \\ -2 \end{pmatrix} + \frac{2}{3} \begin{pmatrix} 5 \\ 1 \\ 1 \end{pmatrix} = \begin{pmatrix} 5 \\ 0 \\ 0 \end{pmatrix}$$

ゆえに, $\boxed{\text{D}(5,\,0,\,0)}$ …(答)

MEMO

2.5 外積★

2.5.1 外積とは★

「外積」は高等学校では教わらないかもしれませんが，空間ベクトルを考える際にはとても便利で，物理を学ぶうえでも重要な概念です。意欲的な人はぜひ読み進めてみてください。

基本原理 27（外積の定義）▶

2つの空間ベクトル $\vec{a} = \begin{pmatrix} a_1 \\ a_2 \\ a_3 \end{pmatrix}$, $\vec{b} = \begin{pmatrix} b_1 \\ b_2 \\ b_3 \end{pmatrix}$ に対して，

$$\vec{a} \times \vec{b} = \begin{pmatrix} a_2 b_3 - a_3 b_2 \\ a_3 b_1 - a_1 b_3 \\ a_1 b_2 - a_2 b_1 \end{pmatrix}$$

と定義し，これを $\vec{a}$ と $\vec{b}$ の外積（あるいはベクトル積）という。
$\vec{a} \times \vec{b}$ は「エー・クロス・ビー」と読むことが多い。

「外積」と「内積」は，言葉は似ていますが全く意味が違います。特に

「内積」は数値。ベクトルではない

「外積」はベクトル。数値ではない

ということは重要です。内積を「スカラー積」，外積を「ベクトル積」という言い方がありますが，それはこのことを強調した言い方です。

さて，上のように定義された外積の成分は，2.3.5 節の「行列式」の計算方法が用いられています。ちょっとややこしいですが，規則性がわかれば難しくはありません。

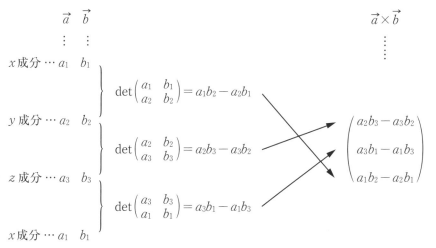

本来，外積はこのように成分で定義するものではありません。もっと奥が深いのですが，それは未来の読者にお任せするとして，ここでは天下り的に上記のように定義しました。それでも次のような大変興味深い性質があります。

基本原理 28（外積の性質） ▶

2つの空間ベクトル $\vec{a}$, $\vec{b}$ と，その外積 $\vec{a} \times \vec{b}$ は以下の性質を満たす。

(1) $\vec{a}$, $\vec{b}$ が1次独立のとき，$\vec{a} \times \vec{b}$ は $\vec{a}$, $\vec{b}$ の両方に垂直である。すなわち
$$(\vec{a} \times \vec{b}) \perp \vec{a}, \quad (\vec{a} \times \vec{b}) \perp \vec{b}$$

(2) $\vec{a} \times \vec{b}$ の大きさは $\vec{a}, \vec{b}$ の張る平行四辺形の面積に等しい。すなわち，
$\vec{a}$, $\vec{b}$ の張る平行四辺形の面積を S とすると，
$$S = |\vec{a} \times \vec{b}|$$

特に $\vec{a}$, $\vec{b}$ が1次従属のときは，$\vec{a} \times \vec{b} = \vec{0}$ である。

(3) $\vec{a}$, $\vec{b}$ が1次独立のとき，$\vec{a}$, $\vec{b}$, $\vec{a} \times \vec{b}$ の順に右手系を成す。

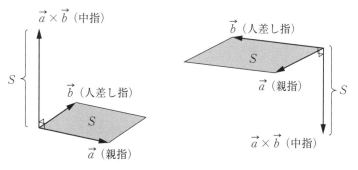

・「右手系」とは，順に右手の「親指」「人差し指」
「中指」の向きになっていることを表現する
言い方です（右図参照）。

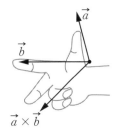

　外積の性質（p.99 基本原理 28）を証明しておきます。

$\vec{a} = \begin{pmatrix} a_1 \\ a_2 \\ a_3 \end{pmatrix}$, $\vec{b} = \begin{pmatrix} b_1 \\ b_2 \\ b_3 \end{pmatrix}$ に対して，$\vec{a} \times \vec{b} = \begin{pmatrix} a_2 b_3 - a_3 b_2 \\ a_3 b_1 - a_1 b_3 \\ a_1 b_2 - a_2 b_1 \end{pmatrix}$ でした。

(1) $\vec{a} \times \vec{b}$ は $\vec{a}$, $\vec{b}$ の両方に垂直であることの証明

$$(\vec{a} \times \vec{b}) \cdot \vec{a} = \begin{pmatrix} a_2 b_3 - a_3 b_2 \\ a_3 b_1 - a_1 b_3 \\ a_1 b_2 - a_2 b_1 \end{pmatrix} \cdot \begin{pmatrix} a_1 \\ a_2 \\ a_3 \end{pmatrix}$$

$$= (a_2 b_3 - a_3 b_2) a_1 + (a_3 b_1 - a_1 b_3) a_2 + (a_1 b_2 - a_2 b_1) a_3 = 0$$

同様に，$(\vec{a} \times \vec{b}) \cdot \vec{b} = 0$ でもある。

よって，$(\vec{a} \times \vec{b}) \perp \vec{a}$, $(\vec{a} \times \vec{b}) \perp \vec{b}$ である。■

(2) $|\vec{a} \times \vec{b}|$ が $\vec{a}$, $\vec{b}$ の張る平行四辺形の面積に等しいことの証明

　$\vec{a}$, $\vec{b}$ の張る平行四辺形の面積を S とおくと，p.79 の基本原理 22 より，

$$S^2 = |\vec{a}|^2 |\vec{b}|^2 - (\vec{a} \cdot \vec{b})^2$$

$$= (a_1^2 + a_2^2 + a_3^2)(b_1^2 + b_2^2 + b_3^2) - (a_1 b_1 + a_2 b_2 + a_3 b_3)^2$$

$$= a_1^2 b_2^2 + a_1^2 b_3^2 + a_2^2 b_1^2 + a_2^2 b_3^2 + a_3^2 b_1^2 + a_3^2 b_2^2$$

$$\qquad\qquad - 2(a_1 a_2 b_1 b_2 + a_2 a_3 b_2 b_3 + a_3 a_1 b_3 b_1)$$

$$= (a_2 b_3 - a_3 b_2)^2 + (a_3 b_1 - a_1 b_3)^2 + (a_1 b_2 - a_2 b_1)^2$$

$$= |\vec{a} \times \vec{b}|^2$$

$$\therefore \ S = |\vec{a} \times \vec{b}| \quad ■$$

(3) $\vec{a}$, $\vec{b}$, $\vec{a} \times \vec{b}$ の順に右手系を成すことの証明

まず，$\vec{a}$, $\vec{b}$ の z 成分がともに 0 の場合を考えると，

$$\vec{a}\times\vec{b}=\begin{pmatrix} a_1 \\ a_2 \\ 0 \end{pmatrix}\times\begin{pmatrix} b_1 \\ b_2 \\ 0 \end{pmatrix}=\begin{pmatrix} 0 \\ 0 \\ a_1b_2-a_2b_1 \end{pmatrix}=\begin{pmatrix} 0 \\ 0 \\ \det\begin{pmatrix} a_1 & b_1 \\ a_2 & b_2 \end{pmatrix} \end{pmatrix}$$

行列式とその性質（p.87 基本原理 25）より，xy 平面上で

$$\begin{pmatrix} a_1 \\ a_2 \end{pmatrix}\text{に対し}\begin{pmatrix} b_1 \\ b_2 \end{pmatrix}\text{が}\begin{cases} \text{左側を向いていれば，}\det\begin{pmatrix} a_1 & b_1 \\ a_2 & b_2 \end{pmatrix}>0 \\[2ex] \text{右側を向いていれば，}\det\begin{pmatrix} a_1 & b_1 \\ a_2 & b_2 \end{pmatrix}<0 \end{cases}$$

であるから，このとき確かに $\vec{a}$, $\vec{b}$, $\vec{a}\times\vec{b}$ の順に右手系を成している。そして $\vec{a}$, $\vec{b}$ の z 成分を 0 から少しづつ連続的に動かしていくと，その途中で $\vec{a}$, $\vec{b}$, $\vec{a}\times\vec{b}$ の位置関係が突如右手系から左手系に変わることはなく，任意の z 成分に対しても右手系であることに変わりはない。つまり，$\vec{a}$, $\vec{b}$, $\vec{a}\times\vec{b}$ はこの順に常に右手系を成す。■

例 22 ▶

$\vec{a}=\begin{pmatrix} 1 \\ 3 \\ 2 \end{pmatrix}$, $\vec{b}=\begin{pmatrix} 2 \\ 3 \\ 4 \end{pmatrix}$ に対し，

$$\vec{a}\times\vec{b}=\begin{pmatrix} 1 \\ 3 \\ 2 \end{pmatrix}\times\begin{pmatrix} 2 \\ 3 \\ 4 \end{pmatrix}=\begin{pmatrix} \det\begin{pmatrix} 3 & 3 \\ 2 & 4 \end{pmatrix} \\ \det\begin{pmatrix} 2 & 4 \\ 1 & 2 \end{pmatrix} \\ \det\begin{pmatrix} 1 & 2 \\ 3 & 3 \end{pmatrix} \end{pmatrix}=\begin{pmatrix} 6 \\ 0 \\ -3 \end{pmatrix}$$

これは，$\vec{a}$ との内積も $\vec{b}$ との内積も 0 になっており，確かに $\vec{a}\times\vec{b}$ は $\vec{a}$ にも $\vec{b}$ にも垂直です。

このように，外積を使うと

「2 つのベクトルの両方に垂直なベクトル　……★」

を形式的に求めることができますが，このベクトルは「成分 0 づくり作戦」で求めたベクトルとは必ずしも一致しません。外積は，無数にある★を満たすベクトルのうちの 1 つに過ぎません。また，★を求めることだけが目的なら，「成分 0 づくり作戦」の方が簡単で時間もかかりません。つまり，

★を求めることだけが目的なら，「外積」なんぞ知らなくてよい

ということです。大学入試においても，外積はどうしても知っておかなければならない知識ではありません。しかし，外積を用いることで見通しよく説明できることもあるので，そのような例を見ていくことにしましょう。意欲的な人はぜひ読み進めてみてください。

例題 18 ▷

A$(1, 1, 1)$, B$(3, 2, 2)$, C$(4, 5, 6)$, D$(2, -11, 14)$ に対して

(1) $\triangle$ABC の面積 S を求めよ。

(2) 平面 ABC に垂直なベクトル $\vec{n}$ を 1 つ求めよ。

(3) 点 D と平面 ABC との距離 d を求めよ。

(4) 四面体 ABCD の体積 V を求めよ。

解答・解説

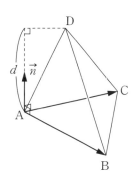

(1) $\overrightarrow{AB} = \begin{pmatrix} 2 \\ 1 \\ 1 \end{pmatrix}$, $\overrightarrow{AC} = \begin{pmatrix} 3 \\ 4 \\ 5 \end{pmatrix}$ より,

$$\overrightarrow{AB} \times \overrightarrow{AC} = \begin{pmatrix} \det\begin{pmatrix} 1 & 4 \\ 1 & 5 \end{pmatrix} \\ \det\begin{pmatrix} 1 & 5 \\ 2 & 3 \end{pmatrix} \\ \det\begin{pmatrix} 2 & 3 \\ 1 & 4 \end{pmatrix} \end{pmatrix} = \begin{pmatrix} 1 \\ -7 \\ 5 \end{pmatrix}$$

$\therefore$ $\triangle$ABC の面積 S[*5] は,

$$S = \frac{1}{2} \left| \overrightarrow{AB} \times \overrightarrow{AC} \right| = \frac{1}{2}\sqrt{1^2 + 7^2 + 5^2} = \boxed{\frac{5}{2}\sqrt{3}} \cdots (\text{答})$$

(2) (1)で求めた $\overrightarrow{AB} \times \overrightarrow{AC}$ は $\overrightarrow{AB}$ にも $\overrightarrow{AC}$ にも垂直なので, 平面 ABC に

垂直なベクトルの 1 つは, $\boxed{\vec{n} = \begin{pmatrix} 1 \\ -7 \\ 5 \end{pmatrix}}$ $\cdots (\text{答})$[*6]

[*5] : $S = \frac{1}{2}\sqrt{|\overrightarrow{AB}|^2 |\overrightarrow{AC}|^2 - (\overrightarrow{AB} \cdot \overrightarrow{AC})^2}$ を用いてもよい。

[*6] : $\begin{pmatrix} -1 \\ 7 \\ -5 \end{pmatrix}$ など, $\begin{pmatrix} 1 \\ -7 \\ 5 \end{pmatrix}$ に平行なベクトルはすべて正解です。

(3) $\overrightarrow{\mathrm{AD}} = \begin{pmatrix} 1 \\ -12 \\ 13 \end{pmatrix}$ であり，点 D と平面 ABC との距離 d は，

$$\left| \overrightarrow{\mathrm{AD}} \text{ の } \vec{n} \text{ 向きの符号付き長さ} \right|$$

であるから，

$$d = \left| \frac{\vec{n} \cdot \overrightarrow{\mathrm{AD}}}{|\vec{n}|} \right| = \frac{1 + 84 + 65}{5\sqrt{3}} = \frac{150}{5\sqrt{3}} = \boxed{10\sqrt{3}} \cdots (\text{答})$$

(4) 四面体 ABCD の体積 V は，

$$V = \frac{1}{3} \cdot S \cdot d = \frac{1}{3} \cdot \frac{5}{2}\sqrt{3} \cdot 10\sqrt{3} = \boxed{25} \cdots (\text{答})$$

2.5.2　四面体の体積★

p.103 の例題 18 を一般化してみましょう。

四面体 OABC の体積を V としたとき，

△OBC を「底面」とみると，

$$(\text{底面積}) = \triangle\text{OBC} = \frac{1}{2}\left|\overrightarrow{\text{OB}} \times \overrightarrow{\text{OC}}\right|$$

底面に垂直なベクトル $\vec{n}$ として，$\overrightarrow{\text{OB}}$ にも $\overrightarrow{\text{OC}}$ にも垂直な

$$\vec{n} = \overrightarrow{\text{OB}} \times \overrightarrow{\text{OC}}$$

を選び，この四面体の「高さ」を d とおくと，

$$d = \left|\,\overrightarrow{\text{OA}} \text{ の } \vec{n} \text{ 向きの符号付き長さ}\,\right| = \left|\frac{\vec{n} \cdot \overrightarrow{\text{OA}}}{|\vec{n}|}\right|$$

$$= \frac{|\vec{n} \cdot \overrightarrow{\text{OA}}|}{|\vec{n}|} = \frac{\left|(\overrightarrow{\text{OB}} \times \overrightarrow{\text{OC}}) \cdot \overrightarrow{\text{OA}}\right|}{\left|\overrightarrow{\text{OB}} \times \overrightarrow{\text{OC}}\right|}$$

よって，

$$V = \frac{1}{3} \times (\text{底面積}\triangle\text{OBC}) \times (\text{高さ } d)$$

$$= \frac{1}{3} \times \frac{1}{2}\left|\overrightarrow{\text{OB}} \times \overrightarrow{\text{OC}}\right| \times \frac{\left|(\overrightarrow{\text{OB}} \times \overrightarrow{\text{OC}}) \cdot \overrightarrow{\text{OA}}\right|}{\left|\overrightarrow{\text{OB}} \times \overrightarrow{\text{OC}}\right|}$$

$$= \frac{1}{6}\left|(\overrightarrow{\text{OB}} \times \overrightarrow{\text{OC}}) \cdot \overrightarrow{\text{OA}}\right| = \frac{1}{6}\left|\overrightarrow{\text{OA}} \cdot (\overrightarrow{\text{OB}} \times \overrightarrow{\text{OC}})\right|$$

きれいな形の公式が作れました。

　1 次独立な 3 つのベクトル $\vec{a}$, $\vec{b}$, $\vec{c}$ の張る四面体の体積は

$$\frac{1}{6}\left|\vec{a}\cdot(\vec{b}\times\vec{c})\right|$$

$\dfrac{1}{6}$ を外すと，「平行六面体の体積」になります。絶対値の中身を K とおくと，

　　　$K=\vec{a}\cdot(\vec{b}\times\vec{c})$

であり，この K を「$\vec{a}$, $\vec{b}$, $\vec{c}$ のスカラー 3 重積」といいます。

K は，

$$\begin{cases} K>0 \Longleftrightarrow \vec{a},\ \vec{b},\ \vec{c}\ \text{が右手系} \\ K=0 \Longleftrightarrow \vec{a},\ \vec{b},\ \vec{c}\ \text{が 1 次従属} \\ K<0 \Longleftrightarrow \vec{a},\ \vec{b},\ \vec{c}\ \text{が左手系} \end{cases}$$

という性質を満たしており，そういう意味で，

　　　K は $\vec{a}$, $\vec{b}$, $\vec{c}$ の張る平行六面体の符号付き体積

を表しているといえます。

$$K=\vec{a}\cdot(\vec{b}\times\vec{c})$$

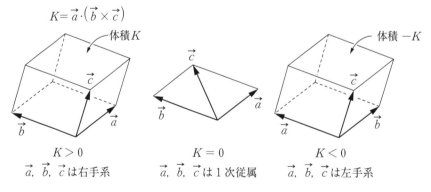

$K>0$	$K=0$	$K<0$
$\vec{a}$, $\vec{b}$, $\vec{c}$ は右手系	$\vec{a}$, $\vec{b}$, $\vec{c}$ は 1 次従属	$\vec{a}$, $\vec{b}$, $\vec{c}$ は左手系

「符号」のルールは，「右手系なら正，左手系なら負」です。スカラー 3 重積は 3 つの空間ベクトルが 1 次独立か 1 次従属か，右手系なのか左手系なのかを教えてくれる「判別式」になっているのです。

基本原理 30（スカラー3重積）▶

3つの空間ベクトル $\vec{a}$, $\vec{b}$, $\vec{c}$ に対し，
$$\vec{a} \cdot (\vec{b} \times \vec{c})$$
を
$$\vec{a},\ \vec{b},\ \vec{c}\ \text{のスカラー3重積}$$
という。$\vec{a}$, $\vec{b}$, $\vec{c}$ のスカラー3重積 K には次のような性質がある。

（ⅰ）$|K|$ は，$\vec{a}$, $\vec{b}$, $\vec{c}$ の張る平行六面体の体積に等しい

（ⅱ）$K > 0 \Longleftrightarrow \vec{a}$, $\vec{b}$, $\vec{c}$ の順に右手系を成す

（ⅲ）$K < 0 \Longleftrightarrow \vec{a}$, $\vec{b}$, $\vec{c}$ の順に左手系を成す

（ⅳ）$K = 0 \Longleftrightarrow \vec{a}$, $\vec{b}$, $\vec{c}$ は 1 次従属

（ⅴ）$K \neq 0 \Longleftrightarrow \vec{a}$, $\vec{b}$, $\vec{c}$ は 1 次独立

p.87 の基本原理 25 と比較してみると，スカラー3重積はまさに「3次の行列式」といえることに気づくでしょう。

2.5.3　外積とどう向き合うか

「行列式」や「外積」という言葉は教科書には登場しないかもしれません。大学入試問題を解くためには知らなくてもよい概念です。ですから,

「外積を高校生に教えるのは害悪でしかない」

と言う指導者がいることも知っています。確かに本来「行列式」や「外積」は,大学で教わる一般のベクトル,行列などの知識を用いて定義されるものであり,

「$n=2$ や $n=3$ の場合だけつまみ食い的に高校生に教えられても迷惑だ」

という意見もわからないではありません。

しかし,筆者の授業に集まってくる生徒の中には好奇心旺盛な子も多く,授業後は講師室でこんな会話があったりします。

A君：先生,どうして $|ad-bc|$ で平行四辺形の面積になるの?

筆者：$\left| \begin{pmatrix} -b \\ a \end{pmatrix} \cdot \begin{pmatrix} c \\ d \end{pmatrix} \right|$ と見れば当たり前だべ。

　　　　意味を考えれば,絶対値の中がどういうときに正になって,

　　　　どういうときに負になるのかもわかるっしょ。

A君：確かに。内積って便利だな。

B君：友達から「外積」も便利だって聞いたんだけど。

　　　　2つの空間ベクトルの両方に垂直なベクトルを作れるんだって。

筆者：それだけなら「成分0づくり作戦」の方が圧倒的に早いよ。

B君：え,外積って覚えなくてもいいの?

筆者：垂直なベクトルを求めるだけなら,一切不要だよ。

B君：そうなんだ。

筆者：でもね,外積には他にもいろいろな性質があってね,

　　　　例えば四面体の体積をこんな風に記述できたりするんだよ。

B君：へぇ。ずいぶん簡単な式だね。

筆者：ただし,この公式を丸暗記するだけの人にはなるなよ。

　　　　「なぜ成り立つのか」を説明できない人に公式を使う資格はないからな。

　筆者はそもそも読者に「問題の解き方」や「便利な公式」を教えているつもりはありません。読者が問題をどう解くのかは，読者自身が決めればよいことです。そんなことよりも，例えば

　　　「符号付き長さ」→「符号付き面積」→「符号付き体積」

というような「概念の自然な拡張」は，数学の様々な場面で現れ，そのような考え方を学ぶことがやがて大学の数学への橋渡しになるのではないか，と筆者は思っています。数学は高校だけで終わるものではないのですから。少しでも興味を持った読者が，「線形代数学」の本を手にとって自分で学んでくれたら，こんなにうれしいことはありません。

2.6 ベクトルの基本量

2.6.1 役に立たない外積

　本書では「外積」や「行列式」は，成分で導入しました。「内積」は図形的に定義しましたが，内積の最大の魅力は

$$\begin{pmatrix} a \\ b \end{pmatrix} \cdot \begin{pmatrix} x \\ y \end{pmatrix} = ax + by$$

という成分計算の単純さでした。これらを使ってその便利さが実感できるのは，点やベクトルが，座標，成分で与えられたときです。しかし，ベクトルの入試問題を見る限り，座標や成分が一切与えられていない問題はたくさんあります。生徒から

「せっかく外積を覚えたのに，使えないやん……」

という声を聞くことは珍しいことではありません。「内積」も「外積」も「行列式」も

「便利な道具だが，万能ではない」

ということを忘れてはなりません。

2.6.2 基本量で地道に計算

　2つの平面ベクトル $\vec{a}$, $\vec{b}$ に対し，以下の3つの量

$$|\vec{a}|, \ |\vec{b}|, \ \vec{a} \cdot \vec{b}$$

を，「$\vec{a}$, $\vec{b}$ の基本量」といいます。この3つの値が決まれば，$\vec{a}$, $\vec{b}$ の相対的な位置関係が定まります。同様にして，3つの空間ベクトル $\vec{a}$, $\vec{b}$, $\vec{c}$ に対し，

$$|\vec{a}|, \ |\vec{b}|, \ |\vec{c}|, \ \vec{a} \cdot \vec{b}, \ \vec{b} \cdot \vec{c}, \ \vec{c} \cdot \vec{a}$$

の6つの値を，「$\vec{a}$, $\vec{b}$, $\vec{c}$ の基本量」といいます。「長さ」「角度」「面積」「体積」などの計量は，この基本量を基に算出することになります。

例題19 ▷

辺の長さが

$$OA = \sqrt{2}, \quad OB = \sqrt{5}, \quad BC = \sqrt{6}, \quad OC = AB = AC = 3$$

で与えられる四面体 OABC の体積 V を求めよ。 (電気通信大・改)

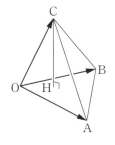

「四面体の体積を求める」という意味では，例題18と同じ問題ですが，座標が与えられていないので「外積」も「成分0づくり作戦」も使えません。

もちろん，この四面体を座標空間内に置いて，成分計算で処理するという発想はありますが，ここでは基本量を用いて地道に

　　(底面積)×(高さ)÷3

で考えてみましょう。

解答・解説

$\overrightarrow{OA} = \vec{a}$, $\overrightarrow{OB} = \vec{b}$, $\overrightarrow{OC} = \vec{c}$ とおくと，与えられた条件から

$|\vec{a}| = \sqrt{2}$ ……①, $|\vec{b}| = \sqrt{5}$ ……②, $|\vec{c}| = 3$ ……③,

$|\vec{c} - \vec{b}| = \sqrt{6}$ ……④, $|\vec{b} - \vec{a}| = 3$ ……⑤, $|\vec{c} - \vec{a}| = 3$ ……⑥

④，⑤，⑥の各両辺を2乗して，

$$|\vec{c} - \vec{b}|^2 = 6 \Longleftrightarrow |\vec{c}|^2 + |\vec{b}|^2 - 2\vec{b} \cdot \vec{c} = 6$$
$$\Longleftrightarrow 9 + 5 - 2\vec{b} \cdot \vec{c} = 6 \quad (\because ②, ③)$$
$$\Longleftrightarrow \vec{b} \cdot \vec{c} = 4 \quad ……⑦$$

$$|\vec{b} - \vec{a}|^2 = 9 \Longleftrightarrow |\vec{b}|^2 + |\vec{a}|^2 - 2\vec{a} \cdot \vec{b} = 9$$
$$\Longleftrightarrow 5 + 2 - 2\vec{a} \cdot \vec{b} = 9 \quad (\because ①, ②)$$
$$\Longleftrightarrow \vec{a} \cdot \vec{b} = -1 \quad ……⑧$$

$$|\vec{c} - \vec{a}|^2 = 9 \Longleftrightarrow |\vec{c}|^2 + |\vec{a}|^2 - 2\vec{c} \cdot \vec{a} = 9$$
$$\Longleftrightarrow 9 + 2 - 2\vec{c} \cdot \vec{a} = 9 \quad (\because ①, ③)$$
$$\Longleftrightarrow \vec{c} \cdot \vec{a} = 1 \quad ……⑨$$

（これで基本量がそろった）

ではまず「底面積」から。△OAB を底面と考えて，

$$\triangle OAB = \frac{1}{2}\sqrt{|\vec{a}|^2|\vec{b}|^2-(\vec{a}\cdot\vec{b})^2} = \frac{1}{2}\sqrt{2\cdot5-(-1)^2} = \frac{3}{2} \quad \cdots\cdots⑩$$

次に「高さ」を求める（これが面倒）。

C から平面 OAB に下ろした垂線と平面 OAB との交点を H とおくと，H は平面 OAB 上の点より，実数 s, t を用いて

$$\overrightarrow{OH} = s\vec{a} + t\vec{b} \quad \cdots\cdots⑪$$

の形で表せ，今，CH は平面 OAB に垂直なので，

$$\begin{cases}\overrightarrow{CH}\perp\overrightarrow{OA}\\\overrightarrow{CH}\perp\overrightarrow{OB}\end{cases}\Longleftrightarrow\begin{cases}\overrightarrow{CH}\cdot\overrightarrow{OA}=0\\\overrightarrow{CH}\cdot\overrightarrow{OB}=0\end{cases}$$

$$\Longleftrightarrow\begin{cases}(\overrightarrow{OH}-\vec{c})\cdot\vec{a}=0\\(\overrightarrow{OH}-\vec{c})\cdot\vec{b}=0\end{cases}\Longleftrightarrow\begin{cases}(s\vec{a}+t\vec{b}-\vec{c})\cdot\vec{a}=0\\(s\vec{a}+t\vec{b}-\vec{c})\cdot\vec{b}=0\end{cases}\quad(\because⑪)$$

$$\Longleftrightarrow\begin{cases}s|\vec{a}|^2+t\vec{a}\cdot\vec{b}-\vec{c}\cdot\vec{a}=0\\s\vec{a}\cdot\vec{b}+t|\vec{b}|^2-\vec{b}\cdot\vec{c}=0\end{cases}\quad\cdots\cdots⑫$$

①，②，⑦，⑧，⑨を代入して

$$⑫\Longleftrightarrow\begin{cases}2s-t-1=0\\-s+5t-4=0\end{cases}\Longleftrightarrow\begin{cases}s=1\\t=1\end{cases}$$

よって，⑪より，

$$\overrightarrow{OH} = \vec{a} + \vec{b}$$
$$\therefore |\overrightarrow{OH}|^2 = |\vec{a}+\vec{b}|^2 = |\vec{a}|^2+|\vec{b}|^2+2\vec{a}\cdot\vec{b} = 2+5-2 \quad(\because①，②，⑧)$$
$$= 5$$

三平方の定理から，

$$|\overrightarrow{CH}| = \sqrt{|\overrightarrow{OC}|^2-|\overrightarrow{OH}|^2} = \sqrt{9-5} = 2 \quad\cdots\cdots⑬$$

（これでやっと「高さ」が求まった）

以上より，

$$V = \frac{1}{3}\times⑩\times⑬ = \frac{1}{3}\cdot\frac{3}{2}\cdot2 = \boxed{1} \cdots(答)$$

MEMO

2.7 ベクトルの応用

2.7.1 連立方程式

「内積」や「成分 0 づくり作戦」は図形問題だけで活躍するというわけではありません。そんな例を見てみましょう。

例23 ▷

連立方程式 $\begin{cases} 2x + 3y = 1 & \cdots\cdots\text{①} \\ 3x - 5y = 2 & \cdots\cdots\text{②} \end{cases}$ を解け。

中学生に上の問題を解かせると，十中八九，次のように解きます。

①×5 ＋ ②×3 より，

$$19x = 11 \quad \therefore \quad x = \frac{11}{19}$$

①×3 － ②×2 より，

$$19y = -1 \quad \therefore \quad y = -\frac{1}{19}$$

よって，$\boxed{(x,\ y) = \left(\dfrac{11}{19},\ -\dfrac{1}{19} \right)}$ …(答)

「同値性が怪しい！」など，論理的なことはさておき，この連立方程式を次のように「ベクトルの等式」とみると，まるで風景が変わります。

$$\begin{cases} ① \\ ② \end{cases} \iff x\begin{pmatrix} 2 \\ 3 \end{pmatrix} + y\begin{pmatrix} 3 \\ -5 \end{pmatrix} = \begin{pmatrix} 1 \\ 2 \end{pmatrix} \quad \cdots\cdots③$$

連立方程式 $\begin{cases} ① \\ ② \end{cases}$ の解は，xy 座標平面上で「2直線①，②の交点」という意味を持たせることができます。一方③は，「$\begin{pmatrix} 2 \\ 3 \end{pmatrix}$ という電車に x 回乗って，$\begin{pmatrix} 3 \\ -5 \end{pmatrix}$ というバスに乗り換えて y 回乗ったら点 $(1, 2)$ にたどり着いた」という意味を持たせることができます。

③式からyを消去するために，$\begin{pmatrix}3\\-5\end{pmatrix}$に垂直な$\begin{pmatrix}5\\3\end{pmatrix}^{※7}$と③の両辺を内積すると，

$$③ \Longrightarrow \begin{pmatrix}5\\3\end{pmatrix}\cdot\left\{x\begin{pmatrix}2\\3\end{pmatrix}+y\begin{pmatrix}3\\-5\end{pmatrix}\right\}=\begin{pmatrix}5\\3\end{pmatrix}\cdot\begin{pmatrix}1\\2\end{pmatrix}$$

$$\Longrightarrow x\begin{pmatrix}5\\3\end{pmatrix}\cdot\begin{pmatrix}2\\3\end{pmatrix}+y\begin{pmatrix}5\\3\end{pmatrix}\cdot\begin{pmatrix}3\\-5\end{pmatrix}=\begin{pmatrix}5\\3\end{pmatrix}\cdot\begin{pmatrix}1\\2\end{pmatrix}\quad(分配法則)$$

$$\Longrightarrow 19x=11$$

$$\Longrightarrow x=\frac{11}{19}$$

同様にxを消去するために，$\begin{pmatrix}2\\3\end{pmatrix}$に垂直な$\begin{pmatrix}-3\\2\end{pmatrix}$と③の両辺を内積すると，

$$③ \Longrightarrow -19y=1 \Longrightarrow y=-\frac{1}{19}$$

このように，

項を消去したければ「垂直なベクトルと内積しよう！」

という発想はいろいろな場面で役に立つことがあります。さらに，この計算の過程で，基本原理18 (p.66) の内積の性質が用いられていることもしっかりと確認しておいてください。

とはいうものの，2元連立1次方程式を「ベクトルと内積で解く！」なんて人は相当な変わり者であり，筆者だって普段はそんな解き方はしません。ただ，次元が上がるとそうも言っていられなくなってきます。

では，同じ考え方を用いて次の例題を解いてみてください。

※7：$\begin{pmatrix}a\\b\end{pmatrix}\perp\begin{pmatrix}-b\\a\end{pmatrix}$ 基本原理23 (p.83) 参照。

115

例題20 ▶

$$\text{連立方程式} \begin{cases} x+3y+5z=1 & \cdots\cdots① \\ 3x-y+z=4 & \cdots\cdots② \\ 5x+2y-3z=0 & \cdots\cdots③ \end{cases} \quad \text{を解け。}$$

解答・解説

$$\begin{cases} ① \\ ② \\ ③ \end{cases} \Longleftrightarrow \underbrace{x\begin{pmatrix}1\\3\\5\end{pmatrix}}_{(あ)}+\underbrace{y\begin{pmatrix}3\\-1\\2\end{pmatrix}}_{(い)}+\underbrace{z\begin{pmatrix}5\\1\\-3\end{pmatrix}}_{(う)}=\begin{pmatrix}1\\4\\0\end{pmatrix} \quad \cdots\cdots④$$

まず，xを求める。（い），（う）の項を一気に消去するために，$\begin{pmatrix}3\\-1\\2\end{pmatrix}$と

$\begin{pmatrix}5\\1\\-3\end{pmatrix}$の両方に垂直な$\begin{pmatrix}1\\19\\8\end{pmatrix}$と④の両辺を内積して，

$$98x=77 \quad \therefore \ x=\frac{11}{14}$$

次にyを求める。（あ），（う）の項を一気に消去するために，$\begin{pmatrix}1\\3\\5\end{pmatrix}$と$\begin{pmatrix}5\\1\\-3\end{pmatrix}$の

両方に垂直な$\begin{pmatrix}1\\-2\\1\end{pmatrix}$と④の両辺を内積して，

$$7y=-7 \quad \therefore \ y=-1$$

最後にzを求める。（あ），（い）の項を一気に消去するために，$\begin{pmatrix}1\\3\\5\end{pmatrix}$と$\begin{pmatrix}3\\-1\\2\end{pmatrix}$

の両方に垂直な$\begin{pmatrix}11\\13\\-10\end{pmatrix}$と④の両辺を内積して，

$$98z=63 \quad \therefore \ z=\frac{9}{14}^{※8}$$

逆に，$x=\dfrac{11}{14}$，$y=-1$，$z=\dfrac{9}{14}$は確かに④を満たすので，　　$\cdots\cdots⑤^{※9}$

※8：x，yが求まったので，例えば②に代入してzを求めた方が速いかもしれません。
※9：「両辺の内積をとる」という行為は同値性を崩します。上記の方針は必要条件しか求めたことになっていないため，十分性のチェックが必要なのです。⑤の1行は論理的には重要です。

$$\boxed{x = \frac{11}{14}, \ \ y = -1, \ \ z = \frac{9}{14}} \cdots (\text{答})$$

2.7.2 内積の不等式

内積の定義

$$\vec{a} \cdot \vec{b} = |\vec{a}||\vec{b}|\cos\theta \ (\theta \text{は}\ \vec{a}, \ \vec{b}\ \text{のなす角})$$

より, 直ちに

$$-|\vec{a}||\vec{b}| \leqq \vec{a} \cdot \vec{b} \leqq |\vec{a}||\vec{b}| \quad \cdots\cdots①$$

という不等式が得られます。これは$\vec{a}, \ \vec{b}$が$\vec{0}$のときにも成立します。
①は,

$$① \Longleftrightarrow |\vec{a} \cdot \vec{b}| \leqq |\vec{a}||\vec{b}| \Longleftrightarrow (\vec{a} \cdot \vec{b})^2 \leqq |\vec{a}|^2|\vec{b}|^2 \quad \cdots\cdots②$$

のように姿を変えて使用することもあります。この不等式は, かの有名な「コーシー・シュワルツ (Cauchy–Schwarz) の不等式」の特別な場合です。この不等式自体を「コーシー・シュワルツの不等式」と呼ぶ場合もあるようですが, ここでは「内積の不等式」と呼ぶことにします。①の右側の不等式の等号は,

$$\vec{a} = \vec{0} \ \text{または}\ \vec{b} = \vec{0} \ \text{または}\ \cos\theta = 1$$

つまり,

「$\vec{a}, \ \vec{b}$ が同じ向きに平行か, いずれかが$\vec{0}$の場合」

に限り成り立ちます。同様に, ①の左側の不等式の等号は,

「$\vec{a}, \ \vec{b}$ が逆向きに平行か, いずれかが$\vec{0}$の場合」

に限り成り立ちます。これをまとめた②の等号は,

「$\vec{a}, \ \vec{b}$ が1次従属の場合」

に限り成り立ちます。

$\vec{a}, \ \vec{b}$ が平面ベクトルの場合, $\vec{a} = \begin{pmatrix} a \\ b \end{pmatrix}$, $\vec{b} = \begin{pmatrix} x \\ y \end{pmatrix}$とすると,

$$② \Longleftrightarrow (ax + by)^2 \leqq (a^2 + b^2)(x^2 + y^2)$$

$\vec{a}$, $\vec{b}$ が空間ベクトルの場合, $\vec{a}=\begin{pmatrix} a \\ b \\ c \end{pmatrix}$, $\vec{b}=\begin{pmatrix} x \\ y \\ z \end{pmatrix}$ とすると,

$$② \Longleftrightarrow (ax+by+cz)^2 \leqq (a^2+b^2+c^2)(x^2+y^2+z^2)$$

これらの不等式なら「見たことがある！」という人も多いのではないでしょうか。

基本原理 31（内積の不等式） ▶

不等式

$$(\vec{a}\cdot\vec{b})^2 \leqq |\vec{a}|^2|\vec{b}|^2$$

が常に成り立つ。等号は, $\vec{a}$ と $\vec{b}$ が 1 次従属のときに限り成り立つ。
この不等式を,「内積の不等式」という。
2 次元と 3 次元の場合を成分で表すと, 以下のようになる。

$$(ax+by)^2 \leqq (a^2+b^2)(x^2+y^2)$$
$$(ax+by+cz)^2 \leqq (a^2+b^2+c^2)(x^2+y^2+z^2)$$

よく見ると,「平行四辺形の面積」(p.79 基本原理 22)で登場した,

$\vec{a}$, $\vec{b}$ の張る平行四辺形の面積を S とすると,

$$S = \sqrt{|\vec{a}|^2|\vec{b}|^2 - (\vec{a}\cdot\vec{b})^2}$$

という公式の「ルートの中が 0 以上」という当たり前の不等式が内積の不等式です。初登場ではなかったのです。

この不等式を使うときは,「公式に数値をあてはめよう」ではなく,

「どんなベクトルを使えばその式を内積と大きさで表現できるだろう」

と考えることが重要です。

「内積の不等式」や「相加相乗平均の不等式」[10] を使って関数の最大値や最小値を求める典型的な答案は, 論理的にも重要です(p.121 コラム参照)。

---

[10]: n 個の正の数 a_1, a_2, $\cdots$, a_n に対し, $\dfrac{a_1+a_2+\cdots+a_n}{n} \geqq (a_1 a_2 \cdots\cdots a_n)^{\frac{1}{n}}$ が成り立つ。

これを「相加相乗平均の不等式」という。

例題21 ▶

$9x^2 + 4y^2 + z^2 = 1$ のとき，$w = x + y + z$ の最大値と最小値を求めよ。
また，最大値，最小値をとるときの (x, y, z) を求めよ。

解答・解説

$9x^2 + 4y^2 + z^2 = 1$，$w = x + y + z$ のとき，

$\vec{a} = \begin{pmatrix} \dfrac{1}{3} \\ \dfrac{1}{2} \\ 1 \end{pmatrix}$, $\vec{x} = \begin{pmatrix} 3x \\ 2y \\ z \end{pmatrix}$ という 2 つのベクトル $\vec{a}$, $\vec{x}$ を用意すると，

$$|\vec{a}| = \sqrt{\frac{1}{9} + \frac{1}{4} + 1} = \sqrt{\frac{49}{36}} = \frac{7}{6} \quad \cdots\cdots ①$$

$$|\vec{x}| = \sqrt{9x^2 + 4y^2 + z^2} = \sqrt{1} = 1 \quad \cdots\cdots ②$$

$$\vec{a} \cdot \vec{x} = x + y + z = w \quad\quad\quad \cdots\cdots ③$$

であり，$\vec{a}$, $\vec{x}$ のなす角を θ とおくと，内積の定義から

$$\vec{a} \cdot \vec{x} = |\vec{a}||\vec{x}|\cos\theta$$

①，②，③を代入して，

$$w = \frac{7}{6} \cdot 1 \cdot \cos\theta = \frac{7}{6}\cos\theta$$

よって，

$$-\frac{7}{6} \leqq w \leqq \frac{7}{6} \quad \cdots\cdots ④$$

が成り立つ。

ここで②より $\vec{x}$ は単位ベクトルであるから，$\vec{a} /\!/ \vec{x}$ となるのは，$\vec{x}$ が $\vec{a}$ 方向の
単位ベクトルのときで，このとき

$$\vec{x} = \pm\frac{\vec{a}}{|\vec{a}|} = \pm\frac{6}{7}\begin{pmatrix} \dfrac{1}{3} \\ \dfrac{1}{2} \\ 1 \end{pmatrix} = \pm\frac{1}{7}\begin{pmatrix} 2 \\ 3 \\ 6 \end{pmatrix}$$

$\vec{x} = \dfrac{1}{7}\begin{pmatrix} 2 \\ 3 \\ 6 \end{pmatrix}$ のとき，$\vec{a}$ と $\vec{x}$ は同じ向きに平行なので，$\theta = 0$

よって，④の右側の不等式の等号が成り立つ。

$\vec{x} = -\dfrac{1}{7}\begin{pmatrix} 2 \\ 3 \\ 6 \end{pmatrix}$ のとき，$\vec{a}$ と $\vec{x}$ は逆向きに平行なので，$\theta = \pi$

よって，④の左側の不等式の等号が成り立つ。

以上より，w は，

$$\begin{cases} (x,\ y,\ z) = \left(\dfrac{2}{21},\ \dfrac{3}{14},\ \dfrac{6}{7} \right) \text{のとき最大値} \dfrac{7}{6} \\[4mm] (x,\ y,\ z) = \left(-\dfrac{2}{21},\ -\dfrac{3}{14},\ -\dfrac{6}{7} \right) \text{のとき最小値} -\dfrac{7}{6} \end{cases} \text{をとる} \quad \cdots\text{(答)}$$

— Column ✎ —

不等式と最大・最小について

生徒の答案の中には次のような論証が散見されます。

すべての x に対し $f(x) \leqq 100$ であるから

$f(x)$ の最大値は 100 である。

この答案は，仮に答えが正しかったとしても 0 点です。

「この教室にいる人は全員 100 歳以下」だったとしても最年長が 100 歳かどうかはわかりません。

一般に，集合 A を定義域とする関数 $f(x)$ と定数 α に対し

$$f(x) \text{ の最大値が } \alpha \iff \begin{cases} \forall x \in A,\ f(x) \leqq a \quad \cdots\cdots① \\ \exists x \in A,\ f(x) = a \quad \cdots\cdots② \end{cases}$$

が成立します。上の答案は①についてしか述べられていません。

「全員 100 歳以下です。そして 100 歳の人もいます。

だから，最年長は 100 歳です。」

と論ずれば問題ナシです。不等式を用いて最大・最小を議論するときは，②の記述が必要であることを忘れてはなりません。

$x>0$, $y>0$, $\dfrac{2}{x}+\dfrac{1}{y}=1$ のとき, $z=x+y$ の最小値を求めよ。また,

最小値をとるときのx, yの値を求めよ。

解答・解説

方針1 内積の不等式の利用

$x>0$, $y>0$, $\dfrac{2}{x}+\dfrac{1}{y}=1$, $z=x+y$ のとき,

$$\vec{p}=\begin{pmatrix} \sqrt{\dfrac{2}{x}} \\ \sqrt{\dfrac{1}{y}} \end{pmatrix}, \quad \vec{q}=\begin{pmatrix} \sqrt{x} \\ \sqrt{y} \end{pmatrix}$$

という2つのベクトルを用意すると,

$$|\vec{p}|=\sqrt{\dfrac{2}{x}+\dfrac{1}{y}}=1 \quad \cdots\cdots ①$$

$$|\vec{q}|=\sqrt{x+y}=\sqrt{z} \quad \cdots\cdots ②$$

$$\vec{p}\cdot\vec{q}=\sqrt{2}+1 \quad \cdots\cdots ③$$

であり, $\vec{p}$, $\vec{q}$ のなす角を θ とおくと, 内積の定義から

$$\vec{p}\cdot\vec{q}=|\vec{p}||\vec{q}|\cos\theta$$

①, ②, ③を代入して,

$$\sqrt{2}+1=1\cdot\sqrt{z}\cdot\cos\theta=\sqrt{z}\cos\theta$$

$$\therefore \sqrt{z}=\dfrac{\sqrt{2}+1}{\cos\theta} \quad \therefore z=\dfrac{3+2\sqrt{2}}{\cos^2\theta}$$

よって,

$$z\geqq 3+2\sqrt{2} \quad \cdots\cdots ④$$

が成り立つ。

ここで, $\vec{p}\,/\!/\,\vec{q}$ となる条件[11]は,

$$\sqrt{\dfrac{2y}{x}}-\sqrt{\dfrac{x}{y}}=0 \quad \therefore x=\sqrt{2}\,y \quad \cdots\cdots ⑤$$

※11：一般に $\begin{pmatrix} a \\ c \end{pmatrix}/\!/\begin{pmatrix} b \\ d \end{pmatrix} \Longleftrightarrow ad-bc=0$ （p.85 基本原理24）

であり，

$$\begin{cases} ① \\ ⑤ \end{cases} \Longleftrightarrow \begin{cases} x = 2 + \sqrt{2} \\ y = 1 + \sqrt{2} \end{cases}$$

より，$\begin{cases} x = 2 + \sqrt{2} \\ y = 1 + \sqrt{2} \end{cases}$ のときに限り $\cos^2 \theta = 1$ となって④の等号は成立する。

よって z は，$\boxed{\begin{cases} x = 2 + \sqrt{2} \\ y = 1 + \sqrt{2} \end{cases} \text{のときに最小値}\, 3 + 2\sqrt{2}\, \text{をとる}}$ …（答）

方針2 相加相乗平均の不等式の利用

$x > 0$，$y > 0$，$\dfrac{2}{x} + \dfrac{1}{y} = 1$，$z = x + y$ のとき，

$$\begin{aligned} z &= z \times 1 = (x + y)\left(\frac{2}{x} + \frac{1}{y}\right) \\ &= \frac{x}{y} + \frac{2y}{x} + 3 \\ &\geqq 2\sqrt{\frac{x}{y} \cdot \frac{2y}{x}} + 3 \quad (\because \text{相加相乗平均の不等式}) \\ &= 3 + 2\sqrt{2} \end{aligned}$$

等号は，$\dfrac{x}{y} = \dfrac{2y}{x}$ すなわち $x = \sqrt{2}\,y$ のときに限り成り立ち[12]，このとき，

方針1 と同様に $\begin{cases} x = 2 + \sqrt{2} \\ y = 1 + \sqrt{2} \end{cases}$ なので，

z は，$\boxed{\begin{cases} x = 2 + \sqrt{2} \\ y = 1 + \sqrt{2} \end{cases} \text{のときに最小値}\, 3 + 2\sqrt{2}\, \text{をとる}}$ …（答）

※12：2文字の相加相乗平均の不等式

$a > 0$，$b > 0$ のとき，$\dfrac{a + b}{2} \geqq \sqrt{ab}$ が成り立ち，等号成立条件は $a = b$

2.7.3　三角不等式

「寄り道して進むより，直進する方が近い」

という当たり前のことを表した不等式が，三角不等式です。

基本原理32(三角不等式) ▶

一般に

$$|\vec{x}+\vec{y}| \leqq |\vec{x}| + |\vec{y}|$$

が成り立つ。等号が成り立つのは，$\vec{x}$ と $\vec{y}$ が
同じ向きに平行か，いずれかが $\vec{0}$ の場合に限る。

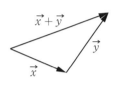

不等式自体は意味を考えれば当たり前です。この不等式を変形してみます。

$$|\vec{x}+\vec{y}| \leqq |\vec{x}| + |\vec{y}| \quad \cdots\cdots ①$$

移項して，

$$|\vec{x}+\vec{y}| - |\vec{y}| \leqq |\vec{x}|$$

$\vec{x}+\vec{y}=\vec{z}$ とおくと，

$$|\vec{z}| - |\vec{y}| \leqq |\vec{z}-\vec{y}|$$

さらに $-\vec{y}=\vec{w}$ とおくと，

$$|\vec{z}| - |-\vec{w}| \leqq |\vec{z}+\vec{w}| \quad \therefore \quad |\vec{z}| - |\vec{w}| \leqq |\vec{z}+\vec{w}|$$

改めて $\vec{z}$，$\vec{w}$ をそれぞれ $\vec{x}$，$\vec{y}$ に置き換えると，

$$|\vec{x}| - |\vec{y}| \leqq |\vec{x}+\vec{y}| \quad \cdots\cdots ②$$

三角不等式は，①と②を併せて，

$$|\vec{x}| - |\vec{y}| \leqq |\vec{x}+\vec{y}| \leqq |\vec{x}| + |\vec{y}|$$

と表記されることもありますが，この左側の不等式は右側の不等式から導かれるので「重要なのは①である」ということです。

②を導いたのと同様にして,

$$|\vec{y}| - |\vec{x}| \leqq |\vec{x} + \vec{y}| \quad \cdots\cdots③$$

も導けるので, ①, ②, ③を併せて,

$$\left||\vec{x}| - |\vec{y}|\right| \leqq |\vec{x} + \vec{y}| \leqq |\vec{x}| + |\vec{y}|$$

と表記することもできます。

①を代数的に変形してみます。

①の両辺を 2 乗すると,

$$① \Longleftrightarrow |\vec{x} + \vec{y}|^2 \leqq (|\vec{x}| + |\vec{y}|)^2$$
$$\Longleftrightarrow |\vec{x}|^2 + 2\vec{x}\cdot\vec{y} + |\vec{y}|^2 \leqq |\vec{x}|^2 + 2|\vec{x}||\vec{y}| + |\vec{y}|^2$$
$$\Longleftrightarrow \vec{x}\cdot\vec{y} \leqq |\vec{x}||\vec{y}|$$

これは前節の「内積の不等式」の一部です。

x が全実数を動くとき，$y=\sqrt{x^2+1}+\sqrt{x^2+2x+3}$ の最小値を求めよ。

また，最小値をとるときの x の値を求めよ。

解答・解説

$$y=\sqrt{x^2+1}+\sqrt{x^2+2x+3}=\sqrt{x^2+1}+\sqrt{(x+1)^2+2}$$

よって，$\vec{p}=\begin{pmatrix} x \\ 1 \end{pmatrix}$, $\vec{q}=\begin{pmatrix} -x-1 \\ \sqrt{2} \end{pmatrix}$ とおくと，

$$|\vec{p}|=\sqrt{x^2+1}, \quad |\vec{q}|=\sqrt{(x+1)^2+2}, \quad \vec{p}+\vec{q}=\begin{pmatrix} -1 \\ 1+\sqrt{2} \end{pmatrix}$$

なので，三角不等式より，

$$y=|\vec{p}|+|\vec{q}|$$
$$\geqq |\vec{p}+\vec{q}|$$
$$=\left|\begin{pmatrix} -1 \\ 1+\sqrt{2} \end{pmatrix}\right|=\sqrt{1+(1+\sqrt{2})^2}=\sqrt{4+2\sqrt{2}}$$

よって

$$y\geqq \sqrt{4+2\sqrt{2}} \quad \cdots\cdots①$$

である。ここで，

$$\vec{p}\,/\!/\,\vec{q} \Longleftrightarrow \sqrt{2}x+x+1=0 \Longleftrightarrow x=-\frac{1}{1+\sqrt{2}}=1-\sqrt{2}$$

であり，このとき

$$\vec{p}=\begin{pmatrix} 1-\sqrt{2} \\ 1 \end{pmatrix}, \quad \vec{q}=\begin{pmatrix} \sqrt{2}-2 \\ \sqrt{2} \end{pmatrix} \quad \therefore \vec{q}=\sqrt{2}\,\vec{p}$$

より，$\vec{p}$ と $\vec{q}$ は同じ向きに平行になるから，このときに限り①の等号が成り立つ。

以上より，y は，$\boxed{x=1-\sqrt{2} \text{ のとき，最小値 } \sqrt{4+2\sqrt{2}} \text{ をとる}}$ …（答）

MEMO

Part 2
実践問題

解答・解説 ▶ p.262〜p.272

★の個数は相対的な難易度の目安です。

□ **1** 空間内に 3 点 A $(1, -1, 1)$，B $(-1, 2, 2)$，C $(2, -1, -1)$ がある。こ
★　 のとき，ベクトル $\overrightarrow{OA} + x\overrightarrow{AB} + y\overrightarrow{AC}$ の大きさの最小値を求めよ。

（信州大）

□ **2** 座標平面上に 3 点 O $(0, 0)$，A $(3, 2)$，B $(1, 5)$ がある。
★　 (1) △OAB の面積を求めよ。

　　 (2) s と t が条件 $s \geqq 0$，$t \geqq 0$，$1 \leqq s + t \leqq 2$ を満たすとき，
　　　 $\overrightarrow{OP} = s\overrightarrow{OA} + t\overrightarrow{OB}$ で定まる点 P の存在する範囲の面積を求めよ。

（東京女子大）

□ **3** A $(2, 0, 0)$，B $(0, 1, 0)$，C $(0, 0, 3)$ とする。平面 ABC に関する原点 O
★　 の対称点 I の座標を求めよ。

□ **4** 下図において，
★　 　　$x = y + z$

　　 であることを示せ。ただし，△ABC は正三角形である。

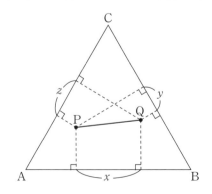

☐ 5　平面上に 3 点 O(0, 0)，A(−3, −1)，B(2, 4)をとる。
★
　　(1)　△OAB の重心 G の座標を求めよ。

　　(2)　△OAB の外心 J の座標を求めよ。

　　(3)　△OAB の垂心 H の座標を求めよ。

　　(4)　△OAB の内心 I の座標を求めよ。

☐ 6　a, c を実数とする。空間内の 4 点 O(0, 0, 0)，A(2, 0, a)，B(2, 1, 5)，
★
　　C(0, 1, c)は同一平面上にある。

　　(1)　c を a で表せ。

　　(2)　四角形 OABC の面積の最小値を求めよ。　　　　　　　　　　　　　　(一橋大)

☐ 7　次の問いに答えよ。
★
　　(1)　$ab+cd=0$, $a^2+c^2=1$, $b^2+d^2=4$ のとき $|ad-bc|$ の値を求めよ。

　　(2)　$ab+cd=2$, $a^2+c^2=1$, $ad-bc=6$ のとき b^2+d^2 の値を求めよ。

☐ 8　点 A $(2, 1, 0)$ を通る $\vec{u}=\begin{pmatrix}2\\-1\\a\end{pmatrix}$ 方向の直線を ℓ，点 B $(1, -2, 1)$ を通る
★
　　$\vec{v}=\begin{pmatrix}a\\2\\3\end{pmatrix}$ 方向の直線を m とする。ただし，a は実数の定数である。

　　(1)　$\ell \perp m$ となるような a の値が存在するなら，その値を求めよ。

　　(2)　$\ell /\!/ m$ となるような a の値が存在するなら，その値を求めよ。

　　(3)　ℓ と m が共有点をもつような a の値が存在するなら，その値を求
　　　　めよ。

9 平面上に 4 点 O, A, B, C がある。点 O を始点とする A, B, C の位
置ベクトルをそれぞれ $\vec{a}$, $\vec{b}$, $\vec{c}$ とし,
$$|\vec{a}| = \sqrt{2}, \quad |\vec{b}| = \sqrt{10}, \quad \vec{a}\cdot\vec{b} = 2, \quad \vec{a}\cdot\vec{c} = 8, \quad \vec{b}\cdot\vec{c} = 20$$
が成り立つとする。

(1) $\vec{c}$ を $\vec{a}$ と $\vec{b}$ を用いて表せ。

(2) 点 C から直線 AB に下ろした垂線と直線 AB の交点を H とする。
このとき, ベクトル $\overrightarrow{OH}$ を $\vec{a}$ と $\vec{b}$ を用いて表せ。また, $|\overrightarrow{CH}|$ を求
めよ。

(3) 実数 s, t に対して, 点 P を $\overrightarrow{OP} = s\vec{a} + t\vec{b}$ で定める。
s, t が条件 $(s+t-1)(s+3t-3) \leqq 0$ を満たしながら変化するとき,
$|\overrightarrow{CP}|$ の最小値を求めよ。 (大阪府立大)

10 平面上のベクトル $\vec{a}$, $\vec{b}$, $\vec{x}$ が
$$|\vec{a}| = |\vec{b}| = 1, \quad \vec{a}\cdot\vec{b} = \frac{1}{2}, \quad -1 \leqq \vec{a}\cdot\vec{x} \leqq 1, \quad 1 \leqq \vec{b}\cdot\vec{x} \leqq 2$$
を満たすとき, $|\vec{x}|$ のとり得る値の範囲を求めよ。

11 次の問いに答えよ。

(1) $1 < x < 4$ のとき, $y = \sqrt{x-1} + \sqrt{4-x}$ の最大値を求めよ。

(2) $\dfrac{1}{2} < x < 4$ のとき, $y = \sqrt{2x-1} + \sqrt{4-x}$ の最大値を求めよ。

(3) x が実数全体を動くとき,
$y = \sqrt{x^2+2x+2} + \sqrt{x^2+4x+13}$ の最小値を求めよ。

□ **12** 4つの空間ベクトル
★

$$\vec{a}=\begin{pmatrix}1\\1\\2\end{pmatrix}, \ \vec{b}=\begin{pmatrix}1\\-1\\1\end{pmatrix}, \ \vec{c}=\begin{pmatrix}2\\1\\3\end{pmatrix}, \ \vec{w}=\begin{pmatrix}1\\-2\\7\end{pmatrix}$$

について，次の問いに答えよ。

(1) $\vec{a}, \ \vec{b}, \ \vec{c}$ は1次独立であることを示せ。

(2) $\vec{w}=x\vec{a}+y\vec{b}+z\vec{c}$ を満たす実数$x, \ y, \ z$を求めよ。

□ **13** 正の実数$x, \ y, \ z$ が $4x+y+z=3$ を満たして変化するとき，
★★

$w=\dfrac{1}{x}+\dfrac{9}{y}+\dfrac{4}{z}$ の最小値を求めよ。また，そのときの$x, \ y, \ z$の値も

求めよ。

MEMO

Part

3

ベクトルと三角関数

三角関数には数え切れないほどの公式が登場します。
しかしベクトルの基本を学んだ後に三角関数を学び直す
と，例えば「加法定理」も「合成公式」も当たり前の公
式に見えてきます。斜交座標，内積の知識をフル活用し
て，三角関数を見つめ直してみましょう。

3.1 cos, sin, tanの定義

今更ですが，きちんと定義しておきましょう。

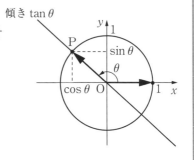

基本原理33（三角関数の定義） ▶

点 $(1, 0)$ を原点 O を中心として反時計
回りに θ 回転した点を P とするとき，

（ⅰ）P の x 座標を $\cos\theta$ という

（ⅱ）P の y 座標を $\sin\theta$ という

（ⅲ）直線 OP の傾きを $\tan\theta$ という

$\cos$, $\sin$ の定義をベクトルで表現するなら，

$$\begin{pmatrix} 1 \\ 0 \end{pmatrix} \text{を反時計回りに} \theta \text{回転したベクトルが} \begin{pmatrix} \cos\theta \\ \sin\theta \end{pmatrix}$$

ということです。点を回転するときは「○○を中心に回転する」，「○○の周りに回転する」などと記述しなければ意味不明ですが，平面ベクトルの回転はどこの周りに回しても結果は同じなので，回転の中心を明記する必要はありません。

しばらくは公式などを一切使わず，この定義だけで三角関数の問題を解いてみましょう。

例題24 ▶

$0 \leq \theta < 2\pi$ の範囲で，次の方程式・不等式を解け。

(1) $2\sin\theta \geq \sqrt{3}$

(2) $\cos\theta + \sin\theta = 1$

(3) $\sin\theta < \sqrt{2}\cos^2\theta$

解答・解説

(1)　$2\sin\theta \geq \sqrt{3}$

　$\Longleftrightarrow (1, 0)$ を原点を中心として反時計回りに θ 回転した点 (x, y) が

　　$2y \geq \sqrt{3}$ すなわち $y \geq \dfrac{\sqrt{3}}{2}$ を満たす

　右図と $0 \leq \theta < 2\pi$ より，

　$\boxed{\dfrac{\pi}{3} \leq \theta \leq \dfrac{2\pi}{3}}$ …(答)

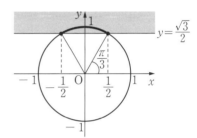

(2)　$\cos\theta + \sin\theta = 1$

　$\Longleftrightarrow (1, 0)$ を原点を中心として反時計回り
　　に θ 回転した点 (x, y) が $x + y = 1$ を
　　満たす

　右図と $0 \leq \theta < 2\pi$ より，$\boxed{\theta = 0, \ \dfrac{\pi}{2}}$ …(答)

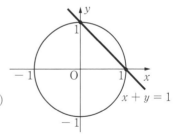

(3)　$\sin\theta < \sqrt{2}\cos^2\theta$

　$\Longleftrightarrow (1, 0)$ を原点を中心として反時計回りに
　　θ 回転した点 (x, y) が $y < \sqrt{2}x^2$ を満たす
　右図と $0 \leq \theta < 2\pi$ より，

　$\boxed{0 \leq \theta < \dfrac{\pi}{4}, \ \dfrac{3\pi}{4} < \theta < 2\pi}$ …(答)

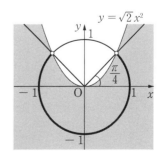

135

3.2 ベクトルの回転

3.2.1 座標平面内でのベクトルの回転

三角関数の定義より，

$$\begin{pmatrix} \cos\theta \\ \sin\theta \end{pmatrix} は \begin{pmatrix} 1 \\ 0 \end{pmatrix} を反時計回りに \theta 回転したベクトル$$

でした。ここで，

$$\begin{pmatrix} \cos\theta \\ \sin\theta \end{pmatrix} = \cos\theta \begin{pmatrix} 1 \\ 0 \end{pmatrix} + \sin\theta \begin{pmatrix} 0 \\ 1 \end{pmatrix}$$

なので，O$(0,0)$，A$(1,0)$，B$(0,1)$，P$(\cos\theta, \sin\theta)$とすると，

$$\overrightarrow{OP} = \cos\theta \cdot \overrightarrow{OA} + \sin\theta \cdot \overrightarrow{OB}$$

が成立しています。この事実は

$\overrightarrow{OA}$ を 90°回転したベクトルを $\overrightarrow{OB}$ としたとき，電車 $\overrightarrow{OA}$ に $\cos\theta$ 回乗り，バス $\overrightarrow{OB}$ に乗り換えてさらに $\sin\theta$ 回乗ると，A を O の周りに θ 回転した点 P にたどり着く

ということを示しています。このことを一般化してみましょう。

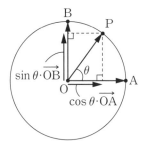

$\vec{0}$ でない平面ベクトル $\vec{u}$ に対し，$\vec{u}$ を反時計回りに 90°回転したベクトルを $\vec{v}$ とし，O を原点，$\vec{u}$，$\vec{v}$ を基底とする座標系を W とします。W は普通の xy 座標系と相似なので，

$$\vec{p} = \cos\theta \cdot \vec{u} + \sin\theta \cdot \vec{v}$$

のとき，

$\vec{p}$ は $\vec{u}$ を反時計回りに θ 回転したベクトルである

ということになります。

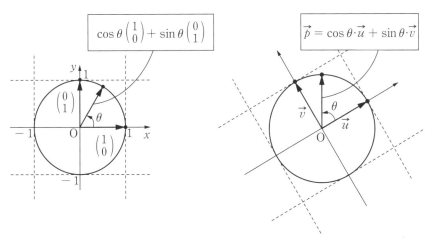

$$\cos\theta \begin{pmatrix} 1 \\ 0 \end{pmatrix} + \sin\theta \begin{pmatrix} 0 \\ 1 \end{pmatrix}$$

$$\vec{p} = \cos\theta \cdot \vec{u} + \sin\theta \cdot \vec{v}$$

p.83 の基本原理 23 で学んだように,

$$\begin{pmatrix} a \\ b \end{pmatrix} \text{を反時計回りに } 90° \text{ 回転したベクトルは} \begin{pmatrix} -b \\ a \end{pmatrix}$$

なので,特に $\vec{u} = \begin{pmatrix} a \\ b \end{pmatrix}$, $\vec{v} = \begin{pmatrix} -b \\ a \end{pmatrix}$ とすれば,

$$\begin{pmatrix} a \\ b \end{pmatrix} \text{を反時計回りに } \theta \text{ 回転したベクトルは } \cos\theta \begin{pmatrix} a \\ b \end{pmatrix} + \sin\theta \begin{pmatrix} -b \\ a \end{pmatrix}$$

であり,これで,どんな平面ベクトルでも自由に回転することができます。

基本原理 34（平面ベクトルの回転） ▶

$\begin{pmatrix} a \\ b \end{pmatrix}$ を反時計回りに θ 回転したベクトルは

$$\cos\theta \begin{pmatrix} a \\ b \end{pmatrix} + \sin\theta \begin{pmatrix} -b \\ a \end{pmatrix}$$

「平面ベクトルを回転する」という考え方は教科書には登場しないかもしれませんが,教科書に載っている

　　・cos, sin の定義　　・ベクトルの和と実数倍の意味

を理解していれば「こんなの当たり前だよね」と言えるはずです。

例題25 ▷

> (1) ベクトル $\begin{pmatrix} 6 \\ 2 \end{pmatrix}$ を反時計回りに150°回転したベクトルを求めよ。
>
> (2) 点 A$(4, 7)$ を点 P$(-2, 3)$ を中心として反時計回りに120°回転した
> 点 B の座標を求めよ。

解答・解説

(1) $\begin{pmatrix} 6 \\ 2 \end{pmatrix}$ を150°回転したベクトルは,

$$\cos 150° \begin{pmatrix} 6 \\ 2 \end{pmatrix} + \sin 150° \begin{pmatrix} -2 \\ 6 \end{pmatrix}$$

$$= -\frac{\sqrt{3}}{2} \begin{pmatrix} 6 \\ 2 \end{pmatrix} + \frac{1}{2} \begin{pmatrix} -2 \\ 6 \end{pmatrix}$$

$$= \boxed{\begin{pmatrix} -1 - 3\sqrt{3} \\ 3 - \sqrt{3} \end{pmatrix}} \cdots (答)$$

(2) $\overrightarrow{PA} = \begin{pmatrix} 6 \\ 4 \end{pmatrix}$ なので,

$$\overrightarrow{OB} = \overrightarrow{OP} + \overrightarrow{PB}$$

$$= \begin{pmatrix} -2 \\ 3 \end{pmatrix} + \left[\begin{pmatrix} 6 \\ 4 \end{pmatrix} を120°回転したベクトル \right]$$

$$= \begin{pmatrix} -2 \\ 3 \end{pmatrix} + \left[\cos 120° \begin{pmatrix} 6 \\ 4 \end{pmatrix} + \sin 120° \begin{pmatrix} -4 \\ 6 \end{pmatrix} \right]$$

$$= \begin{pmatrix} -2 \\ 3 \end{pmatrix} + \left(-\frac{1}{2} \right) \begin{pmatrix} 6 \\ 4 \end{pmatrix} + \frac{\sqrt{3}}{2} \begin{pmatrix} -4 \\ 6 \end{pmatrix}$$

$$= \begin{pmatrix} -5 - 2\sqrt{3} \\ 1 + 3\sqrt{3} \end{pmatrix}$$

$$\therefore \boxed{B(-5 - 2\sqrt{3},\ 1 + 3\sqrt{3})} \cdots (答)$$

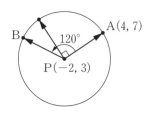

3.2.2 座標空間内でのベクトルの回転

空間内でもベクトルを回転することは可能ですが，座標空間内には，座標平面のような

「反時計回りに回転する」

というような回転の向きについてのルールがありません。

「上から見て反時計回りでも，下から見れば時計回りになる！」

なんてことが起こるからです。それでも，空間内に大きさが等しく直交する2つのベクトルをとれば，前節と同じ原理でベクトルが回転する様子を立式できます。

基本原理 35（一般のベクトルの回転） ▶

$$\begin{cases} \overrightarrow{OU} \perp \overrightarrow{OV} \\ |\overrightarrow{OU}| = |\overrightarrow{OV}| > 0 \end{cases}$$ のとき，平面 OUV 上で，O を中心として点 U を

点 V に近づける方（下図の矢印の向き）に θ 回転した点を P とすると，

$$\overrightarrow{OP} = \cos\theta\cdot\overrightarrow{OU} + \sin\theta\cdot\overrightarrow{OV}$$

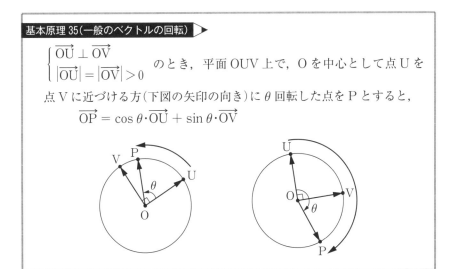

理系の人は将来，「ベクトルを回転するには，複素数や回転行列を使いましょう！」と教わるかもしれませんが，

「三角関数の意味を知っていれば，
文系の人だってベクトルはベクトルのまま回せるよ」

と，堂々と言える人になりましょう。

空間内の 3 点 A $(0, 1, 1)$，B $(1, 2, 0)$，C $(1, 4, 2)$ に対し，平面 ABC 上で点 A を点 B の周りに $60°$ 回転した点は 2 つある。その 2 つの点の座標を求めよ。

解答・解説

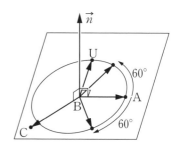

$\overrightarrow{BA} = \begin{pmatrix} -1 \\ -1 \\ 1 \end{pmatrix}$，$\overrightarrow{BC} = \begin{pmatrix} 0 \\ 2 \\ 2 \end{pmatrix}$ の両方に垂直な

ベクトルとして，$\vec{n} = \begin{pmatrix} 2 \\ -1 \\ 1 \end{pmatrix}$ がとれ，

この $\vec{n}$ は平面 ABC に垂直なベクトルの 1 つである。

また，$\vec{n}$ と $\overrightarrow{BA}$ の両方に垂直なベクトルとして $\begin{pmatrix} 0 \\ 1 \\ 1 \end{pmatrix}$ がとれる。

よって，$\vec{n}$ にも $\overrightarrow{BA}$ にも垂直で大きさが $|\overrightarrow{BA}| = \sqrt{3}$ と一致するベクトルの 1

つとして $\vec{m} = \dfrac{\sqrt{6}}{2}\begin{pmatrix} 0 \\ 1 \\ 1 \end{pmatrix}$ がとれる。

$\overrightarrow{BU} = \vec{m}$ を満たす点 U をとると，点 U は平面 ABC 上で点 A を点 B の周りに $90°$ 回転した点の 1 つ。

よって求める点を P とおくと，

$$\overrightarrow{OP} = \overrightarrow{OB} + \overrightarrow{BP}$$
$$= \overrightarrow{OB} + \{\cos(\pm 60°)\cdot\overrightarrow{BA} + \sin(\pm 60°)\cdot\overrightarrow{BU}\} \text{（複号同順，以下同様）}$$
$$= \begin{pmatrix} 1 \\ 2 \\ 0 \end{pmatrix} + \frac{1}{2}\begin{pmatrix} -1 \\ -1 \\ 1 \end{pmatrix} \pm \frac{\sqrt{3}}{2}\cdot\frac{\sqrt{6}}{2}\begin{pmatrix} 0 \\ 1 \\ 1 \end{pmatrix}$$
$$= \frac{1}{2}\begin{pmatrix} 1 \\ 3 \\ 1 \end{pmatrix} \pm \frac{3\sqrt{2}}{4}\begin{pmatrix} 0 \\ 1 \\ 1 \end{pmatrix}$$

∴ 求める点の座標は $\boxed{\left(\dfrac{1}{2}, \dfrac{6 \pm 3\sqrt{2}}{4}, \dfrac{2 \pm 3\sqrt{2}}{4}\right)}$ …（答）

3.2.3 回転拡大と極表示

平面ベクトル $\begin{pmatrix} 1 \\ 0 \end{pmatrix}$ を反時計回りに θ 回転し，$r\,(\geqq 0)$ 倍に拡大したベクトルを $\vec{p} = \overrightarrow{\mathrm{OP}}$ とすると，

$$\vec{p} = r \begin{pmatrix} \cos\theta \\ \sin\theta \end{pmatrix}, \ \ \mathrm{P}(r\cos\theta, \ r\sin\theta)$$

と表せます。

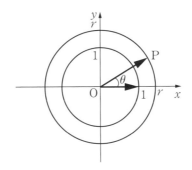

このように，座標平面上の点 P の座標や位置ベクトルを r と θ で表した形を，

  点 P の極表示

といいます。

・ $\overrightarrow{OA} = \begin{pmatrix} 3 \\ 3 \end{pmatrix}$ の極表示は，

$$\overrightarrow{OA} = 3\sqrt{2} \begin{pmatrix} \cos \dfrac{\pi}{4} \\ \sin \dfrac{\pi}{4} \end{pmatrix}$$

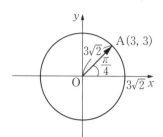

・ $\overrightarrow{OB} = \begin{pmatrix} -4 \\ 0 \end{pmatrix}$ の極表示は，

$$\overrightarrow{OB} = 4 \begin{pmatrix} \cos \pi \\ \sin \pi \end{pmatrix}$$

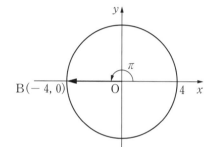

・ $\overrightarrow{OC} = \begin{pmatrix} 2\sqrt{3} \\ -2 \end{pmatrix}$ の極表示は，

$$\overrightarrow{OC} = 4 \begin{pmatrix} \cos \dfrac{11\pi}{6} \\ \sin \dfrac{11\pi}{6} \end{pmatrix}$$

$$\overrightarrow{OC} = 4 \begin{pmatrix} \cos\left(-\dfrac{\pi}{6}\right) \\ \sin\left(-\dfrac{\pi}{6}\right) \end{pmatrix} \text{なども可。}$$

極表示 $r \begin{pmatrix} \cos \theta \\ \sin \theta \end{pmatrix}$ における角 θ のとり方は 1 通りではありません。

MEMO

3.3 円・球のパラメータ表示

3.3.1 円のパラメータ表示

座標平面上において，$\begin{pmatrix} 1 \\ 0 \end{pmatrix}$ を反時計回りに θ 回転したベクトルが $\begin{pmatrix} \cos\theta \\ \sin\theta \end{pmatrix}$ なので，平面上の円は次のようにパラメータ表示できます。

基本原理 36（円のパラメータ表示） ▶

中心が $A(a, b)$，半径が r の円上の点 $P(x, y)$ は，
$$\overrightarrow{OP} = \overrightarrow{OA} + \overrightarrow{AP}$$
つまり，
$$\begin{pmatrix} x \\ y \end{pmatrix} = \begin{pmatrix} a \\ b \end{pmatrix} + r\begin{pmatrix} \cos\theta \\ \sin\theta \end{pmatrix}$$
とパラメータ表示できる。

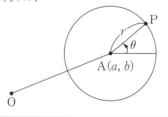

空間内の円をパラメータ表示するには少し工夫が必要です。原理は p.139 の基本原理 35 で学んだ通りです。

基本原理 37（空間内の円のパラメータ表示） ▶

点 A を通る平面 α 上の A を中心とする半径 r の円を C とする。
$$\begin{cases} \overrightarrow{AU} \perp \overrightarrow{AV} \\ |\overrightarrow{AU}| = |\overrightarrow{AV}| = r \end{cases}$$
を満たす異なる 2 点 U，V を α 上にとれば，円 C は，
$$\overrightarrow{OP} = \overrightarrow{OA} + \cos\theta \cdot \overrightarrow{AU} + \sin\theta \cdot \overrightarrow{AV}$$
とパラメータ表示できる。

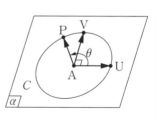

例題 27 ▷

> xy 平面上の原点 O を中心とする半径 4 の円を C，点 A $(2, 0)$ を中心と
> する半径 2 の円を D とする。動点 P は点 $(4, 0)$ を出発して円 C 上を反
> 時計回りに等速で動き，1 分間で C を 1 周する。動点 Q は点 $(2, 2)$ を出
> 発して円 D 上を反時計回りに等速で動き，1 分間で D を 1 周する。
>
> (1) 2 点 P，Q の中点を M とする。M の軌跡を求めよ。
>
> (2) (1) の M に対し，OM の長さの最大値を求めよ。

解答・解説

(1) $0 \leqq \theta \leqq 2\pi$ として，$(4, 0)$ を

O の周りに θ 回転した点が P

であるとすると，$(2, 2)$ を

A$(2, 0)$ の周りに θ 回転した点が

Q であるから，

$$\overrightarrow{\mathrm{OP}} = \cos\theta \begin{pmatrix} 4 \\ 0 \end{pmatrix} + \sin\theta \begin{pmatrix} 0 \\ 4 \end{pmatrix}$$

$$\overrightarrow{\mathrm{OQ}} = \begin{pmatrix} 2 \\ 0 \end{pmatrix} + \cos\theta \begin{pmatrix} 0 \\ 2 \end{pmatrix} + \sin\theta \begin{pmatrix} -2 \\ 0 \end{pmatrix}$$

とパラメータ表示できる。このとき，

$$\overrightarrow{\mathrm{OM}} = \frac{1}{2}\left(\overrightarrow{\mathrm{OP}} + \overrightarrow{\mathrm{OQ}}\right)$$

$$= \begin{pmatrix} 1 \\ 0 \end{pmatrix} + \cos\theta \begin{pmatrix} 2 \\ 1 \end{pmatrix} + \sin\theta \begin{pmatrix} -1 \\ 2 \end{pmatrix}$$

$\begin{pmatrix} 2 \\ 1 \end{pmatrix}$，$\begin{pmatrix} -1 \\ 2 \end{pmatrix}$ は直交し，ともに大きさが $\sqrt{5}$ であるから，点 $(1, 0)$ を B と

おくと，M は下図のような位置にある。

θ が $0 \leqq \theta \leqq 2\pi$ を動いたときの点 M の軌跡は，

点 $(1, 0)$ を中心とする半径 $\sqrt{5}$ の円 …(答)

(2) 右図より，OM が最大になるのは，

O，B，M がこの順に一直線上に並ぶとき

すなわち M$(1 + \sqrt{5}, 0)$ のとき，

OM = $1 + \sqrt{5}$ …(答)

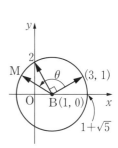

O$(0, 0, 0)$, A$(1, -3, 2)$とし, $\overrightarrow{OA}$ に垂直でAを通る平面をαとする。またα上のAを中心とする半径1の円をCとする。C上の動点P(x, y, z)に対し, xのとり得る値の範囲を求めよ。

解答・解説

$\overrightarrow{OA} = \begin{pmatrix} 1 \\ -3 \\ 2 \end{pmatrix}$ に垂直な単位ベクトルとして, 例えば $\vec{u} = \dfrac{1}{\sqrt{10}} \begin{pmatrix} 3 \\ 1 \\ 0 \end{pmatrix}$ がとれる[※1]。

また, $\overrightarrow{OA}$ と $\vec{u}$ の両方に垂直な単位ベクトルとして, 例えば $\vec{v} = \dfrac{1}{\sqrt{35}} \begin{pmatrix} 1 \\ -3 \\ -5 \end{pmatrix}$

がとれる。

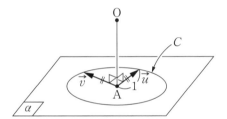

よって, C 上の点 P(x, y, z)は, 実数 θ を用いて
$$\overrightarrow{OP} = \overrightarrow{OA} + \cos\theta \cdot \vec{u} + \sin\theta \cdot \vec{v}$$
すなわち
$$\begin{pmatrix} x \\ y \\ z \end{pmatrix} = \begin{pmatrix} 1 \\ -3 \\ 2 \end{pmatrix} + \frac{\cos\theta}{\sqrt{10}} \begin{pmatrix} 3 \\ 1 \\ 0 \end{pmatrix} + \frac{\sin\theta}{\sqrt{35}} \begin{pmatrix} 1 \\ -3 \\ -5 \end{pmatrix}$$
とパラメータ表示できる。このとき, x 成分を取り出すと, 定角 α を用いて
$$\begin{aligned} x &= 1 + \frac{3\cos\theta}{\sqrt{10}} + \frac{\sin\theta}{\sqrt{35}} \\ &= 1 + \sqrt{\left(\frac{3}{\sqrt{10}}\right)^2 + \left(\frac{1}{\sqrt{35}}\right)^2}\, \sin(\theta + \alpha) \quad \text{(合成公式)} \\ &= 1 + \sqrt{\frac{13}{14}}\, \sin(\theta + \alpha) \end{aligned}$$

[※1] : $\vec{u} = \dfrac{1}{\sqrt{3}} \begin{pmatrix} 1 \\ 1 \\ 1 \end{pmatrix}$ など, $\overrightarrow{OA}$ と内積が0になる単位ベクトルなら何でもよい。

と表せる。今，θ は全実数を動けるので，x のとり得る値の範囲は，

$$1-\sqrt{\frac{13}{14}} \leqq x \leqq 1+\sqrt{\frac{13}{14}} \quad \cdots (答)$$

3.3.2 球のパラメータ表示★

xyz 空間内の原点を中心とする半径 1 の球 S のパラメータ表示を考えてみます。地球儀の「緯度」と「経度」を思い出してください。

$A(1, 0, 0)$, $B(0, 1, 0)$, $C(0, 0, 1)$ とします。$\overrightarrow{OA}$ を $\overrightarrow{OB}$ に近づく方へ θ 回転したベクトルを $\overrightarrow{OU}$ とし, $\overrightarrow{OU}$ を $\overrightarrow{OC}$ に近づく方へ φ 回転したベクトルを $\overrightarrow{OP}$ とすると, θ が「経度」, φ が「緯度」の役割を果たし, θ, φ をそれぞれ動かすと, 点 P はこの球面上のすべての点を動き得ます。

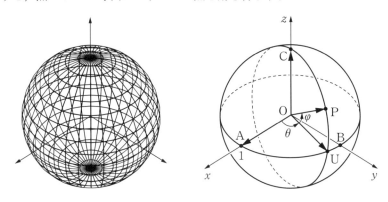

このとき,

$$\overrightarrow{OP} = \cos\varphi \cdot \overrightarrow{OU} + \sin\varphi \cdot \overrightarrow{OC}$$

$$= \cos\varphi \begin{pmatrix} \cos\theta \\ \sin\theta \\ 0 \end{pmatrix} + \sin\varphi \begin{pmatrix} 0 \\ 0 \\ 1 \end{pmatrix} = \begin{pmatrix} \cos\varphi\cos\theta \\ \cos\varphi\sin\theta \\ \sin\varphi \end{pmatrix}$$

これで, 原点を中心とする半径 1 の球(単位球)のパラメータ表示ができました。

MEMO

3.4 合成公式

3.4.1 回転拡大で理解する

座標平面上において，$\begin{pmatrix} 1 \\ 0 \end{pmatrix}$ から $\begin{pmatrix} a \\ b \end{pmatrix}$ までの反時計回りの回転角を α とし，$\begin{pmatrix} a \\ b \end{pmatrix}$ を θ 回転したベクトルを $\vec{p}$ とします。ただし，回転の向きはいずれも反時計回りを正とします。このとき，$\vec{p}$ を 2 通りで表してみます。

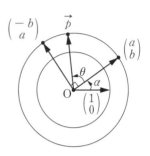

1つ目は，

$$\vec{p} = \left[\begin{pmatrix} a \\ b \end{pmatrix} を \theta 回転したベクトル \right]$$

$$= \cos\theta \begin{pmatrix} a \\ b \end{pmatrix} + \sin\theta \begin{pmatrix} -b \\ a \end{pmatrix} \quad \cdots\cdots①$$

2つ目は，

$$\vec{p} = \left[\begin{pmatrix} 1 \\ 0 \end{pmatrix} を (\theta+\alpha) 回転してから \sqrt{a^2+b^2} 倍に拡大したベクトル \right]$$

$$= \sqrt{a^2+b^2} \begin{pmatrix} \cos(\theta+\alpha) \\ \sin(\theta+\alpha) \end{pmatrix} \quad \cdots\cdots②$$

①，②の成分を比べると，2つの合成公式が得られます。

$$\begin{cases} a\cos\theta - b\sin\theta = \sqrt{a^2+b^2}\cos(\theta+\alpha) \\ a\sin\theta + b\cos\theta = \sqrt{a^2+b^2}\sin(\theta+\alpha) \end{cases}$$

基本原理 38（合成公式 1） ▶

$\begin{pmatrix} 1 \\ 0 \end{pmatrix}$ から $\begin{pmatrix} a \\ b \end{pmatrix}$ までの反時計回りの回転角を α とすると，

$$\cos\theta \begin{pmatrix} a \\ b \end{pmatrix} + \sin\theta \begin{pmatrix} -b \\ a \end{pmatrix} = \sqrt{a^2+b^2} \begin{pmatrix} \cos(\theta+\alpha) \\ \sin(\theta+\alpha) \end{pmatrix}$$

「合成公式は sin で表すもの」と決めつけているなら，それはもう事件です。

3.4.2 内積で理解する

内積の成分計算

$$\begin{pmatrix} a \\ b \end{pmatrix} \cdot \begin{pmatrix} c \\ d \end{pmatrix} = ac + bd$$

を思い出せば，

$$a\cos\theta + b\sin\theta = \begin{pmatrix} a \\ b \end{pmatrix} \cdot \begin{pmatrix} \cos\theta \\ \sin\theta \end{pmatrix} \quad \cdots\cdots ①$$

内積の定義より，

$$① = \left| \begin{pmatrix} a \\ b \end{pmatrix} \right| \left| \begin{pmatrix} \cos\theta \\ \sin\theta \end{pmatrix} \right| \cos\varphi = \sqrt{a^2+b^2} \cdot 1 \cdot \cos\varphi \quad \cdots\cdots ②$$

ただし，φ は $\begin{pmatrix} a \\ b \end{pmatrix}$ と $\begin{pmatrix} \cos\theta \\ \sin\theta \end{pmatrix}$ のなす角です。

$\begin{pmatrix} 1 \\ 0 \end{pmatrix}$ から $\begin{pmatrix} a \\ b \end{pmatrix}$ までの回転角を β とおくと，

$$\cos\varphi = \cos(\theta - \beta)$$

なので，

$$② = \sqrt{a^2+b^2}\cos(\theta - \beta)$$

すなわち

$$a\cos\theta + b\sin\theta = \sqrt{a^2+b^2}\cos(\theta - \beta)$$

が成り立ちます。

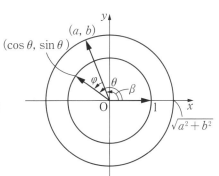

基本原理 39（合成公式 2）▶

$\begin{pmatrix} 1 \\ 0 \end{pmatrix}$ から $\begin{pmatrix} a \\ b \end{pmatrix}$ までの回転角を β とすると，

$$a\cos\theta + b\sin\theta = \sqrt{a^2+b^2}\cos(\theta - \beta)$$

「合成公式ってたくさんあるのか……」と思った人もいるかもしれませんが，どれもこれもほぼ瞬時に作れる公式ばかりです。

3.5 加法定理

3.5.1 回転で理解する

ここでも，座標平面上での回転は反時計回りを正の向きとして考えます。
p.137 の基本原理 34 で見たように，

$$\binom{a}{b} を \theta 回転したベクトルは,\ \cos\theta\binom{a}{b}+\sin\theta\binom{-b}{a}$$

でした。したがって，

$$
\begin{aligned}
\binom{\cos(\alpha+\beta)}{\sin(\alpha+\beta)} &=\left[\binom{1}{0} を (\alpha+\beta) 回転したベクトル\right] \\
&=\left[\binom{1}{0} を \alpha 回転したベクトルを \beta 回転したベクトル\right] \\
&=\left[\binom{\cos\alpha}{\sin\alpha} を \beta 回転したベクトル\right] \\
&=\cos\beta\binom{\cos\alpha}{\sin\alpha}+\sin\beta\binom{-\sin\alpha}{\cos\alpha}
\end{aligned}
$$

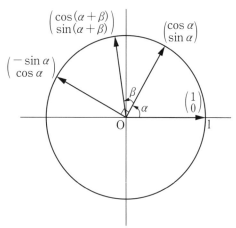

成分を比較すると，おなじみの加法定理が得られます。

$$
\begin{cases}
\cos(\alpha+\beta)=\cos\alpha\cos\beta-\sin\alpha\sin\beta \\
\sin(\alpha+\beta)=\sin\alpha\cos\beta+\cos\alpha\sin\beta
\end{cases}
$$

　加法定理を「サイタコスモス……」とか呪文を唱えるように丸暗記している友達がいたら，「おい，それは数学か？」と優しく諭してあげましょう。加法定理も合成公式も，意味を考えれば「当たり前の公式」です。

基本原理 40（加法定理 1） ▶

$$\begin{pmatrix} \cos(\alpha+\beta) \\ \sin(\alpha+\beta) \end{pmatrix} = \cos\beta \begin{pmatrix} \cos\alpha \\ \sin\alpha \end{pmatrix} + \sin\beta \begin{pmatrix} -\sin\alpha \\ \cos\alpha \end{pmatrix}$$

3.5.2　内積で理解する

　内積の成分計算

$$\begin{pmatrix} a \\ b \end{pmatrix} \cdot \begin{pmatrix} c \\ d \end{pmatrix} = ac + bd$$

を思い出せば，

$$\cos\alpha\cos\beta + \sin\alpha\sin\beta = \begin{pmatrix} \cos\alpha \\ \sin\alpha \end{pmatrix} \cdot \begin{pmatrix} \cos\beta \\ \sin\beta \end{pmatrix} \quad \cdots\cdots ①$$

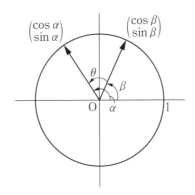

$\begin{pmatrix} \cos\alpha \\ \sin\alpha \end{pmatrix}, \ \begin{pmatrix} \cos\beta \\ \sin\beta \end{pmatrix}$ のなす角を θ とすると，

$$\cos\theta = \cos(\alpha-\beta)$$

なので，内積の定義を思い出せば，

$$① = \left| \begin{pmatrix} \cos\alpha \\ \sin\alpha \end{pmatrix} \right| \left| \begin{pmatrix} \cos\beta \\ \sin\beta \end{pmatrix} \right| \cos(\alpha-\beta)$$

$$= 1 \cdot 1 \cdot \cos(\alpha-\beta)$$

$$= \cos(\alpha-\beta) \quad \cdots\cdots ②$$

これで，加法定理を内積を通して理解することができました。

基本原理 41（加法定理 2） ▶

$$\cos\alpha\cos\beta + \sin\alpha\sin\beta = \begin{pmatrix}\cos\alpha\\\sin\alpha\end{pmatrix}\cdot\begin{pmatrix}\cos\beta\\\sin\beta\end{pmatrix} = \cos(\alpha-\beta)$$

3.5.3　和積公式

2 点 $(\cos\alpha,\ \sin\alpha)$，$(\cos\beta,\ \sin\beta)$ の
中点を H とおくと，例えば右図のような場合，

$$\mathrm{OH} = \cos\frac{\alpha-\beta}{2}$$

なので，図のように点 P をとって，
$\overrightarrow{\mathrm{OP}}$ を 2 通りで表すと，
1 つは，

$$\overrightarrow{\mathrm{OP}} = \begin{pmatrix}\cos\alpha\\\sin\alpha\end{pmatrix} + \begin{pmatrix}\cos\beta\\\sin\beta\end{pmatrix}$$
$$\cdots\cdots①$$

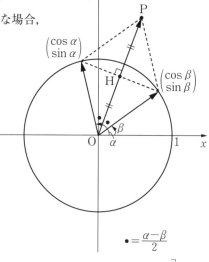

$$\bullet = \frac{\alpha-\beta}{2}$$

もう 1 つは，

$$\overrightarrow{\mathrm{OP}} = \left[\begin{pmatrix}1\\0\end{pmatrix}を\frac{\alpha+\beta}{2}回転してから，2\mathrm{OH}倍に拡大したベクトル\right]$$

$$= 2\mathrm{OH}\begin{pmatrix}\cos\dfrac{\alpha+\beta}{2}\\[2mm]\sin\dfrac{\alpha+\beta}{2}\end{pmatrix}$$

$$= 2\cos\frac{\alpha-\beta}{2}\begin{pmatrix}\cos\dfrac{\alpha+\beta}{2}\\[2mm]\sin\dfrac{\alpha+\beta}{2}\end{pmatrix}\quad\cdots\cdots②$$

①，②の成分を比べると，

$$\begin{cases}\cos\alpha + \cos\beta = 2\cos\dfrac{\alpha-\beta}{2}\cos\dfrac{\alpha+\beta}{2}\\[4mm]\sin\alpha + \sin\beta\ = 2\cos\dfrac{\alpha-\beta}{2}\sin\dfrac{\alpha+\beta}{2}\end{cases}$$

が成り立ち，この結果には一般性があります。

基本原理 42（和積公式） ▶

$$\begin{pmatrix} \cos \alpha \\ \sin \alpha \end{pmatrix} + \begin{pmatrix} \cos \beta \\ \sin \beta \end{pmatrix} = 2\cos \frac{\alpha - \beta}{2} \begin{pmatrix} \cos \dfrac{\alpha + \beta}{2} \\ \sin \dfrac{\alpha + \beta}{2} \end{pmatrix}$$

Column ✎

ベクトルを学ぶ理由

「合成公式」「加法定理」「和積公式」など，三角関数には数多くの公式が登場します。試験でこれらの公式を首尾よく使えるようになるためには，丸暗記するのが一番手っ取り早い方法です。今回紹介したように，毎回ベクトルを使って公式を作ってから使うのはどう考えても面倒です。

しかし，人間は忘却の生き物です。公式を忘れたときにあなたの真の数学力が試されるのです。忘れるたびにいちいち教科書を開いているようでは話になりません。「公式をどのようにして作ったか」「その公式はなぜ成り立つのか」を説明できる人になろうとすることは，数学をやる上で最も大切な姿勢であると筆者は考えます。

実際，難関大学の入試問題ともなれば，公式を覚えているだけで解ける問題などほとんどありません。公式を自作する訓練は，未知の問題を解くための頭の使い方を学ぶ訓練でもあるということを忘れてはなりません。ここをおろそかにする人は，いつになっても「見たことある問題は解けるんだけどなぁ」とボヤいている状態から抜け出すことはできないでしょう。

「ベクトルを学ぶ理由」は「ベクトルの問題を解くため」だけではないということを肝に銘じて，学習を続けてください。

解答・解説 ▶ p.273〜p.281

★の個数は相対的な難易度の目安です。

□ **1** $0 \leqq \theta < 2\pi$ の範囲で，次の不等式を解け。
★

(1) $|\sin\theta| + |\cos\theta| > \dfrac{1+\sqrt{3}}{2}$

(2) $\sin\theta \geqq \sqrt{3}\,|\cos\theta| - 1$

□ **2** 3点 $O(0, 0)$，$A(6, 8)$，$B(-2, 2)$ に対し，次の問いに答えよ。
★

(1) O を中心として，点 A を反時計回りに $120°$ 回転した点 P の座標を求めよ。

(2) A を中心として，点 B を時計回りに $45°$ 回転した点 Q の座標を求めよ。

□ **3** θ の方程式
★

$$\cos\left(\theta - \frac{\pi}{3}\right) = \sin\frac{\pi}{7}$$

を $0 \leqq \theta < 2\pi$ の範囲で解け。

□ **4** AB を直径とする半径 1 の円を C とする。動点 P が円 C 上を動くとき，
★ $3AP + 4BP$ の最大値を求めよ。

□ 5
★
$$\begin{cases} \cos\alpha - \sin\beta = 0 \\ \sin\alpha + \cos\beta = \sqrt{2} \\ 0 \leq \alpha < 2\pi \\ 0 \leq \beta < 2\pi \end{cases}$$ を満たす α, β の組を求めよ。

□ 6 点 B$(0, 0, 4)$ を通りベクトル $\vec{n} = \begin{pmatrix} 3 \\ -2 \\ 1 \end{pmatrix}$ に垂直な平面を α とする。
★★

(1) 点 A$(1, 0, 1)$ は α 上の点であることを示せ。

(2) α 上で (1) の点 A を点 B の周りに $120°$ 回転した点は 2 つある。
その 2 つの点の座標を求めよ。

□ 7 次の問いに答えよ。
★
(1) 座標平面上の点

$\quad\quad$ P$(\cos\theta + 1, \sin\theta - 2)$

に対して，OP の最大値を求めよ。

(2) 座標平面上の点

$\quad\quad$ P$(2\cos\theta + 3\sin\theta + 1, -3\cos\theta + 2\sin\theta + 7)$

に対して，OP の最大値を求めよ。

(3) 座標空間内の点

$\quad\quad$ P$(-\sin\theta - 2\cos\theta, 2\sin\theta + \cos\theta, -2\sin\theta + 2\cos\theta + 9)$

に対して，OP の最大値を求めよ。

8

★　　次の問いに答えよ。

(1) 2点 $\mathrm{P}\,(\cos\alpha,\,\sin\alpha)$, $\mathrm{Q}\,(\sqrt{3}\sin\beta,\,\sqrt{3}\,(1-\cos\beta))$ に対し，PQ の

最小値を求めよ。ただし $0\leqq\alpha\leqq\dfrac{\pi}{2}$, $\pi\leqq\beta\leqq\dfrac{3\pi}{2}$とする。

(2) 2点 $\mathrm{P}\,(\cos\alpha,\,\sin\alpha)$, $\mathrm{Q}\,(\sqrt{3}\sin\alpha,\,\sqrt{3}\,(1-\cos\alpha))$ に対し，PQ の

最小値を求めよ。ただし $0<\alpha<\dfrac{\pi}{2}$とする。

★　　原点 O を中心とする半径 1 の円を C, 点 $\mathrm{A}\,(3,\,5)$ を中心とする半径 3
の円を D, 点 $\mathrm{B}\,(9,\,1)$ を中心とする半径 4 の円を E とする。動点 P は
時刻 0 に点 $\mathrm{P}_0\,(1,\,0)$ を出発して円 C 上を反時計回りに等速円運動する。
動点 Q は時刻 0 に点 $\mathrm{Q}_0\,(3,\,8)$ を出発して円 D 上を反時計回りに等速円
運動する。動点 R は時刻 0 に点 $\mathrm{R}_0\,(5,\,1)$ を出発して円 E 上を反時計回
りに等速円運動する。3 つの動点 P，Q，R の角速度は等しく，3 点と
もそれぞれの円を 1 周するのに 2π 秒の時間がかかる。

(1) 3 点 P，Q，R が一直線上に並ぶことはない。このことを示せ。

(2) △PQR の重心 G の軌跡を求めよ。

(3) (2)の G に対し，OG の最大値を求めよ。

Part
4

図形の方程式

教科書では「直線の方程式」「円の方程式」などをベクトルを介さずに学びます。しかし，平面図形をベクトルの等式で表すことができるようになると，さらにそれを3次元に拡張することで様々な空間図形の方程式を自作することも容易になります。「図形の方程式は，ベクトル方程式に成分を代入したものである」という感覚をしっかりと身に付けてください。

★のついた章の内容の一部は，高校数学の範囲を超えます。

4.1 座標平面内の直線の方程式

4.1.1 直線の内積表示

傾きが a で y 切片が b の直線の方程式は，$y = ax + b$

傾きが a で点 (p, q) を通る直線の方程式は，$y = a(x - p) + q$

であることは中学の範囲で理解できるでしょうが，高校生は，

「直線をベクトルを使って理解する」

ことが，とても重要です。

例25 ▶

点 $A(3, 2)$ を通り，ベクトル $\vec{n} = \begin{pmatrix} 4 \\ -3 \end{pmatrix}$ に垂直な直線を ℓ とする。ℓ の方程式を求めよ。

2つの方針で考えてみます。

方針1 傾きと通る1点で考える

図を描くと右のようになり，

$$\begin{pmatrix} 4 \\ -3 \end{pmatrix} \text{に垂直} \longrightarrow^{※1} \begin{pmatrix} 3 \\ 4 \end{pmatrix} \text{に平行} \longrightarrow \text{傾きは} \frac{4}{3}$$

なので，ℓ は $A(3, 2)$ を通る傾きが $\frac{4}{3}$ の直線です。

よって ℓ の方程式は，

$$y = \frac{4}{3}(x - 3) + 2 \text{ すなわち } y = \frac{4}{3}x - 2$$

となります。

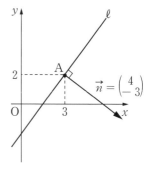

$※1 : \begin{pmatrix} a \\ b \end{pmatrix} \perp \begin{pmatrix} -b \\ a \end{pmatrix}$

方針2 内積で考える

点 $P(x, y)$ が ℓ 上にあるための必要十分条件は

$$\vec{n} \perp \overrightarrow{AP} \ \text{または} \ \overrightarrow{AP} = \vec{0}$$

であることなので,

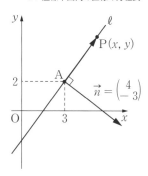

$$P(x, \ y) \in \ell \iff \vec{n} \cdot \overrightarrow{AP} = 0$$
$$\iff \vec{n} \cdot (\overrightarrow{OP} - \overrightarrow{OA}) = 0$$
$$\iff \begin{pmatrix} 4 \\ -3 \end{pmatrix} \cdot \left\{ \begin{pmatrix} x \\ y \end{pmatrix} - \begin{pmatrix} 3 \\ 2 \end{pmatrix} \right\} = 0$$
$$\iff 4(x-3) - 3(y-2) = 0$$
$$\iff 4x - 3y - 6 = 0$$

したがって, ℓ の方程式は, $4x - 3y - 6 = 0$ です。

上の 方針2 を一般化すると, 次のようになります。

基本原理 43(座標平面内の直線の内積表示) ▶

座標平面内で,点 A を通るベクトル $\vec{n}\,(\neq \vec{0})$ に垂直な直線を ℓ とすると,

$$P \in \ell \iff (\vec{n} \perp \overrightarrow{AP}) \vee (\overrightarrow{AP} = \vec{0}) \iff \vec{n} \cdot \overrightarrow{AP} = 0$$

特に, $A(p, q)$, $\vec{n} = \begin{pmatrix} a \\ b \end{pmatrix}$ とすると,

$$P(x, y) \in \ell \iff \begin{pmatrix} a \\ b \end{pmatrix} \cdot \left\{ \begin{pmatrix} x \\ y \end{pmatrix} - \begin{pmatrix} p \\ q \end{pmatrix} \right\} = 0$$
$$\iff a(x-p) + b(y-q) = 0$$

つまり, 「点 (p, q) を通る $\begin{pmatrix} a \\ b \end{pmatrix}$ に垂直な直線」の方程式は

$$a(x-p) + b(y-q) = 0$$

Part

4

図形の方程式

前ページの基本原理 43 の $\vec{n}$ のような，直線 ℓ に垂直なベクトルを「直線 ℓ の法線ベクトル」といいます。

中学数学では直線を「傾きと y 切片で捉える」

のが普通ですが，

高校数学では直線を「通る 1 点と法線ベクトルで捉える」

こともできないといけません。上の，

$$\mathrm{P} \in \ell \Longleftrightarrow \vec{n} \cdot \overrightarrow{\mathrm{AP}} = 0$$

において，波線部のような

点が図形に属する条件のベクトルによる表現

をその図形の「ベクトル方程式」といいます。

4.1.2 $ax + by + c = 0$ の意味

前節より，xy 平面上の $\begin{pmatrix} a \\ b \end{pmatrix}(\neq \vec{0})$ に垂直な直線は，

$$ax + by + c = 0 \quad \cdots\cdots \text{①}$$

の形で表せることがわかりました。では逆に，

「①の形で表される図形は必ず直線ですか？」

「直線だとしたらそれはどんな直線ですか？」

と問われたとき，あなたはどのように答えますか？

$$\text{①} \Longleftrightarrow y = -\frac{a}{b}x - \frac{c}{b}$$

なので，

「傾きが $-\dfrac{a}{b}$ で y 切片が $-\dfrac{c}{b}$ の直線」

と答えたくなるかもしれませんが，$b = 0$ のときウソなので，これでは 0 点です。また，

「$\begin{pmatrix} a \\ b \end{pmatrix}$ に垂直な直線」

と答えるのも 0 点です。そのような直線は無数にあるので，直線を特定したことにはなりません。

ここでは，内積を用いて直線の方程式①の意味を考えてみましょう。内積の図形的意味[※2]を思い出しながら変形すると，

$$\text{①} \Longleftrightarrow \begin{pmatrix} a \\ b \end{pmatrix} \cdot \begin{pmatrix} x \\ y \end{pmatrix} = -c$$

$$\Longleftrightarrow \left| \begin{pmatrix} a \\ b \end{pmatrix} \right| \times \left\{ \begin{pmatrix} x \\ y \end{pmatrix} \text{の} \begin{pmatrix} a \\ b \end{pmatrix} \text{向きの符号付き長さ} \right\} = -c$$

$$\Longleftrightarrow \sqrt{a^2 + b^2} \times \left\{ \begin{pmatrix} x \\ y \end{pmatrix} \text{の} \begin{pmatrix} a \\ b \end{pmatrix} \text{向きの符号付き長さ} \right\} = -c$$

$$\Longleftrightarrow \left\{ \begin{pmatrix} x \\ y \end{pmatrix} \text{の} \begin{pmatrix} a \\ b \end{pmatrix} \text{向きの符号付き長さ} \right\} = -\frac{c}{\sqrt{a^2 + b^2}} \quad \cdots\cdots \text{②}$$

※2：p.63 基本原理 17
$\vec{a} \cdot \vec{x} = |\vec{a}| \times (\vec{x} \text{の} \vec{a} \text{向きの符号付き長さ})$

直線①は②を満たす点 (x, y) の集まりなので，次のようにまとめることができます。

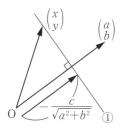

基本原理 44（直線 $ax + by + c = 0$）

$(a, b) \neq (0, 0)$ のとき，$ax + by + c = 0$ の表す図形は，

原点 O から $\begin{pmatrix} a \\ b \end{pmatrix}$ の向きに $-\dfrac{c}{\sqrt{a^2 + b^2}}$ 進んだ点を $\begin{pmatrix} a \\ b \end{pmatrix}$ に垂直に横

切る直線

である。

例26

直線 $\ell : 3x - 4y + 5 = 0$ について

$$P(x, y) \in \ell \iff \begin{pmatrix} 3 \\ -4 \end{pmatrix} \cdot \begin{pmatrix} x \\ y \end{pmatrix} = -5$$

$$\iff \left| \begin{pmatrix} 3 \\ -4 \end{pmatrix} \right| \cdot \left\{ \begin{pmatrix} x \\ y \end{pmatrix} \text{の} \begin{pmatrix} 3 \\ -4 \end{pmatrix} \text{向きの符号付き長さ} \right\} = -5$$

$$\iff \left\{ \begin{pmatrix} x \\ y \end{pmatrix} \text{の} \begin{pmatrix} 3 \\ -4 \end{pmatrix} \text{向きの符号付き長さ} \right\} = -1$$

ℓ は原点 O から $\begin{pmatrix} 3 \\ -4 \end{pmatrix}$ の逆向きに 1 進んだ点を

$\begin{pmatrix} 3 \\ -4 \end{pmatrix}$ に垂直に横切る直線

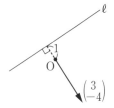

例題29 ▷

a を実数とする。xy 平面上の 2 直線

$$\ell : (a-2)x + y - 1 = 0, \quad m : 6x + 3(a-1)y - 2a = 0$$

について，

(1) $\ell \perp m$ となるような a の値を求めよ。

(2) ℓ と m が一致するような a の値を求めよ。

(3) $\ell /\!/ m$ となるような (2) 以外の a の値を求めよ。

解答・解説

ℓ，m の法線ベクトルとしてそれぞれ，$\vec{\ell} = \begin{pmatrix} a-2 \\ 1 \end{pmatrix}$，$\vec{m} = \begin{pmatrix} 2 \\ a-1 \end{pmatrix}$ がとれる。

(1)
$$\begin{aligned}
\ell \perp m &\Longleftrightarrow \vec{\ell} \perp \vec{m} \\
&\Longleftrightarrow \vec{\ell} \cdot \vec{m} = 0 \\
&\Longleftrightarrow 2 \cdot (a-2) + 1 \cdot (a-1) = 0 \\
&\Longleftrightarrow 3a - 5 = 0
\end{aligned}$$

よって，$\boxed{a = \dfrac{5}{3}}$ …(答)

(2)
$$\vec{\ell} /\!/ \vec{m} \quad (\ell = m \text{ の場合も含む}) \Longleftrightarrow (a-2)(a-1) - 1 \cdot 2 = 0 \,^{※3}$$
$$\Longleftrightarrow a^2 - 3a = 0 \Longleftrightarrow a = 0,\ 3$$

$a = 0$ のとき，$\begin{cases} \ell : -2x + y - 1 = 0 \\ m : 6x - 3y = 0 \end{cases}$ より，$\ell \neq m$

$a = 3$ のとき，$\begin{cases} \ell : x + y - 1 = 0 \\ m : 6x + 6y - 6 = 0 \end{cases}$ より，$\ell = m$

よって，ℓ と m が一致するような a の値は $\boxed{a = 3}$ …(答)

(3) (2)より，$\boxed{a = 0}$ …(答)

※3：p.85 基本原理 24 $\begin{pmatrix} a \\ b \end{pmatrix} /\!/ \begin{pmatrix} c \\ d \end{pmatrix} \Longleftrightarrow ad - bc = 0$

「ある実数 k を用いて，$\vec{m} = k\vec{\ell}$ と表せる」を用いてもよい。

xy 平面上で，点 $A(4, 1)$ を中心とする半径 2 の円 S がある。S に接する傾きが 2 の直線の方程式をすべて求めよ。

解答・解説

方針1　符号付き長さの利用

求める接線を L とおくと，

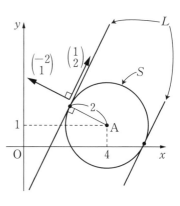

$$P(x, y) \in L$$

$$\iff \overrightarrow{AP} \text{ の} \begin{pmatrix} -2 \\ 1 \end{pmatrix} \text{向きの符号付き長さが} \pm 2$$

$$\iff \frac{\begin{pmatrix} -2 \\ 1 \end{pmatrix} \cdot \overrightarrow{AP}}{\left| \begin{pmatrix} -2 \\ 1 \end{pmatrix} \right|} = \pm 2$$

$$\iff \begin{pmatrix} -2 \\ 1 \end{pmatrix} \cdot \begin{pmatrix} x - 4 \\ y - 1 \end{pmatrix} = \pm 2\sqrt{5}$$

$$\iff -2x + y + 7 = \pm 2\sqrt{5} \iff \boxed{y = 2x - 7 \pm 2\sqrt{5}} \ \cdots (\text{答})$$

方針2　接点を求めてしまう

接点を T とおくと，$\overrightarrow{AT}$ は $\begin{pmatrix} -2 \\ 1 \end{pmatrix}$ の向きに ± 2 進むベクトルなので

$$\overrightarrow{OT} = \overrightarrow{OA} \pm \frac{2}{\left| \begin{pmatrix} -2 \\ 1 \end{pmatrix} \right|} \begin{pmatrix} -2 \\ 1 \end{pmatrix} = \begin{pmatrix} 4 \\ 1 \end{pmatrix} \pm \frac{2}{\sqrt{5}} \begin{pmatrix} -2 \\ 1 \end{pmatrix}$$

求める接線は T を通る $\begin{pmatrix} -2 \\ 1 \end{pmatrix}$ に垂直な直線なので，その方程式は

$$\begin{pmatrix} -2 \\ 1 \end{pmatrix} \cdot \left[\begin{pmatrix} x \\ y \end{pmatrix} - \left\{ \begin{pmatrix} 4 \\ 1 \end{pmatrix} \pm \frac{2}{\sqrt{5}} \begin{pmatrix} -2 \\ 1 \end{pmatrix} \right\} \right] = 0$$

$$\iff \boxed{-2x + y + 7 \pm 2\sqrt{5} = 0} \ \cdots (\text{答})$$

MEMO

4.2 座標空間内の平面の方程式

4.2.1 平面の内積表示

前章で考えたことをそのまま3次元に拡張します。

例27 ▶

点 A $(3, 1, -2)$ を通り，ベクトル $\vec{n} = \begin{pmatrix} 2 \\ 3 \\ 4 \end{pmatrix}$ に垂直な平面を α とする。

α の方程式を求めよ。

点 P(x, y, z) が α 上にあるとき，$(\vec{n} \perp \overrightarrow{AP}) \vee (\overrightarrow{AP} = \vec{0})$ です。

一方，点 P(x, y, z) が α 上にないとき，$\overrightarrow{AP}$ は $\vec{n}$ に垂直ではありません。

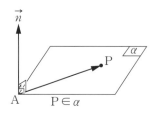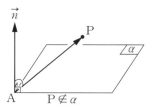

したがって，

$$P(x, y, z) \in \alpha \Longleftrightarrow (\vec{n} \perp \overrightarrow{AP}) \vee (\overrightarrow{AP} = \vec{0})$$
$$\Longleftrightarrow \vec{n} \cdot \overrightarrow{AP} = 0$$
$$\Longleftrightarrow \vec{n} \cdot (\overrightarrow{OP} - \overrightarrow{OA}) = 0$$
$$\Longleftrightarrow \begin{pmatrix} 2 \\ 3 \\ 4 \end{pmatrix} \cdot \left\{ \begin{pmatrix} x \\ y \\ z \end{pmatrix} - \begin{pmatrix} 3 \\ 1 \\ -2 \end{pmatrix} \right\} = 0$$
$$\Longleftrightarrow 2(x - 3) + 3(y - 1) + 4(z + 2) = 0$$
$$\Longleftrightarrow 2x + 3y + 4z - 1 = 0$$

したがって，α の方程式は，$2x + 3y + 4z - 1 = 0$ です。

これを一般化すると，次のようになります。

基本原理 45（座標空間内の平面の内積表示）▶

座標空間内で，点 A を通りベクトル $\vec{n}(\neq \vec{0})$ に垂直な平面を α とすると，

$$\mathrm{P} \in \alpha \Longleftrightarrow (\vec{n} \perp \overrightarrow{\mathrm{AP}}) \vee (\overrightarrow{\mathrm{AP}} = \vec{0})$$

$$\Longleftrightarrow \vec{n} \cdot \overrightarrow{\mathrm{AP}} = 0$$

特に，$\mathrm{A}(p, q, r)$，$\vec{n} = \begin{pmatrix} a \\ b \\ c \end{pmatrix}$ とすると，

$$\mathrm{P}(x, y, z) \in \alpha \Longleftrightarrow \begin{pmatrix} a \\ b \\ c \end{pmatrix} \cdot \left\{ \begin{pmatrix} x \\ y \\ z \end{pmatrix} - \begin{pmatrix} p \\ q \\ r \end{pmatrix} \right\} = 0$$

$$\Longleftrightarrow a(x-p) + b(y-q) + c(z-r) = 0$$

つまり，点 (p, q, r) を通る $\begin{pmatrix} a \\ b \\ c \end{pmatrix}$ に垂直な平面の方程式は

$$a(x-p) + b(y-q) + c(z-r) = 0$$

もう気づいたでしょうが，「座標平面内の直線の方程式」と「座標空間内の平面の方程式」は，構造が全く同じです。ベクトル方程式はいずれも

$$\vec{n} \cdot \overrightarrow{\mathrm{AP}} = 0$$

です。

基本原理 46（平面内の直線と空間内の平面のベクトル方程式）▶

平面内で，$\vec{n} \neq \vec{0}$ に垂直な点 A を通る直線を ℓ とする。

空間内で，$\vec{n} \neq \vec{0}$ に垂直な点 A を通る平面を α とする。

ℓ と α のベクトル方程式はいずれも

$$\vec{n} \cdot \overrightarrow{\mathrm{AP}} = 0$$

である。

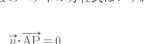
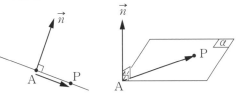

ですから，「平面上の直線」と「空間内の平面」の構造を別々に学ぶのは賢い手法とはいえません。当然，p.164 の基本原理 44 で解説した直線の方程式の構造が 3 次元に遺伝しており，次のような性質が成り立ちます。

$(a, b, c) \neq (0, 0, 0)$ のとき $ax + by + cz + d = 0$ の表す図形は，

原点 O から $\begin{pmatrix} a \\ b \\ c \end{pmatrix}$ の向きに $-\dfrac{d}{\sqrt{a^2 + b^2 + c^2}}$ 進んだ点を通る

$\begin{pmatrix} a \\ b \\ c \end{pmatrix}$ に垂直な平面

である。

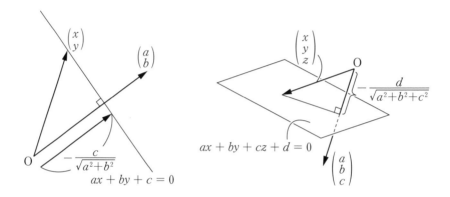

例28 ▶

$2x + y - 2z - 6 = 0$ で表される図形を α とすると

$$\mathrm{P}(x, y, z) \in \alpha \iff \begin{pmatrix} 2 \\ 1 \\ -2 \end{pmatrix} \cdot \begin{pmatrix} x \\ y \\ z \end{pmatrix} = 6$$

$$\iff \left| \begin{pmatrix} 2 \\ 1 \\ -2 \end{pmatrix} \right| \cdot \left\{ \begin{pmatrix} x \\ y \\ z \end{pmatrix} の \begin{pmatrix} 2 \\ 1 \\ -2 \end{pmatrix} 向きの符号付き長さ \right\} = 6$$

$$\iff \left\{ \begin{pmatrix} x \\ y \\ z \end{pmatrix} の \begin{pmatrix} 2 \\ 1 \\ -2 \end{pmatrix} 向きの符号付き長さ \right\} = 2$$

よって α は原点 O から $\begin{pmatrix} 2 \\ 1 \\ -2 \end{pmatrix}$ 向きに 2 進んだ点を通る $\begin{pmatrix} 2 \\ 1 \\ -2 \end{pmatrix}$ に垂直な

平面。

例題31 ▶

xyz空間内で, 点B$(1, 2, 5)$を中心とし点C$(-1, 3, 2)$を通る球Tがある。球Tに点Cで接する平面αがxy平面と交わってできる直線をℓとするとき, ℓの方程式を求めよ。

解答・解説

平面αは$\overrightarrow{BC} = \begin{pmatrix} -2 \\ 1 \\ -3 \end{pmatrix}$に垂直なC$(-1, 3, 2)$

を通る平面なので, その方程式は

$$\begin{pmatrix} -2 \\ 1 \\ -3 \end{pmatrix} \cdot \left\{ \begin{pmatrix} x \\ y \\ z \end{pmatrix} - \begin{pmatrix} -1 \\ 3 \\ 2 \end{pmatrix} \right\} = 0$$

$$\Longleftrightarrow -2x + y - 3z + 1 = 0$$

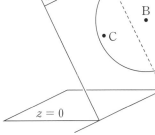

よって,

$$P(x, y, z) \in \ell \Longleftrightarrow \begin{cases} P \in \alpha \\ z = 0 \end{cases} \Longleftrightarrow \begin{cases} -2x + y - 3z + 1 = 0 \\ z = 0 \end{cases}$$

$$\Longleftrightarrow \boxed{\begin{cases} y = 2x - 1 \\ z = 0 \end{cases}} \cdots (答)$$

Part

4

図形の方程式

4.2.2 柴刈り爺さん問題

中学や高校の入試問題でもよく登場する，次のような有名な問題について，ベクトルで考えてみましょう。

例29 ▶

むかしむかし，お爺さんとお婆さんがA地点に住んでいました。ある日お爺さんはB地点に柴刈りに行きました。お婆さんは川で洗濯をしてからお爺さんにお弁当を届けに行きます。お婆さんの移動距離を最短にするためには，お婆さんはどこで洗濯をするべきでしょう。ただし，A，Bは川に関して同じ側にあるものとします。

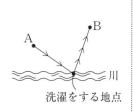

筆者はこの問題を勝手に

「柴刈り爺さん問題」，「洗濯婆さん問題」

などと呼んでいます。答えは，次のように定まる点Pです。

・「川」を直線 ℓ とし，B の ℓ に関する対称点を B′ とします。

・ℓ 上の任意の点 Q に対し，

$$AQ + QB = AQ + QB′ \geqq AB′$$

が成り立ちます（三角不等式 ➡ p.124 基本原理32）。

・AB′ は Q の位置によらない一定値なので線分 AB′ と直線 ℓ の交点を P とすると，Q が P のときに前述の不等式の等号が成り立ち，そのときに AQ + QB は最小値 AB′ をとることがわかります。

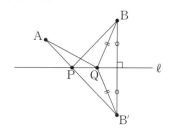

この考え方を利用する入試問題は数多くあり，ベクトルのよい練習問題にもなっています。

例題 32 ▷

> 2 点 A $(6, 10, -3)$，B $(12, 4, -9)$ と平面 $\alpha : x + y - 2z = 10$ 上の点 P について，線分の長さの和 AP + PB を最小にする点 P の座標を求めよ。

「柴刈り爺さん問題」の空間バージョンです。まず，2 点 A，B と平面 α の位置関係を把握しましょう。

解答・解説

平面 α の法線ベクトルとして，$\vec{n} = \begin{pmatrix} 1 \\ 1 \\ -2 \end{pmatrix}$ がとれる。また，平面 α 上に

点 M $(10, 0, 0)$[4] をとると，$\overrightarrow{MA} = \begin{pmatrix} -4 \\ 10 \\ -3 \end{pmatrix}$，$\overrightarrow{MB} = \begin{pmatrix} 2 \\ 4 \\ -9 \end{pmatrix}$ なので，

$$\left(\overrightarrow{MA} \text{ の } \vec{n} \text{ 向きの符号付き長さ}\right) = \frac{\vec{n} \cdot \overrightarrow{MA}}{|\vec{n}|} = \frac{12}{\sqrt{6}} = 2\sqrt{6} \quad \cdots\cdots ①$$

$$\left(\overrightarrow{MB} \text{ の } \vec{n} \text{ 向きの符号付き長さ}\right) = \frac{\vec{n} \cdot \overrightarrow{MB}}{|\vec{n}|} = \frac{24}{\sqrt{6}} = 4\sqrt{6} \quad \cdots\cdots ②$$

①，②はともに正なので，A，B は α に関して同じ側にあり，下図のような位置関係にある。

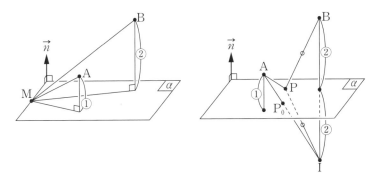

B の α に関する対称点を I とおくと，α 上の点 P に対して，

$$AP + PB = AP + PI \geqq AI (= 一定)$$

であるから，AP + PB は A，P，I がこの順に一直線に並ぶときに最小値 AI をとる。このときの P の位置を P_0 とおいて，P_0 の座標を求める。B から α に下ろした垂線と α との交点を H とすると，

※ 4：$x + y - 2z = 10$ を満たす点ならどの点でもよい。

$$\overrightarrow{OI} = \overrightarrow{OB} + 2\overrightarrow{BH}$$
$$= \overrightarrow{OB} + 2(\vec{n} \text{ と逆向きに } 4\sqrt{6} \text{ だけ進むベクトル})$$
$$= \begin{pmatrix} 12 \\ 4 \\ -9 \end{pmatrix} - 2 \cdot 4\sqrt{6} \cdot \frac{\vec{n}}{|\vec{n}|}$$
$$= \begin{pmatrix} 12 \\ 4 \\ -9 \end{pmatrix} - 8 \begin{pmatrix} 1 \\ 1 \\ -2 \end{pmatrix} = \begin{pmatrix} 4 \\ -4 \\ 7 \end{pmatrix}$$

①:② $= 1 : 2$ なので，P_0 は AI を $1 : 2$ に内分する点である。

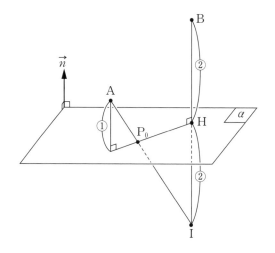

したがって，

$$\overrightarrow{OP_0} = \frac{2}{3}\overrightarrow{OA} + \frac{1}{3}\overrightarrow{OI}$$
$$= \frac{2}{3}\begin{pmatrix} 6 \\ 10 \\ -3 \end{pmatrix} + \frac{1}{3}\begin{pmatrix} 4 \\ -4 \\ 7 \end{pmatrix} = \frac{1}{3}\begin{pmatrix} 16 \\ 16 \\ 1 \end{pmatrix}$$

よって，求める P_0 の座標は $\boxed{\left(\dfrac{16}{3}, \dfrac{16}{3}, \dfrac{1}{3} \right)}$ …(答)

4.2.3 切片方程式

p, q を 0 でない定数とします。xy 座標平面上で，x 軸上の点 $(p, 0)$ と y 軸上の点 $(0, q)$ を通る直線の方程式は，

$$\frac{x}{p} + \frac{y}{q} = 1$$

で表せます。

$$\frac{x}{(x \text{切片})} + \frac{y}{(y \text{切片})} = 1$$

というわかりやすい形をしています。

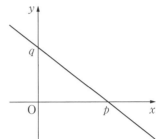

同様に，$pqr \neq 0$ のとき，xyz 座標空間内で，x 軸上の点 $(p, 0, 0)$，y 軸上の点 $(0, q, 0)$，z 軸上の点 $(0, 0, r)$ を通る平面の方程式は，

$$\frac{x}{p} + \frac{y}{q} + \frac{z}{r} = 1$$

です。

この形の方程式を「切片方程式」といいます。

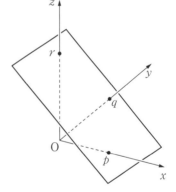

基本原理 48（切片方程式） ▶

- 座標平面上で，x 切片が p，y 切片が q（ただし $pq \neq 0$）である直線の方程式は

$$\frac{x}{p} + \frac{y}{q} = 1$$

- 座標空間内で，x 切片が p，y 切片が q，z 切片が r（ただし $pqr \neq 0$）である平面の方程式は

$$\frac{x}{p} + \frac{y}{q} + \frac{z}{r} = 1$$

4.3 座標空間内の直線の方程式

4.3.1 平面と平面の交線

xy平面上の直線の方程式は，$ax + by + c = 0\,((a, b) \neq (0, 0))$ の形になりました。では，xyz空間内の直線はどのような式で表せるのでしょうか。

例えば「x軸」という直線は，

$$y = z = 0$$

という方程式で記述できます。どうしても 1 本の等式（イコールを 1 つだけ含む式）で表したいというなら

$$y^2 + z^2 = 0, \quad |y| + |z| = 0$$

など方法はいくつかありますが，「無理やり感」が否めません。そこで，

平行でない 2 つの平面の交わりは空間内の直線になる

と考えてみると，上の「x軸」は，例えば

$$z = 0\,(xy\text{平面}) \text{と} y = 0\,(zx\text{平面}) \text{の交線}$$

と解釈できます。

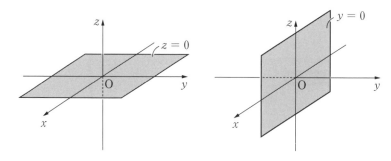

このように，

空間内の直線の方程式は，2 つの平面の方程式を
「かつ（∧）」で結んだ連立方程式の形で記述することができる

ということです。

「図形の方程式は 1 本の等式で記述しなければならない」

というルールはどこにもありません。例えば,

$$\begin{cases} x - y + 2z = 2 & \cdots\cdots① \\ 3x - 2y + z = 1 & \cdots\cdots② \end{cases}$$

という 2 本の等式で表される図形は,平行でない[※5] 2 平面①,②の交線なので,空間内の直線になるはずです。実際,

$$\begin{cases} x - y + 2z = 2 & \cdots\cdots① \\ 3x - 2y + z = 1 & \cdots\cdots② \end{cases}$$

$$\Longleftrightarrow \begin{cases} x = 3z - 3 \\ y = 5z - 5 \end{cases} \quad (①,②を x, y の連立方程式として解いた)$$

$$\Longleftrightarrow ∃t⊂\mathbb{R}, \begin{cases} x = 3t - 3 \\ y = 5t - 5 \\ z = t \end{cases} \quad (存在条件の代入原理^{※6})$$

$$\Longleftrightarrow ∃t∈\mathbb{R}, \begin{pmatrix} x \\ y \\ z \end{pmatrix} = \begin{pmatrix} -3 \\ -5 \\ 0 \end{pmatrix} + t\begin{pmatrix} 3 \\ 5 \\ 1 \end{pmatrix}$$

と同値変形できるので,①∧②は,点 $(-3, -5, 0)$ を通る $\begin{pmatrix} 3 \\ 5 \\ 1 \end{pmatrix}$ 方向の直線を表していることが確認できます。

4.3.2 空間内の直線の方程式

例えば次のような問題を考えてみます。

例 30 ▶

2 点 $A(2, -1, 3), B(5, 1, 7)$ を通る直線を ℓ とする。ℓ の方程式を求めよ。

前節のように,

「直線 AB はどんな 2 平面の交線なんだろう……」

※ 5:①,②の法線ベクトル $\begin{pmatrix} 1 \\ -1 \\ 2 \end{pmatrix}$, $\begin{pmatrix} 3 \\ -2 \\ 1 \end{pmatrix}$ が平行ではないので①,②は平行ではない。

※ 6:存在条件の代入原理➡ p.181 のコラム参照。

と考えるのは，いい勉強にはなりますが実際にはひどく遠回りです。それに対し，ℓ をパラメータ表示するのはとても簡単で，p.44 の基本原理 11 に従うだけです。ℓ は点 A $(2, -1, 3)$ を通る $\overrightarrow{AB} = \begin{pmatrix} 3 \\ 2 \\ 4 \end{pmatrix}$ 方向の直線なので，実数 t をパラメータとして，例えば

$$\ell : \begin{pmatrix} x \\ y \\ z \end{pmatrix} = \begin{pmatrix} 2 \\ -1 \\ 3 \end{pmatrix} + t \begin{pmatrix} 3 \\ 2 \\ 4 \end{pmatrix} \quad \cdots\cdots ①$$

と表示できます※7。しかしこれは「直線 ℓ の方程式」ではありません。
ℓ は t が実数全体を動いたときの①を満たす点 (x, y, z) の軌跡です。ということとは，

$$(x, y, z) \in \ell \iff {}^\exists t \in \mathbb{R}, ①$$

$$\iff {}^\exists t \in \mathbb{R}, \begin{cases} x = 2 + 3t \\ y = -1 + 2t \\ z = 3 + 4t \end{cases}$$

$$\iff {}^\exists t \in \mathbb{R}, \frac{x-2}{3} = \frac{y+1}{2} = \frac{z-3}{4} = t$$

$$\iff \frac{x-2}{3} = \frac{y+1}{2} = \frac{z-3}{4} \quad \cdots\cdots ②$$

（存在条件の代入原理）

と同値変形できるので，この②は「直線 ℓ の方程式」です。
②をさらに同値変形すると，

$$② \iff \begin{cases} \dfrac{x-2}{3} = \dfrac{y+1}{2} \\ \dfrac{y+1}{2} = \dfrac{z-3}{4} \end{cases} \iff \begin{cases} 2x - 3y - 7 = 0 & \cdots\cdots ③ \\ 2y - z + 5 = 0 & \cdots\cdots ④ \end{cases}$$

より，ℓ は 2 平面③，④の交線であることもわかります。
もちろん，「③∧④」を ℓ の方程式としても正解です。

　このように，2 本の等式の同値変形の仕方は無数にあり，直線の方程式の形も無数にあります。そういう意味で「空間内の直線の方程式を求めよ」という問題は，試験問題にはなりにくいわけです（答えの形が無数にあって採点が大変）。

　以上の流れを一般化してみます。

　※7：パラメータ表示の仕方は他にも無数にある。

点(a, b, c)を通る$\vec{u} = \begin{pmatrix} p \\ q \\ r \end{pmatrix} (\neq \vec{0})$方向の直線$\ell$は，

$$\ell : \begin{pmatrix} x \\ y \\ z \end{pmatrix} = \begin{pmatrix} a \\ b \\ c \end{pmatrix} + t\begin{pmatrix} p \\ q \\ r \end{pmatrix}$$

とパラメータ表示できるので，

$$(x, y, z) \in \ell \Longleftrightarrow \exists t \in \mathbb{R}, \begin{pmatrix} x \\ y \\ z \end{pmatrix} = \begin{pmatrix} a \\ b \\ c \end{pmatrix} + t\begin{pmatrix} p \\ q \\ r \end{pmatrix}$$

あとはこれを同値変形してあなたなりに簡略化すれば，それがℓの方程式になるわけです．特に$pqr \neq 0$のとき，

$$(x, y, z) \in \ell \Longleftrightarrow \frac{x-a}{p} = \frac{y-b}{q} = \frac{z-c}{r} \quad \cdots\cdots ⑤$$

であり，⑤は直線ℓの方程式（の1つ）となります．

基本原理49（空間内の直線のパラメータ表示と直線の方程式）

点(a, b, c)を通る$\vec{u} = \begin{pmatrix} p \\ q \\ r \end{pmatrix} (\neq \vec{0})$方向の直線を$\ell$とすると，

(1) ℓのパラメータ表示は，

$$\begin{pmatrix} x \\ y \\ z \end{pmatrix} = \begin{pmatrix} a \\ b \\ c \end{pmatrix} + t\begin{pmatrix} p \\ q \\ r \end{pmatrix}$$

(2) 特に$pqr \neq 0$のとき，ℓの方程式は

$$\frac{x-a}{p} = \frac{y-b}{q} = \frac{z-c}{r}$$

6点 A$(3, 0, 0)$, B$(0, 0, -1)$, C$(1, 1, 0)$, D$(2, 0, 1)$, E$(1, -2, 3)$, F$(3, 2, 1)$について, 平面 ABC と平面 DEF の交線を ℓ とする。

(1) ℓ と xy 平面との交点 P の座標を求めよ。

(2) ℓ の方向ベクトルを1つ求めよ。

解答・解説

$\overrightarrow{\mathrm{AB}} = \begin{pmatrix} -3 \\ 0 \\ -1 \end{pmatrix}$, $\overrightarrow{\mathrm{AC}} = \begin{pmatrix} -2 \\ 1 \\ 0 \end{pmatrix}$ は1次独立であり, その両方に垂直なベクトルと

して $\begin{pmatrix} 1 \\ 2 \\ -3 \end{pmatrix}$ がとれるので, 平面 ABC の方程式は,

$$\begin{pmatrix} 1 \\ 2 \\ -3 \end{pmatrix} \cdot \left\{ \begin{pmatrix} x \\ y \\ z \end{pmatrix} - \begin{pmatrix} 3 \\ 0 \\ 0 \end{pmatrix} \right\} = 0 \text{ すなわち } x + 2y - 3z - 3 = 0 \quad \cdots\cdots①$$

$\overrightarrow{\mathrm{DE}} = \begin{pmatrix} -1 \\ -2 \\ 2 \end{pmatrix}$, $\overrightarrow{\mathrm{DF}} = \begin{pmatrix} 1 \\ 2 \\ 0 \end{pmatrix}$ も1次独立であり, その両方に垂直なベクトルと

して $\begin{pmatrix} 2 \\ -1 \\ 0 \end{pmatrix}$ がとれるので, 平面 DEF の方程式は,

$$\begin{pmatrix} 2 \\ -1 \\ 0 \end{pmatrix} \cdot \left\{ \begin{pmatrix} x \\ y \\ z \end{pmatrix} - \begin{pmatrix} 2 \\ 0 \\ 1 \end{pmatrix} \right\} = 0 \text{ すなわち } 2x - y - 4 = 0 \quad \cdots\cdots②$$

よって, ℓ は2平面①, ②の交線である。

(1) ℓ と xy 平面 $(z = 0)$ の交点 P(x, y, z) が満たす条件は,

$$\begin{cases} ① \\ ② \\ z = 0 \end{cases} \Longleftrightarrow \begin{cases} x + 2y - 3 = 0 \\ 2x - y - 4 = 0 \\ z = 0 \end{cases} \Longleftrightarrow \begin{cases} x = \dfrac{11}{5} \\ y = \dfrac{2}{5} \\ z = 0 \end{cases}$$

よって, $\boxed{\mathrm{P}\left(\dfrac{11}{5}, \dfrac{2}{5}, 0\right)}$ $\cdots$(答)

(2) $\quad (x,\ y,\ z) \in \ell \Longleftrightarrow \begin{cases} ① \\ ② \end{cases} \Longleftrightarrow \begin{cases} y = 2x - 4 \\ z = \dfrac{5x - 11}{3} \end{cases}$

$\qquad\qquad \Longleftrightarrow {}^{\exists}t \in \mathbb{R},\ \begin{cases} x = t \\ y = 2t - 4 \\ z = \dfrac{5t - 11}{3} \end{cases}$ （存在条件の代入原理）

$\qquad\qquad \Longleftrightarrow {}^{\exists}t \in \mathbb{R},\ \begin{pmatrix} x \\ y \\ z \end{pmatrix} = -\dfrac{1}{3}\begin{pmatrix} 0 \\ 12 \\ 11 \end{pmatrix} + \dfrac{t}{3}\begin{pmatrix} 3 \\ 6 \\ 5 \end{pmatrix}$

よって，ℓ は点 $\left(0,\ -4,\ -\dfrac{11}{3}\right)$ を通る $\begin{pmatrix} 3 \\ 6 \\ 5 \end{pmatrix}$ 方向の直線である。求める方

向ベクトルの1つは，$\boxed{\begin{pmatrix} 3 \\ 6 \\ 5 \end{pmatrix}}$ …(答)[8]

Part
4
図形の方程式

Column ✎

存在条件の代入原理

x の条件 $\mathrm{P}(x)$ に対し，

「$\mathrm{P}(x)$ を満たす x が少なくとも1つ存在する」

という主張を

「${}^{\exists}x,\ \mathrm{P}(x)$」

で表します。このとき，

$$ {}^{\exists}x,\ \begin{cases} x = \alpha \\ \mathrm{P}(x) \end{cases} \Longleftrightarrow \mathrm{P}(\alpha) $$

という同値関係が成り立ち，拙著『数学の真髄 ―論理・写像―』ではこれを「存在条件の代入原理」と呼びました。写像の値域を求めるときの最も基本的でかつ重要な原理です。図形の方程式を同値変形する際にもこの原理を使用することは多く，本章でも幾度も登場しています。「よくわからない」という人はぜひ『数学の真髄 ―論理・写像―』で論理の基本をしっかりと学んでください。論理がわからないまま数学の勉強を進めても，結局意味がわからないまま時間に追われて，「解き方だけ覚えよう」という最悪の選択を迫られ，あなたの数学力は撃沈します。

※8：$\begin{pmatrix} 3 \\ 6 \\ 5 \end{pmatrix}$ に平行なベクトルならすべて正解。

4.4 3次元斜交座標

1次独立な3つのベクトル $\vec{a}$, $\vec{b}$, $\vec{c}$ に対し,
$$\overrightarrow{\mathrm{OP}} = s\vec{a} + t\vec{b} + u\vec{c}$$
と表される点 P の座標を (s, t, u) で表す座標系が

O を原点, $\vec{a}$, $\vec{b}$, $\vec{c}$ を基底とする座標系

でした。

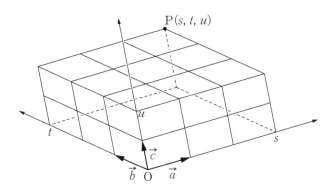

Part 1 の 1.3.1 節 (p.30) や 1.3.2 節 (p.32) で, 2次元の斜交座標を使った問題を解説しましたが, ここでは, 3次元の斜交座標で考えることのできる問題を考えてみましょう。p.43 のコラムで述べたように, 斜交座標は万能ではなく, 「比」が本質の問題のときにしか使えないことはここでも同じです。

例31 ▷

四面体 OABC において, OC を 1:2 に内分する点を D, 三角形 ABC の重心を G とする。OG と平面 ABD の交点を P とするとき, OP：OG を求めよ。

教科書にも登場するレベルの基本問題ですが, 以下の2つの解を比較してみてください。

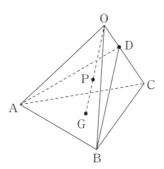

方針1 係数比較を利用

$\overrightarrow{OA} = \vec{a}$, $\overrightarrow{OB} = \vec{b}$, $\overrightarrow{OC} = \vec{c}$ とおくと, OC を $1:2$ に内分する点が D なので,

$$\overrightarrow{OD} = \frac{1}{3}\vec{c}$$

三角形 ABC の重心が G なので,

$$\overrightarrow{OG} = \frac{1}{3}\left(\vec{a} + \vec{b} + \vec{c}\right)$$

また, 点 P は直線 OG 上にあるので, ある実数 s を用いて

$$\overrightarrow{OP} = s\overrightarrow{OG} = \frac{s}{3}\left(\vec{a} + \vec{b} + \vec{c}\right) \quad \cdots\cdots\text{①}$$

と表せる。一方, 点 P は平面 ABD 上にもあるので, ある実数 t, u を用いて

$$\overrightarrow{OP} = \overrightarrow{OA} + t\overrightarrow{AB} + u\overrightarrow{AD}$$

$$= \vec{a} + t(\vec{b} - \vec{a}) + u\left(\frac{1}{3}\vec{c} - \vec{a}\right) \quad \cdots\cdots\text{②}$$

とも表せる。$\vec{a}$, $\vec{b}$, $\vec{c}$ は1次独立なので, ①, ②の係数比較が許され,

$$\begin{cases} \dfrac{s}{3} = 1 - t - u \\[2mm] \dfrac{s}{3} = t \\[2mm] \dfrac{s}{3} = \dfrac{u}{3} \end{cases} \qquad \text{これを解いて,} \qquad \begin{cases} s = \dfrac{3}{5} \\[2mm] t = \dfrac{1}{5} \\[2mm] u = \dfrac{3}{5} \end{cases}$$

よって, ①より, $\overrightarrow{OP} = \dfrac{3}{5}\overrightarrow{OG}$ であり, $OP : OG = \boxed{3 : 5}$ …(答)

Part **4** 図形の方程式

方針2 斜交座標を利用

O を原点, $\overrightarrow{OA}$, $\overrightarrow{OB}$, $\overrightarrow{OC}$ を基底とする XYZ 座標系で考えると,

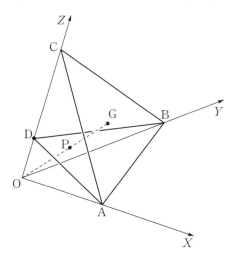

$$A(1, 0, 0), \ B(0, 1, 0), \ C(0, 0, 1), \ D\left(0, 0, \frac{1}{3}\right), \ G\left(\frac{1}{3}, \frac{1}{3}, \frac{1}{3}\right)$$

であり,

平面 ABD の方程式は $\quad X + Y + 3Z = 1 \quad$ ……①[※9]

直線 OG の方程式は $\quad X = Y = Z \quad$ ……②

なので, ①, ②を連立すると, $P\left(\dfrac{1}{5}, \dfrac{1}{5}, \dfrac{1}{5}\right)$ を得る。よって,

$$OP : OG = \frac{1}{5} : \frac{1}{3} = \boxed{3 : 5} \cdots(答)$$

このように,「比が本質の問題」においては, 3 次元でも斜交座標による考察が有効な場面が少なくありません。

例題 34 ▶

四面体 ABCD において，AB の中点を P，BC を 1:2 に内分する点を Q，AD を 2:3 に内分する点を R とし，3 点 P，Q，R を通る平面と，直線 CD との交点を S とする。長さの比 CS:SD を求めよ。

解答・解説

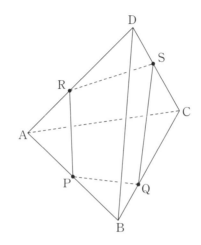

方針1 係数比較を利用

$\overrightarrow{AB}=\vec{b}$，$\overrightarrow{AC}=\vec{c}$，$\overrightarrow{AD}=\vec{d}$ とおくと，

AB の中点が P より，$\overrightarrow{AP}=\dfrac{1}{2}\vec{b}$ ……①

BC を 1:2 に内分する点が Q より，$\overrightarrow{AQ}=\dfrac{2}{3}\vec{b}+\dfrac{1}{3}\vec{c}$ ……②

AD を 2:3 に内分する点が R より，$\overrightarrow{AR}=\dfrac{2}{5}\vec{d}$ ……③

$\overrightarrow{PQ}$，$\overrightarrow{PR}$ は 1 次独立なので，平面 PQR 上の点 S は，

$$\overrightarrow{AS}=\overrightarrow{AP}+s\overrightarrow{PQ}+t\overrightarrow{PR}$$

と表せ，①，②，③より，

$$\overrightarrow{AS} = \overrightarrow{AP} + s\left(\overrightarrow{AQ} - \overrightarrow{AP}\right) + t\left(\overrightarrow{AR} - \overrightarrow{AP}\right)$$

$$= (1 - s - t)\overrightarrow{AP} + s\overrightarrow{AQ} + t\overrightarrow{AR}$$

$$= \frac{1 - s - t}{2} \cdot \vec{b} + s \cdot \left(\frac{2}{3}\vec{b} + \frac{1}{3}\vec{c}\right) + \frac{2t}{5} \cdot \vec{d}$$

$$= \frac{s - 3t + 3}{6}\vec{b} + \frac{s}{3}\vec{c} + \frac{2t}{5}\vec{d} \quad \cdots\cdots④$$

一方，S は直線 CD 上の点でもあるから，$CS : SD = u : 1 - u$ とおくと，

$$\overrightarrow{AS} = (1 - u)\vec{c} + u\vec{d} \quad \cdots\cdots⑤$$

今，$\vec{b}$, $\vec{c}$, $\vec{d}$ は 1 次独立であるから，④，⑤の係数比較が許され，

$$\begin{cases} s - 3t + 3 = 0 \\ \dfrac{s}{3} = 1 - u \\ \dfrac{2t}{5} = u \end{cases}$$

これを解くと，

$$s = \frac{9}{7}, \ t = \frac{10}{7}, \ u = \frac{4}{7}$$

を得る。よって，$CS : SD = \dfrac{4}{7} : \dfrac{3}{7} = \boxed{4 : 3}$ …(答)

方針2 斜交座標を利用

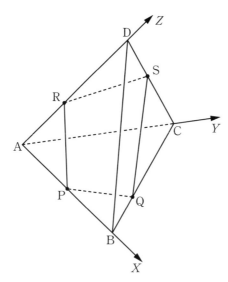

A を原点とし，$\overrightarrow{AB}$, $\overrightarrow{AC}$, $\overrightarrow{AD}$ を基底とする XYZ 座標系で考えると，

$$A(0, 0, 0), \quad P\left(\frac{1}{2}, 0, 0\right), \quad Q\left(\frac{2}{3}, \frac{1}{3}, 0\right), \quad R\left(0, 0, \frac{2}{5}\right)$$

平面 PQR の方程式は，P，R を通る切片方程式を考えると，

$$2X + bY + \frac{5}{2}Z = 1$$

の形で表せ，これが Q を通る条件から，

$$2\cdot\frac{2}{3} + \frac{b}{3} = 1 \quad \therefore \ b = -1$$

より，平面 PQR の方程式は，

$$2X - Y + \frac{5}{2}Z = 1 \quad \cdots\cdots①$$

一方，直線 CD の方程式は

$$\begin{cases} X = 0 & \cdots\cdots② \\ Y + Z = 1 & \cdots\cdots③ \end{cases}$$

①，②，③を解くと $S\left(0, \frac{3}{7}, \frac{4}{7}\right)$ を得る。

よって，

$$\overrightarrow{AS} = \frac{3}{7}\overrightarrow{AC} + \frac{4}{7}\overrightarrow{AD}$$

よって，CS : SD $= \boxed{4 : 3}$ …(答)

4.5 いろいろな距離

4.5.1 2点間の距離

座標平面内で，2点 A (x_1, y_1)，B (x_2, y_2) 間の距離は，$\overrightarrow{AB} = \begin{pmatrix} x_2 - x_1 \\ y_2 - y_1 \end{pmatrix}$ の大きさなので，

$$|\overrightarrow{AB}| = \sqrt{(x_2 - x_1)^2 + (y_2 - y_1)^2}$$

座標空間内で，2点 A (x_1, y_1, z_1)，B (x_2, y_2, z_2) 間の距離は，$\overrightarrow{AB} = \begin{pmatrix} x_2 - x_1 \\ y_2 - y_1 \\ z_2 - z_1 \end{pmatrix}$

の大きさなので，

$$|\overrightarrow{AB}| = \sqrt{(x_2 - x_1)^2 + (y_2 - y_1)^2 + (z_2 - z_1)^2}$$

三平方の定理そのものなので，特にまとめる必要もないでしょう。

4.5.2 点と直線(2次元)の距離

いわゆる「点と直線の距離公式」と呼ばれている公式について説明します。

基本原理50(点と直線(2次元)の距離公式) ▶

座標平面内において，直線 $\ell : ax + by + c = 0$ と点 A (x_1, y_1) との距離を d とすると，

$$d = \frac{|ax_1 + by_1 + c|}{\sqrt{a^2 + b^2}}$$

この公式がなぜ成り立つのか，どのように導かれるのかをいくつかの方法で考えてみましょう。

方針 1 速さと時間と距離の関係を考える

直線 ℓ は $\vec{n} = \begin{pmatrix} a \\ b \end{pmatrix}$ に垂直な直線です。そこで，

点 A を出発して 1 秒間に $\vec{n}$ だけ進む車に乗って，何秒後に直線 ℓ を通過するか

を考えます。

t 秒後の車の位置を P とすると，

$$\overrightarrow{OP} = \overrightarrow{OA} + t\vec{n} \quad \cdots\cdots ①$$

という等式が成り立ちます。

「直線のパラメータ表示」で登場した形です。

P(x, y) として①を成分で表すと，

$$\begin{pmatrix} x \\ y \end{pmatrix} = \begin{pmatrix} x_1 \\ y_1 \end{pmatrix} + t \begin{pmatrix} a \\ b \end{pmatrix} \Longleftrightarrow \begin{cases} x = x_1 + at \\ y = y_1 + bt \end{cases}$$

なので，点 P が直線 $\ell : ax + by + c = 0$ を通過する時刻 t は，

$$a(x_1 + at) + b(y_1 + bt) + c = 0$$

$$\Longleftrightarrow ax_1 + by_1 + c + (a^2 + b^2)t = 0$$

$$\Longleftrightarrow t = -\frac{ax_1 + by_1 + c}{a^2 + b^2} \,(秒)$$

です。この車は 1 秒間で距離 $|\vec{n}| = \sqrt{a^2 + b^2}$ だけ進むので，点 A から直線 ℓ までの符号付き距離（$\vec{n}$ の向きが正）を D とすると，

$$D = (速さ) \times (時間) = \sqrt{a^2 + b^2} \times \left(-\frac{ax_1 + by_1 + c}{a^2 + b^2} \right)$$

$$= -\frac{ax_1 + by_1 + c}{\sqrt{a^2 + b^2}}$$

よって，点 A と直線 ℓ との距離 d は，

$$d = |D| = \frac{|ax_1 + by_1 + c|}{\sqrt{a^2 + b^2}}$$

方針2 平行四辺形の面積を利用する

p.89 の例題 15 の解答で紹介した方針です。

直線 ℓ は $\begin{pmatrix} a \\ b \end{pmatrix}$ に垂直なので，$\vec{u} = \begin{pmatrix} -b \\ a \end{pmatrix}$ に平行です。直線 ℓ 上に 1 点 B (p, q) をとり，$\vec{u}$ と $\overrightarrow{BA}$ の張る平行四辺形の面積を S とします。

S を 2 通りで表します。

S は $|\vec{u}|$ を底辺, d を高さとする
平行四辺形の面積なので,

$$S = |\vec{u}| \times d$$
$$= \sqrt{a^2 + b^2} \times d \quad \cdots\cdots ①$$

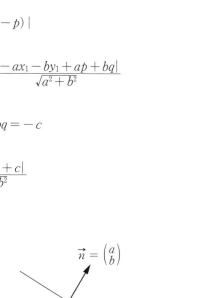

一方, S は $\vec{u} = \begin{pmatrix} -b \\ a \end{pmatrix}$ と $\overrightarrow{\mathrm{BA}} = \begin{pmatrix} x_1 - p \\ y_1 - q \end{pmatrix}$

の張る平行四辺形の面積なので,

$$S = \left| \det\left(\vec{u},\ \overrightarrow{\mathrm{BA}}\right) \right|$$
$$= \left| -b(y_1 - q) - a(x_1 - p) \right| \quad \cdots\cdots ②$$

①, ②より,

$$\sqrt{a^2 + b^2} \times d = \left| -b(y_1 - q) - a(x_1 - p) \right|$$

ゆえに,

$$d = \frac{\left| -b(y_1 - q) - a(x_1 - p) \right|}{\sqrt{a^2 + b^2}} = \frac{\left| -ax_1 - by_1 + ap + bq \right|}{\sqrt{a^2 + b^2}}$$

今, 点 $\mathrm{B}(p, q) \in \ell$ であるから,

$$ap + bq + c = 0 \quad \text{すなわち} \quad ap + bq = -c$$

なので,

$$d = \frac{\left| -ax_1 - by_1 - c \right|}{\sqrt{a^2 + b^2}} = \frac{\left| ax_1 + by_1 + c \right|}{\sqrt{a^2 + b^2}}$$

方針3 符号付き長さを利用する

$$ax + by + c = 0 \Longleftrightarrow \begin{pmatrix} a \\ b \end{pmatrix} \cdot \begin{pmatrix} x \\ y \end{pmatrix} = -c$$

より, 直線 ℓ は $\vec{n} = \begin{pmatrix} a \\ b \end{pmatrix}$ に垂直で,

$$\vec{n} \cdot \overrightarrow{\mathrm{OP}} = -c$$

を満たす点 $\mathrm{P}(x, y)$ の全体です。

そこで，ℓ 上に 1 点 B をとると，

$$\vec{n} \cdot \overrightarrow{\mathrm{OB}} = -c \quad \cdots\cdots ①$$

であり，

$$d = \left| \overrightarrow{\mathrm{AB}} \text{ の } \vec{n} \text{ 向きの符号付き長さ} \right| = \left| \frac{\vec{n} \cdot \overrightarrow{\mathrm{AB}}}{|\vec{n}|} \right|$$

$$= \left| \frac{\vec{n} \cdot (\overrightarrow{\mathrm{OB}} - \overrightarrow{\mathrm{OA}})}{|\vec{n}|} \right| = \left| \frac{\vec{n} \cdot \overrightarrow{\mathrm{OB}} - \vec{n} \cdot \overrightarrow{\mathrm{OA}}}{|\vec{n}|} \right|$$

$$= \left| \frac{-c - \vec{n} \cdot \overrightarrow{\mathrm{OA}}}{|\vec{n}|} \right| \quad (\because ①)$$

$$= \left| \frac{-c - (ax_1 + by_1)}{\sqrt{a^2 + b^2}} \right| = \frac{|ax_1 + by_1 + c|}{\sqrt{a^2 + b^2}}$$

方針4 　原点を基準に考える

p.164 の基本原理 44 で見たように，

直線 $\ell : ax + by + c = 0$ は，原点 O から $\vec{n} = \begin{pmatrix} a \\ b \end{pmatrix}$ の向きに

$-\dfrac{c}{\sqrt{a^2 + b^2}} \cdots\cdots ①$ だけ進んだ点を $\begin{pmatrix} a \\ b \end{pmatrix}$ に垂直に横切る直線

でした。また，$\overrightarrow{\mathrm{OA}} = \begin{pmatrix} x_1 \\ y_1 \end{pmatrix}$ の $\begin{pmatrix} a \\ b \end{pmatrix}$ 向きの符号付き長さは

$$\frac{\begin{pmatrix} a \\ b \end{pmatrix} \cdot \begin{pmatrix} x_1 \\ y_1 \end{pmatrix}}{\left| \begin{pmatrix} a \\ b \end{pmatrix} \right|} = \frac{ax_1 + by_1}{\sqrt{a^2 + b^2}} \quad \cdots\cdots ②$$

ですから，次の図のような位置関係になります。

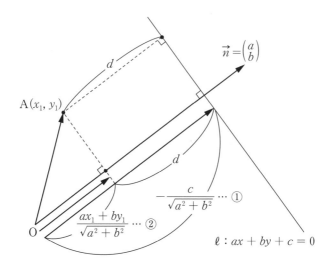

図より，点 $A(x_1, y_1)$ から ℓ までの符号付き距離（$\vec{n}$ の向きが正）は，

$$①-② = -\frac{c}{\sqrt{a^2+b^2}} - \frac{ax_1+by_1}{\sqrt{a^2+b^2}} = -\frac{ax_1+by_1+c}{\sqrt{a^2+b^2}}$$

よって，

$$d = |①-②| = \frac{|ax_1+by_1+c|}{\sqrt{a^2+b^2}}$$

以上，4つの方法で「点と直線の距離公式」を説明してみました。意欲的な人はぜひ4つとも完璧に理解できるように頑張ってください。

4.5.3 点と平面の距離

　座標空間内での点と平面の距離は，前節の「点と直線の距離公式」で示した4つの方針のうち，方針1，方針3，方針4を使えば，全く同様に説明することができます。

基本原理51(点と平面の距離公式)▶

　座標空間内において，平面 $ax + by + cz + d = 0$ と点 (x_1, y_1, z_1) との距離を D とすると，

$$D = \frac{|ax_1 + by_1 + cz_1 + d|}{\sqrt{a^2 + b^2 + c^2}}$$

この公式と，前節の「点と直線の距離公式」を併せて「ヘッセの公式」ということがあります。しかし，「符号付き長さ」や「内積」を使いこなせる人は，この公式のお世話になることはあまりないかもしれません。

4.5.4 点と直線(3次元)の距離

　空間内で，点Aを通る $\vec{u}$ 方向の直線 ℓ と点Pとの距離 d を求める公式を作ってみましょう。

4.5.2節の「2次元の点と直線の距離」で説明したときの方針2 (p.189) の考え方がそのまま使えます。

$\vec{u}$ と $\overrightarrow{\mathrm{AP}}$ の張る平行四辺形の面積を S とし，
S を2通りで表します。

S は $|\vec{u}|$ を底辺，d を高さとする
平行四辺形の面積なので，

$$S = |\vec{u}| \cdot d \quad \cdots\cdots①$$

一方，S は $\vec{u}$ と $\overrightarrow{\mathrm{AP}}$ の張る平行四辺形の面積なので，外積を使うと，

$$S = |\vec{u} \times \overrightarrow{\mathrm{AP}}| \quad \cdots\cdots②$$

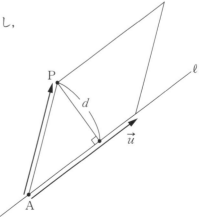

①＝②より，

$$|\vec{u}| \cdot d = |\vec{u} \times \overrightarrow{\mathrm{AP}}| \quad \therefore \quad d = \frac{|\vec{u} \times \overrightarrow{\mathrm{AP}}|}{|\vec{u}|}$$

あっという間に公式を作ることができました。

平行四辺形の面積公式として外積を使わず

$$S = \sqrt{|\vec{u}|^2 |\overrightarrow{\mathrm{AP}}|^2 - (\vec{u} \cdot \overrightarrow{\mathrm{AP}})^2}$$

を用いると，

$$d = \frac{\sqrt{|\vec{u}|^2 |\overrightarrow{\mathrm{AP}}|^2 - (\vec{u} \cdot \overrightarrow{\mathrm{AP}})^2}}{|\vec{u}|} \quad \cdots\cdots\bigstar$$

となります。

　この他にも，「符号付き長さ」と「三平方の定理」を利用する次のような方針もあります。

Pからℓに下ろした垂線とℓの交点をHとすると，

$$|\overrightarrow{\mathrm{AH}}| = |\overrightarrow{\mathrm{AP}} \text{ の } \vec{u} \text{ 向きの符号付き長さ}| = \frac{|\vec{u} \cdot \overrightarrow{\mathrm{AP}}|}{|\vec{u}|}$$

なので，三平方の定理より，

$$d = \sqrt{|\overrightarrow{\mathrm{AP}}|^2 - |\overrightarrow{\mathrm{AH}}|^2} = \sqrt{|\overrightarrow{\mathrm{AP}}|^2 - \frac{(\vec{u} \cdot \overrightarrow{\mathrm{AP}})^2}{|\vec{u}|^2}}$$

しかし，よく見るとこれは，★と同じ式です。

基本原理 52（点と直線（3次元）の距離公式） ▷

　空間内で，点Aを通る$\vec{u}$方向の直線ℓと点Pとの距離をdとすると，

$$d = \frac{|\vec{u} \times \overrightarrow{\mathrm{AP}}|}{|\vec{u}|} = \frac{\sqrt{|\vec{u}|^2 |\overrightarrow{\mathrm{AP}}|^2 - (\vec{u} \cdot \overrightarrow{\mathrm{AP}})^2}}{|\vec{u}|}$$

例題35 ▷

点 A(5, 1, 3)を通る $\vec{u} = \begin{pmatrix} 1 \\ 2 \\ -1 \end{pmatrix}$ 方向の直線を ℓ とする。

点 P(7, 1, -1)と ℓ との距離 d を求めよ。

解答・解説

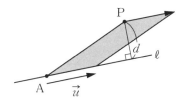

$\vec{u}$ と $\overrightarrow{\mathrm{AP}} = \begin{pmatrix} 2 \\ 0 \\ -4 \end{pmatrix}$ の張る平行四辺形の面積を S とすると,

$$S = \sqrt{|\vec{u}|^2 |\overrightarrow{\mathrm{AP}}|^2 - (\vec{u} \cdot \overrightarrow{\mathrm{AP}})^2} = \sqrt{6 \cdot 20 - 36} = 2\sqrt{21} \,^{※10} \quad \cdots\cdots①$$

一方,$|\vec{u}|$ を「底辺」,d を「高さ」とみると,

$$S = |\vec{u}| \cdot d = \sqrt{6}\, d \quad \cdots\cdots②$$

①,②より,

$$2\sqrt{21} = \sqrt{6}\, d \quad \therefore \quad \boxed{d = \sqrt{14}} \cdots(\text{答})$$

※10:外積を使うなら,$S = |\vec{u} \times \overrightarrow{\mathrm{AP}}| = \left| \begin{pmatrix} 8 \\ -2 \\ 4 \end{pmatrix} \right| = 2\sqrt{21}$

4.5.5 直線と直線の距離

空間内でねじれの位置にある2つの直線 ℓ, m の距離を考えます。「2直線 ℓ, m の距離」を d とおくと, d は,

　　ℓ 上の動点 P と, m 上の動点 Q に対する線分 PQ の長さの最小値

のことで,図のように d は「ℓ, m の共通垂線分の長さ」のことでもあります。

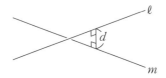

　ℓ, m の両方に垂直なベクトルの1つを $\vec{n}$ とし,

　　ℓ を含み $\vec{n}$ に垂直な平面を α

　　m を含み $\vec{n}$ に垂直な平面を β

とおくと, $\alpha /\!/ \beta$ で,

　　$d = (2\,直線\,\ell,\,m\,の距離) = (2\,平面\,\alpha,\,\beta\,の距離)$

　　　　　　　　　　　　　$= (平面\,\alpha\,上の\,1\,点と平面\,\beta\,との距離)$

　　　　　　　　　　　　　$= (平面\,\beta\,上の\,1\,点と平面\,\alpha\,との距離)$

となっていることを, 図で確認してください。

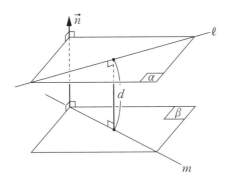

例題36 ▶

4点 A$(0, 1, 2)$，B$(1, -1, 3)$，C$(3, -5, 0)$，D$(1, -2, 1)$ に対し，直線 AB と直線 CD の距離 d を求めよ。

解答・解説

$\overrightarrow{AB} = \begin{pmatrix} 1 \\ -2 \\ 1 \end{pmatrix}$，$\overrightarrow{CD} = \begin{pmatrix} -2 \\ 3 \\ 1 \end{pmatrix}$ の両方に垂直なベクトルとして，$\vec{n} = \begin{pmatrix} 5 \\ 3 \\ 1 \end{pmatrix}$ がとれる。

方針1 符号付き長さを利用する

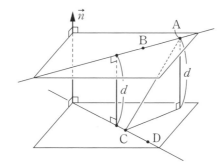

d は，$\overrightarrow{AC}^{※11}$ の $\vec{n}$ 向きの符号付き長さの絶対値なので，

$$d = \frac{|\vec{n} \cdot \overrightarrow{AC}|}{|\vec{n}|}$$

$$= \frac{\left| \begin{pmatrix} 5 \\ 3 \\ 1 \end{pmatrix} \cdot \begin{pmatrix} 3 \\ -6 \\ -2 \end{pmatrix} \right|}{\left| \begin{pmatrix} 5 \\ 3 \\ 1 \end{pmatrix} \right|}$$

$$= \frac{5}{\sqrt{35}}$$

$$= \boxed{\frac{\sqrt{35}}{7}} \cdots (答)$$

※11 : $\overrightarrow{AC}$ の代わりに $\overrightarrow{AD}$，$\overrightarrow{BC}$，$\overrightarrow{BD}$ などでも結果は同じ。

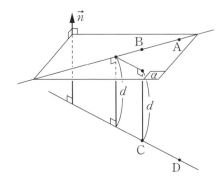

直線 AB を含み，直線 CD に平行な平面を α とおくと，α は点 A を通る $\vec{n}$ に垂直な平面なので，α の方程式は

$$\begin{pmatrix} 5 \\ 3 \\ 1 \end{pmatrix} \cdot \left\{ \begin{pmatrix} x \\ y \\ z \end{pmatrix} - \begin{pmatrix} 0 \\ 1 \\ 2 \end{pmatrix} \right\} = 0 \quad \therefore \ 5x + 3y + z - 5 = 0$$

d は点 C[※12] と α との距離なので，点と平面の距離公式から

$$d = \frac{|5 \cdot 3 + 3 \cdot (-5) + 0 - 5|}{\sqrt{5^2 + 3^2 + 1^2}}$$

$$= \frac{5}{\sqrt{35}}$$

$$= \boxed{\frac{\sqrt{35}}{7}} \cdots (答)$$

例題37 ▶

空間内の 4 点 $\mathrm{A}(1, 2, 3)$, $\mathrm{B}(2, 0, 4)$, $\mathrm{C}(4, -4, 1)$, $\mathrm{D}(2, -1, 2)$ に対し, 2 点 A, B を通る直線を ℓ, 2 点 C, D を通る直線を m とする. ℓ 上の動点 P, m 上の動点 Q に対し, PQ の最小値を求めよ. また, PQ が最小になるときの P, Q の座標を求めよ.

解答・解説

PQ の最小値を求めるだけであれば, 例題 36 と同じ問題ですが,

「PQ が最小になるときの P, Q の座標を求めよ」

という 1 文がついているのが大きな違いです. 例題 36 の解答の手法では, P, Q の座標を求めることができません.

直線 ℓ 上の動点 P は,
$$\overrightarrow{\mathrm{OP}} = \overrightarrow{\mathrm{OA}} + s\overrightarrow{\mathrm{AB}}$$
$$= \begin{pmatrix} 1 \\ 2 \\ 3 \end{pmatrix} + s \begin{pmatrix} 1 \\ -2 \\ 1 \end{pmatrix}$$

とパラメータ表示でき, 直線 m 上の動点 Q は,
$$\overrightarrow{\mathrm{OQ}} = \overrightarrow{\mathrm{OC}} + t\overrightarrow{\mathrm{CD}}$$
$$= \begin{pmatrix} 4 \\ -4 \\ 1 \end{pmatrix} + t \begin{pmatrix} -2 \\ 3 \\ 1 \end{pmatrix}$$

とパラメータ表示できる. このとき,

$$\overrightarrow{\mathrm{PQ}} = \overrightarrow{\mathrm{OQ}} - \overrightarrow{\mathrm{OP}} = \begin{pmatrix} 3 \\ -6 \\ -2 \end{pmatrix} + t \begin{pmatrix} -2 \\ 3 \\ 1 \end{pmatrix} - s \begin{pmatrix} 1 \\ -2 \\ 1 \end{pmatrix} \quad \cdots\cdots ①$$

PQ が最小になるのは, $\overrightarrow{\mathrm{PQ}} \perp \overrightarrow{\mathrm{AB}}$, $\overrightarrow{\mathrm{PQ}} \perp \overrightarrow{\mathrm{CD}}$ となるときである.

方針1 内積を利用した計算

PQ が最小になるとき, $\overrightarrow{\mathrm{PQ}} \perp \overrightarrow{\mathrm{AB}}$, $\overrightarrow{\mathrm{PQ}} \perp \overrightarrow{\mathrm{CD}}$ であるから,

$$\begin{cases} \overrightarrow{\mathrm{PQ}} \cdot \overrightarrow{\mathrm{AB}} = 0 \\ \overrightarrow{\mathrm{PQ}} \cdot \overrightarrow{\mathrm{CD}} = 0 \end{cases} \iff \begin{cases} \begin{pmatrix} 3 - 2t - s \\ -6 + 3t + 2s \\ -2 + t - s \end{pmatrix} \cdot \begin{pmatrix} 1 \\ -2 \\ 1 \end{pmatrix} = 0 \\ \begin{pmatrix} 3 - 2t - s \\ -6 + 3t + 2s \\ -2 + t - s \end{pmatrix} \cdot \begin{pmatrix} -2 \\ 3 \\ 1 \end{pmatrix} = 0 \end{cases}$$

$$\Longleftrightarrow \begin{cases} -6s - 7t + 13 = 0 \\ 7s + 14t - 26 = 0 \end{cases} \Longleftrightarrow \begin{cases} s = 0 \\ t = \dfrac{13}{7} \end{cases}$$

$s = 0$ のとき，P$(1, 2, 3)$，$t = \dfrac{13}{7}$ のとき，Q$\left(\dfrac{2}{7}, \dfrac{11}{7}, \dfrac{20}{7}\right)$ であり，このとき

$$PQ = \sqrt{\left(1 - \dfrac{2}{7}\right)^2 + \left(2 - \dfrac{11}{7}\right)^2 + \left(3 - \dfrac{20}{7}\right)^2} = \dfrac{\sqrt{35}}{7}$$

よって，PQ の最小値は $\boxed{\dfrac{\sqrt{35}}{7}}$ …(答)

PQ が最小になるとき，$\boxed{\text{P}(1, 2, 3),\ \text{Q}\left(\dfrac{2}{7}, \dfrac{11}{7}, \dfrac{20}{7}\right)}$ …(答)

方針2 「成分0づくり作戦」の利用

$\overrightarrow{AB} = \begin{pmatrix} 1 \\ -2 \\ 1 \end{pmatrix}$, $\overrightarrow{CD} = \begin{pmatrix} -2 \\ 3 \\ 1 \end{pmatrix}$ は1次独立であり，これら両方に垂直なベクトル

として，$\vec{n} = \begin{pmatrix} 5 \\ 3 \\ 1 \end{pmatrix}$ がとれる。

PQ が最小になるのは，$\overrightarrow{PQ} \perp \overrightarrow{AB}$, $\overrightarrow{PQ} \perp \overrightarrow{CD}$ すなわち，$\overrightarrow{PQ} /\!/ \vec{n}$ のときであり，このときある実数 k を用いて，

$$\overrightarrow{PQ} = k\vec{n} \quad \cdots\cdots ②$$

と表せる。①より，

$$② \Longleftrightarrow \begin{pmatrix} 3 \\ -6 \\ -2 \end{pmatrix} + t\begin{pmatrix} -2 \\ 3 \\ 1 \end{pmatrix} - s\begin{pmatrix} 1 \\ -2 \\ 1 \end{pmatrix} = k\begin{pmatrix} 5 \\ 3 \\ 1 \end{pmatrix} \quad \cdots\cdots ③$$

③の両辺と $\begin{pmatrix} 0 \\ -1 \\ 3 \end{pmatrix}$ を内積すると，$-5s = 0$ ∴ $s = 0$

③の両辺と $\begin{pmatrix} 5 \\ -4 \\ -13 \end{pmatrix}$ を内積すると，$65 - 35t = 0$ ∴ $t = \dfrac{13}{7}$

このとき，$k = -\dfrac{1}{7}$ とすれば，③が成立する。

$s = 0$ のとき，P$(1, 2, 3)$，$t = \dfrac{13}{7}$ のとき，Q$\left(\dfrac{2}{7}, \dfrac{11}{7}, \dfrac{20}{7}\right)$ であり，このとき

$$\mathrm{PQ} = |k\vec{n}| = \left| -\frac{1}{7}\begin{pmatrix} 5 \\ 3 \\ 1 \end{pmatrix} \right| = \frac{\sqrt{35}}{7}$$

よって，PQ の最小値は $\boxed{\dfrac{\sqrt{35}}{7}}$ …(答)

PQ が最小になるとき，$\boxed{\mathrm{P}(1, 2, 3),\ \mathrm{Q}\!\left(\dfrac{2}{7}, \dfrac{11}{7}, \dfrac{20}{7}\right)}$ …(答)

方針3 成分計算

①より，$\overrightarrow{\mathrm{PQ}} = \begin{pmatrix} 3 - 2t - s \\ -6 + 3t + 2s \\ -2 + t - s \end{pmatrix}$

よって，

$$\left|\overrightarrow{\mathrm{PQ}}\right|^2 = (3 - 2t - s)^2 + (-6 + 3t + 2s)^2 + (-2 + t - s)^2$$
$$= 6s^2 + 14t^2 + 14st - 26s - 52t + 49$$
$$= 6\left(s + \frac{7t - 13}{6}\right)^2 - \frac{49t^2 - 182t + 169}{6} + 14t^2 - 52t + 49$$
$$= 6\left(s + \frac{7t - 13}{6}\right)^2 + \frac{5}{6}(7t^2 - 26t + 25)$$
$$= 6\left(s + \frac{7t - 13}{6}\right)^2 + \frac{35}{6}\left(t - \frac{13}{7}\right)^2 + \frac{5}{7}$$

よって，PQ は，$\begin{cases} s + \dfrac{7t - 13}{6} = 0 \\ t = \dfrac{13}{7} \end{cases}$ すなわち $\begin{cases} s = 0 \\ t = \dfrac{13}{7} \end{cases}$ のとき最小で，最

小値は $\sqrt{\dfrac{5}{7}} = \boxed{\dfrac{\sqrt{35}}{7}}$ …(答)

$s = 0$ のとき，$\mathrm{P}(1, 2, 3)$，$t = \dfrac{13}{7}$ のとき，$\mathrm{Q}\!\left(\dfrac{2}{7}, \dfrac{11}{7}, \dfrac{20}{7}\right)$ であるから，PQ が

最小になるとき，$\boxed{\mathrm{P}(1, 2, 3),\ \mathrm{Q}\!\left(\dfrac{2}{7}, \dfrac{11}{7}, \dfrac{20}{7}\right)}$ …(答)

方針3 のように，図形問題を計算主体で解く場合は，時にこのような計算を覚悟する必要があります。やはり図形問題は，まず図形的に考えることが大切です。

4.6 円・球の方程式

4.6.1 円・球のベクトル方程式

平面上で

「点 A を中心とする半径 $r(>0)$ の円を C」

とすると，

$$\mathrm{P} \in C \Longleftrightarrow |\overrightarrow{\mathrm{AP}}| = r \quad \cdots\cdots①$$

です。等式①を満たす点 P の全体は，C と
いう円を表しているわけです。つまり①は
円 C のベクトル方程式です。

同様に，空間内で

「点 A を中心とする半径 $r(>0)$ の球を D」

とすると，

$$\mathrm{P} \in D \Longleftrightarrow |\overrightarrow{\mathrm{AP}}| = r \quad \cdots\cdots②$$

です。②は球 D のベクトル方程式です。

「平面」「空間」の違いがあるだけで，①と②は同じ方程式です。ここでいう「球」
とは，球の表面すなわち「球面」の意味です。

基本原理 53（円と球のベクトル方程式）▶

　点 A を中心とする半径 $r(>0)$ の円・球のベクトル方程式は，

$$|\overrightarrow{\mathrm{AP}}| = r \Longleftrightarrow |\overrightarrow{\mathrm{OP}} - \overrightarrow{\mathrm{OA}}| = r$$

（円の場合は 2 次元，球の場合は 3 次元）

円は次のように内積を用いて表現することもできます。

平面上の相異なる2点A，Bを直径の両端とする円をEとすると，円周角の定理より

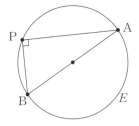

$$P \in E \iff \overrightarrow{AP} \perp \overrightarrow{BP} \quad (\text{P が A，B の場合も含む})$$
$$\iff \overrightarrow{AP} \cdot \overrightarrow{BP} = 0 \quad \cdots\cdots③$$

この③は，円Eのベクトル方程式です。円のベクトル方程式にもいろいろな形があるということです。

$$③ \iff \left(\overrightarrow{OP} - \overrightarrow{OA} \right) \cdot \left(\overrightarrow{OP} - \overrightarrow{OB} \right) = 0$$
$$\iff \left| \overrightarrow{OP} \right|^2 - \left(\overrightarrow{OA} + \overrightarrow{OB} \right) \cdot \overrightarrow{OP} + \overrightarrow{OA} \cdot \overrightarrow{OB} = 0$$
$$\iff \left| \overrightarrow{OP} - \frac{\overrightarrow{OA} + \overrightarrow{OB}}{2} \right|^2 - \left| \frac{\overrightarrow{OA} + \overrightarrow{OB}}{2} \right|^2 + \overrightarrow{OA} \cdot \overrightarrow{OB} = 0$$
$$\iff \left| \overrightarrow{OP} - \frac{\overrightarrow{OA} + \overrightarrow{OB}}{2} \right|^2 = \frac{\left| \overrightarrow{OA} - \overrightarrow{OB} \right|^2}{4}$$
$$\iff \left| \overrightarrow{OP} - \frac{\overrightarrow{OA} + \overrightarrow{OB}}{2} \right| = \frac{\left| \overrightarrow{AB} \right|}{2}$$

これで，前ページの基本原理53の形になり，ABの中点を中心とする半径 $\dfrac{\left| \overrightarrow{AB} \right|}{2}$ の円であることを数式で確認することもできました。3次元で同じことを考えると，ABを直径とする球面の式も全く同じ式で表せることに気づくでしょう。このように，

ベクトルに強くなりたければ，ベクトルのまま式変形できる人になろう！

私は授業中，これをいつも強調しています。

4.6.2 　座標平面内の円・座標空間内の球の方程式

前節の基本原理53の円Cのベクトル方程式を，xy座標平面で考えてみます。点$A(a, b)$とすると，

$$P(x, y) \in C$$
$$\iff \left| \overrightarrow{OP} - \overrightarrow{OA} \right| = r \iff \left| \begin{pmatrix} x \\ y \end{pmatrix} - \begin{pmatrix} a \\ b \end{pmatrix} \right| = r$$

$$\Longleftrightarrow \sqrt{(x-a)^2+(y-b)^2}=r$$

$$\Longleftrightarrow (x-a)^2+(y-b)^2=r^2 \quad \cdots\cdots①$$

これを3次元空間に拡張して，点 $A(a, b, c)$ を中心とする半径 r の球を D とすると，

$$P(x, y, z)\in D$$

$$\Longleftrightarrow |\overrightarrow{OP}-\overrightarrow{OA}|=r \Longleftrightarrow \left|\begin{pmatrix} x \\ y \\ z \end{pmatrix} - \begin{pmatrix} a \\ b \\ c \end{pmatrix}\right|=r$$

$$\Longleftrightarrow \sqrt{(x-a)^2+(y-b)^2+(z-c)^2}=r$$

$$\Longleftrightarrow (x-a)^2+(y-b)^2+(z-c)^2=r^2 \quad \cdots\cdots②$$

このように，「円 C・球 D のベクトル方程式」を，ベクトルの成分の方程式で表した式①，②が，「円 C・球 D の方程式」です。図形の方程式を x と y (と z) の式として暗記するのではなく，

「意味を考えてベクトル方程式を自分で作って，

それに成分を代入すると図形の方程式ができるんだ！」

と考えられる人になりましょう。これができないと，将来「円錐」や「円柱」の方程式を考えるときに困ることになります。

基本原理 54（座標平面内の円・座標空間内の球の方程式） ▶

(1) xy 平面上で，点 $A(a, b)$ を中心とする半径 $r(>0)$ の円の方程式は，
$$(x-a)^2+(y-b)^2=r^2$$

(2) xyz 空間内で，点 $A(a, b, c)$ を中心とする半径 $r(>0)$ の球の方程式は，
$$(x-a)^2+(y-b)^2+(z-c)^2=r^2$$

例題38 ▷

空間内の点 O，A に対し，OA＝1 とする。
$$(\overrightarrow{\mathrm{OP}} \cdot \overrightarrow{\mathrm{OA}})^2 + |\overrightarrow{\mathrm{OP}} - (\overrightarrow{\mathrm{OP}} \cdot \overrightarrow{\mathrm{OA}})\overrightarrow{\mathrm{OA}}|^2 \leqq 1$$
を満たす点 P の全体はどのような図形か。

解答・解説

$\overrightarrow{\mathrm{OA}} = \vec{a}$，$\overrightarrow{\mathrm{OP}} = \vec{p}$ とおくと，

$$(\overrightarrow{\mathrm{OP}} \cdot \overrightarrow{\mathrm{OA}})^2 + |\overrightarrow{\mathrm{OP}} - (\overrightarrow{\mathrm{OP}} \cdot \overrightarrow{\mathrm{OA}})\overrightarrow{\mathrm{OA}}|^2 \leqq 1$$

$$\Longleftrightarrow (\vec{p} \cdot \vec{a})^2 + |\vec{p} - (\vec{p} \cdot \vec{a})\vec{a}|^2 \leqq 1$$

$$\Longleftrightarrow (\vec{p} \cdot \vec{a})^2 + |\vec{p}|^2 - 2(\vec{p} \cdot \vec{a})(\vec{p} \cdot \vec{a}) + (\vec{p} \cdot \vec{a})^2 |\vec{a}|^2 \leqq 1$$

$$\Longleftrightarrow |\vec{p}|^2 - (\vec{p} \cdot \vec{a})^2 + (\vec{p} \cdot \vec{a})^2 |\vec{a}|^2 \leqq 1 \quad \cdots\cdots①$$

今，$|\vec{a}| = \mathrm{OA} = 1$ なので，

$$① \Longleftrightarrow |\vec{p}|^2 - (\vec{p} \cdot \vec{a})^2 + (\vec{p} \cdot \vec{a})^2 \leqq 1$$

$$\Longleftrightarrow |\vec{p}|^2 \leqq 1 \Longleftrightarrow |\vec{p}| \leqq 1 \Longleftrightarrow |\overrightarrow{\mathrm{OP}}| \leqq 1$$

よって，点 P の全体は，$\boxed{\text{O を中心とする半径 1 の球の表面および内部}}$ …（答）

上の答案を，成分で記述すると，次のようになります。

OA＝1 に注意して，O $(0, 0, 0)$，A $(1, 0, 0)$ となるように xyz 座標を設定すると，P(x, y, z) に対し

$$(\overrightarrow{\mathrm{OP}} \cdot \overrightarrow{\mathrm{OA}})^2 + |\overrightarrow{\mathrm{OP}} - (\overrightarrow{\mathrm{OP}} \cdot \overrightarrow{\mathrm{OA}})\overrightarrow{\mathrm{OA}}|^2 \leqq 1$$

$$\Longleftrightarrow \left\{ \begin{pmatrix} x \\ y \\ z \end{pmatrix} \cdot \begin{pmatrix} 1 \\ 0 \\ 0 \end{pmatrix} \right\}^2 + \left| \begin{pmatrix} x \\ y \\ z \end{pmatrix} - \left\{ \begin{pmatrix} x \\ y \\ z \end{pmatrix} \cdot \begin{pmatrix} 1 \\ 0 \\ 0 \end{pmatrix} \right\} \begin{pmatrix} 1 \\ 0 \\ 0 \end{pmatrix} \right|^2 \leqq 1$$

$$\Longleftrightarrow x^2 + \left| \begin{pmatrix} x \\ y \\ z \end{pmatrix} - x \begin{pmatrix} 1 \\ 0 \\ 0 \end{pmatrix} \right|^2 \leqq 1 \Longleftrightarrow x^2 + \left| \begin{pmatrix} 0 \\ y \\ z \end{pmatrix} \right|^2 \leqq 1$$

$$\Longleftrightarrow x^2 + y^2 + z^2 \leqq 1$$

よって，点 P の全体は，$\boxed{\text{O を中心とする半径 1 の球の表面および内部}}$ …（答）

Part
4
図形の方程式

球面 $S : x^2 + y^2 + z^2 + 4x - 2y - 2z - 1 = 0$ と平面 $\alpha : 2x + y - z - 2 = 0$ について考える。

(1) S の中心 A の座標と，S の半径 r を求めよ。

(2) S と α は交わることを示せ。

(3) S と α の交円を C とする。C の中心 B の座標と，C の半径 R を求めよ。

解答・解説

(1) S の方程式を平方完成すると

$$(x+2)^2 + (y-1)^2 + (z-1)^2 = 7$$

よって，$\boxed{\text{A}(-2, 1, 1), \ r = \sqrt{7}}$ …(答)

(2) A と α との距離を d とおくと，点と平面の距離公式より，

$$d = \frac{|2 \cdot (-2) + 1 - 1 - 2|}{\sqrt{2^2 + 1^2 + (-1)^2}} = \frac{6}{\sqrt{6}} = \sqrt{6}$$

よって，$d < r$ であるから，S と α は交わる。■

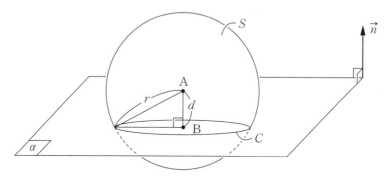

(3) 平面 α の法線ベクトルとして，$\vec{n} = \begin{pmatrix} 2 \\ 1 \\ -1 \end{pmatrix}$ がとれる。点 A から α に下ろした垂線が AB であるから，平面 α 上に 1 点 D$(1, 0, 0)$ をとると[13]，

$$\overrightarrow{OB} = \overrightarrow{OA} + \overrightarrow{AB}$$
$$= \overrightarrow{OA} + [\overrightarrow{AD} \ \text{の} \ \vec{n} \ \text{への正射影ベクトル}]$$

　※13：D は，$(0, 2, 0)$ や $(0, 3, 1)$ など，α の方程式 $2x + y - z - 2 = 0$ を満たす点なら何でもよい。

$$= \overrightarrow{\mathrm{OA}} + \frac{\vec{n} \cdot \overrightarrow{\mathrm{AD}}}{|\vec{n}|^2} \vec{n} = \begin{pmatrix} -2 \\ 1 \\ 1 \end{pmatrix} + \frac{\begin{pmatrix} 2 \\ 1 \\ -1 \end{pmatrix} \cdot \begin{pmatrix} 3 \\ -1 \\ -1 \end{pmatrix}}{\left| \begin{pmatrix} 2 \\ 1 \\ -1 \end{pmatrix} \right|^2} \begin{pmatrix} 2 \\ 1 \\ -1 \end{pmatrix}$$

$$= \begin{pmatrix} -2 \\ 1 \\ 1 \end{pmatrix} + \frac{6}{6} \begin{pmatrix} 2 \\ 1 \\ -1 \end{pmatrix} = \begin{pmatrix} 0 \\ 2 \\ 0 \end{pmatrix}$$

よって，B の座標は，$\boxed{\mathrm{B}(0,\,2,\,0)}$ …(答)

また，前ページの図と三平方の定理から，

$$R = \sqrt{r^2 - d^2} = \sqrt{7 - 6} = \boxed{1} \cdots (答)$$

4.6.3　座標空間内の円の方程式

　空間内の直線は「2平面の交わり」と考えて，その方程式を2つの平面の方程式を∧で結んだ形で表すことができました。同様に空間内の円は例えば「球と平面の交わり」と解釈できます。

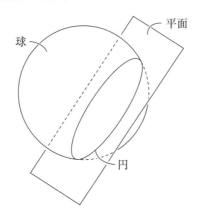

　例えば，原点を中心とする半径2の球Sと，原点を通る平面$x+y+z=0$の交わりの円をCとすると，

$$\begin{cases} x^2+y^2+z^2=4 \\ x+y+z=0 \end{cases} \quad \cdots\cdots ①$$

が「Cの方程式」となるわけです。これを同値変形[※14]すると，

$$① \iff \begin{cases} x^2+y^2+(-x-y)^2=4 \\ x+y+z=0 \end{cases}$$

$$\iff \begin{cases} x^2+y^2+xy=2 \\ x+y+z=0 \end{cases} \quad \cdots\cdots ②$$

なので，②を「Cの方程式」といってもよいし，さらに別な同値変形を施せば，別の形のCの方程式を作ることもできます。空間内の円の方程式も，その形は無限にあるということです。

　※14：連立方程式の同値変形➡ p.210のコラム参照。

例題40 ▷

次の等式①，②を同時に満たす点(x, y, z)の全体をKとする。

$$x + y + z = 3 \quad \cdots\cdots ①$$

$$2(xy + yz + zx) = 9 - 4x \quad \cdots\cdots ②$$

Kは平面①上の円であることを示し，その中心の座標と半径を求めよ。

解答・解説

恒等式

$$(x + y + z)^2 = x^2 + y^2 + z^2 + 2(xy + yz + zx)$$

を利用すると，

$$\begin{cases} ① \\ ② \end{cases} \iff \begin{cases} ① \\ (x+y+z)^2 = x^2+y^2+z^2+9-4x \end{cases}$$

$$\iff \begin{cases} ① \\ 3^2 = x^2+y^2+z^2+9-4x \end{cases}$$

$$\iff \begin{cases} ① \\ (x-2)^2+y^2+z^2 = 4 \quad \cdots\cdots ③ \end{cases}$$

であるから，Kは平面①と球面③の共通部分である。球面③の中心をA，半径をrとすると，$A(2, 0, 0)$，$r = 2$である。

また，①の法線ベクトルとして$\vec{n} = \begin{pmatrix} 1 \\ 1 \\ 1 \end{pmatrix}$がとれるので，Aから平面①に下ろした垂線と平面①との交点をHとすると，

$$\overrightarrow{OH} = \overrightarrow{OA} + t\vec{n} = \begin{pmatrix} 2 \\ 0 \\ 0 \end{pmatrix} + t\begin{pmatrix} 1 \\ 1 \\ 1 \end{pmatrix}$$

とおけて，このとき，$H(2+t, t, t)$であり，このHが①上にあることから

$$(2+t) + t + t = 3 \quad \therefore \ t = \frac{1}{3}$$

よって，$H\left(\frac{7}{3}, \frac{1}{3}, \frac{1}{3}\right)$であり，

$$AH = \left| t\begin{pmatrix} 1 \\ 1 \\ 1 \end{pmatrix} \right| = \frac{\sqrt{3}}{3} < 2 = r$$

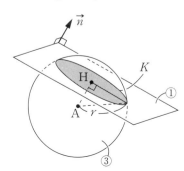

より，平面①と球面③は交わっており，K は平面①上の H を中心とする円であることがわかる。三平方の定理から K の半径は

$$\sqrt{r^2 - \mathrm{AH}^2} = \sqrt{4 - \frac{1}{3}} = \sqrt{\frac{11}{3}}$$

よって，$\boxed{K \text{の中心は} \left(\frac{7}{3}, \frac{1}{3}, \frac{1}{3} \right), \text{半径は} \frac{\sqrt{33}}{3}}$ …（答）

①上に 1 点 B$(3, 0, 0)$（他の点でもよい）をとると，

$$\overrightarrow{\mathrm{OH}} = \overrightarrow{\mathrm{OA}} + \left(\overrightarrow{\mathrm{AB}} \text{ の } \vec{n} \text{ への正射影ベクトル} \right)$$

$$= \overrightarrow{\mathrm{OA}} + \frac{\vec{n} \cdot \overrightarrow{\mathrm{AB}}}{|\vec{n}|^2} \vec{n}$$

これを用いて H を求めることもできます。

— Column ✐ —

連立方程式の同値変形

p.181 のコラムでも紹介した拙著『数学の真髄 ―論理・写像―』には，次のような節があります。

  ・2.1.8 等式の本数と同値性

  ・2.1.9 代入したら代入した方を残せ

そこでは，複数の等式を「かつ（∧）」で結んだ条件を同値変形するときの基本を解説しています。特に重要なことは，

  (1) 2 本の等式を 1 本にまとめると，（一般に）同値性は崩れる

  (2) 代入した方を残して 2 本セットにすれば，同値性は保たれる

の 2 点です。(2) は次のようにまとめています。

$$\begin{cases} y = F(x) \\ G(x, y) = 0 \end{cases} \iff \begin{cases} y = F(x) \\ G(x, F(x)) = 0 \end{cases}$$

特に空間図形の方程式を扱う際，「直線と平面の交わり」「球と平面の交わり」や，後に登場する「円錐と平面の交わり」など，図形を連立方程式の形（2 本の等式を「∧」で結んだ形）で表し，それを同値変形することで問題を解決しようとすることはよくあることです。論理があやふやな人は，図形と方程式を使いこなすことはできません。やはり

    論理は重要

なのです。

MEMO

4.7 直線と平面のなす角

4.7.1　2直線のなす角

　座標平面内の2直線 $\ell,\ m$ の交角のうち大きくない方を,「$\ell,\ m$ のなす角」といいます。2直線のなす角は,「$0°$ 以上 $90°$ 以下」であることに注意してください。ちなみに, ベクトルとベクトルのなす角は,「$0°$ 以上 $180°$ 以下」でした。

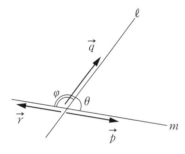

左図において
2直線 $\ell,\ m$ のなす角は θ
$\vec{p}$ と $\vec{q}$ のなす角は θ
$\vec{q}$ と $\vec{r}$ のなす角は $\varphi = 180°{-}\theta$

座標平面内の2直線のなす角を求める方法はいくつかありますが, よく用いられる手法が

　　（ⅰ）方向ベクトルの利用

　　（ⅱ）法線ベクトルの利用

　　（ⅲ）tan の加法定理の利用

の3つです[※15]。選んだ方向ベクトルや法線ベクトルの向きによって,「ベクトルのなす角」と「直線のなす角」が一致しないこともあるので注意が必要です。

　※15：空間内の2直線でも使える手法は（ⅰ）だけです。

例 32 ▶

2 直線 ℓ, m の方向ベクトルとしてそれぞれ $\vec{u}$, $\vec{v}$ をとったとき，
$\vec{u}$ と $\vec{v}$ のなす角を θ とする。

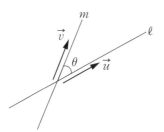
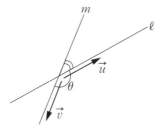

$0° \leqq \theta \leqq 90°$ のとき，
2 直線 ℓ, m のなす角は θ

$90° < \theta \leqq 180°$ のとき，
2 直線 ℓ, m のなす角は $180° - \theta$

例 33 ▶

平面上の 2 直線 ℓ, m の法線ベクトルとして
それぞれ $\vec{u}$, $\vec{v}$ をとったとき，$\vec{u}$, $\vec{v}$ のなす角を θ とする。

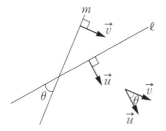
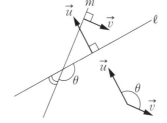

$0° \leqq \theta \leqq 90°$ のとき
2 直線 ℓ, m のなす角は θ

$90° < \theta \leqq 180°$ のとき
2 直線 ℓ, m のなす角は $180° - \theta$

Part
4

図形の方程式

2 直線 $\ell_1 : \sqrt{3}\,x + 5y - 1 = 0$, $\ell_2 : \sqrt{3}\,x - 2y - 4 = 0$ のなす角 θ を求めよ。

解答・解説

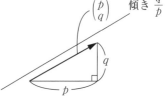

方針1 方向ベクトルの利用

一般に，傾き $\dfrac{q}{p}$ の直線の方向ベクトルの

1つは $\begin{pmatrix} p \\ q \end{pmatrix}$ である。

ℓ_1 の傾きは $-\dfrac{\sqrt{3}}{5}$，ℓ_2 の傾きは $\dfrac{\sqrt{3}}{2}$ なので，ℓ_1，ℓ_2 の方向ベクトルとしてそれぞれ

$$\vec{u_1} = \begin{pmatrix} 5 \\ -\sqrt{3} \end{pmatrix}, \quad \vec{u_2} = \begin{pmatrix} 2 \\ \sqrt{3} \end{pmatrix}$$

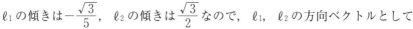

がとれる[※16]。

内積をとってみると，

$$\vec{u_1} \cdot \vec{u_2} = 10 - 3 = 7 > 0$$

となるので，この $\vec{u_1}$ と $\vec{u_2}$ のなす角 φ
は鋭角[※17]である。ということは，
右図のように，$\theta = \varphi$ であり，

$$\cos \theta = \cos \varphi = \frac{\vec{u_1} \cdot \vec{u_2}}{|\vec{u_1}||\vec{u_2}|} = \frac{7}{\sqrt{25+3} \cdot \sqrt{4+3}} = \frac{1}{2}$$

よって，$\boxed{\theta = 60^\circ}$ …（答）

方針2 法線ベクトルの利用

一般に，直線 $ax + by + c = 0$ の法線ベク

トルの1つは $\begin{pmatrix} a \\ b \end{pmatrix}$ なので，ℓ_1，ℓ_2 の法線

ベクトルとしてそれぞれ

$$\vec{n_1} = \begin{pmatrix} \sqrt{3} \\ 5 \end{pmatrix}, \quad \vec{n_2} = \begin{pmatrix} \sqrt{3} \\ -2 \end{pmatrix}$$

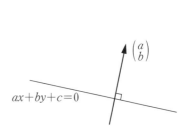

$ax + by + c = 0$

※16：方向ベクトルは無数にあるので，他のベクトルの組で考えても構わない。
※17：$\vec{a} \cdot \vec{b} > 0 \Longleftrightarrow \vec{a}$ と $\vec{b}$ のなす角は鋭角，
　　　$\vec{a} \cdot \vec{b} < 0 \Longleftrightarrow \vec{a}$ と $\vec{b}$ のなす角は鈍角。

がとれる。内積をとってみると，

$$\vec{n_1} \cdot \vec{n_2} = 3 - 10 = -7 < 0$$

となるので，この $\vec{n_1}$ と $\vec{n_2}$ のなす角 ϕ は
鈍角である。

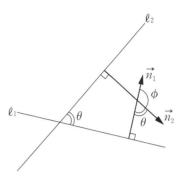

よって右図のように，$\theta = 180° - \phi$ であり，

$$\cos \theta = -\cos \phi = -\frac{\vec{n_1} \cdot \vec{n_2}}{|\vec{n_1}||\vec{n_2}|}$$

$$= -\frac{-7}{\sqrt{3+25} \cdot \sqrt{3+4}} = \frac{1}{2}$$

したがって，$\boxed{\theta = 60°}$ …(答)

方針3　tan の加法定理の利用

x 軸の正の向きから ℓ_1，ℓ_2 までの回転角をそれぞれ α, β
（ただし $-90° < \alpha < 0 < \beta < 90°$）とおくと，

$$\begin{cases} \tan \alpha = (\ell_1 \text{ の傾き}) = -\dfrac{\sqrt{3}}{5} \\ \tan \beta = (\ell_2 \text{ の傾き}) = \dfrac{\sqrt{3}}{2} \end{cases}$$

であり，ℓ_1 と ℓ_2 の交角の
1つは，$\beta - \alpha$ である。
tan の加法定理より，

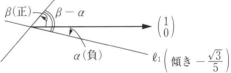

$$\tan (\beta - \alpha) = \frac{\tan \beta - \tan \alpha}{1 + \tan \beta \tan \alpha}$$

$$= \frac{\dfrac{\sqrt{3}}{2} + \dfrac{\sqrt{3}}{5}}{1 - \dfrac{\sqrt{3}}{2} \cdot \dfrac{\sqrt{3}}{5}} = \frac{7\sqrt{3}}{7} = \sqrt{3}$$

これは正の値なので，$\beta - \alpha$ は鋭角であり，したがって，$\theta = \beta - \alpha$ である。
よって，

$$\tan \theta = \sqrt{3} \qquad \therefore \boxed{\theta = 60°} \text{ …(答)}$$

4.7.2　2平面のなす角

空間内で，2つの平面 α, β のなす角を

　　α, β の2面角

といいます。2面角も通常「0°以上90°以下」の範囲で考えます。

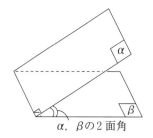

α, β の2面角

2面角を求めるには，

　　　法線ベクトルを利用する

のが定石です。前節の「2直線のなす角」同様，選んだ法線ベクトルの向きによって，「法線ベクトルのなす角」と「2面角」が一致しないこともあるので注意が必要です。

例34

2平面 α, β の法線ベクトルとしてそれぞれ $\vec{n}, \vec{m}$ をとり
$\vec{n}, \vec{m}$ のなす角を φ, α, β のなす角を θ とする。

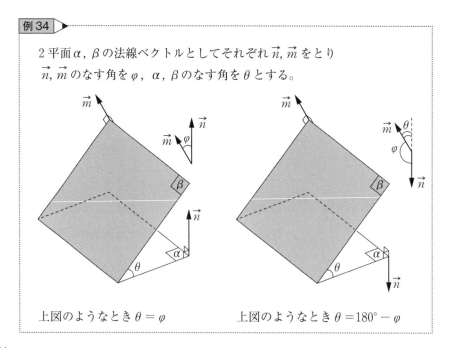

上図のようなとき $\theta = \varphi$　　　　　上図のようなとき $\theta = 180° - \varphi$

例題42 ▷

次の 2 つの平面 α, β のなす角を θ $(0° \leqq \theta \leqq 90°)$ とするとき，$\cos \theta$ の値を求めよ。

(1) $\alpha : 2x + 3y + 2z = 1$, $\beta : x - y - z = 0$

(2) $\alpha : z = 0$（xy 平面），$\beta : 4x - 3y + 5z = 10$

解答・解説

(1) α, β の法線ベクトルとしてそれぞれ，$\vec{n_1} = \begin{pmatrix} 2 \\ 3 \\ 2 \end{pmatrix}$, $\vec{n_2} = \begin{pmatrix} 1 \\ -1 \\ -1 \end{pmatrix}$ がとれる。

$\vec{n_1}$ と $\vec{n_2}$ のなす角を φ とおくと，
$$\vec{n_1} \cdot \vec{n_2} = 2 - 3 - 2 = -3 < 0$$
より，φ は鈍角なので，$\theta = 180° - \varphi$ である。

よって，
$$\cos \theta = \cos(180° - \varphi) = -\cos \varphi$$
$$= -\frac{\vec{n_1} \cdot \vec{n_2}}{|\vec{n_1}||\vec{n_2}|}$$
$$= -\frac{-3}{\sqrt{17} \cdot \sqrt{3}} = \boxed{\frac{\sqrt{51}}{17}} \cdots (答)$$

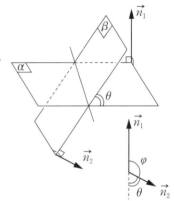

(2) α, β の法線ベクトルとしてそれぞれ，$\vec{n_1} = \begin{pmatrix} 0 \\ 0 \\ 1 \end{pmatrix}$, $\vec{n_2} = \begin{pmatrix} 4 \\ -3 \\ 5 \end{pmatrix}$ がとれる。

$\vec{n_1}$ と $\vec{n_2}$ のなす角を φ とおくと，
$$\vec{n_1} \cdot \vec{n_2} = 5 > 0$$
より，φ は鋭角なので，$\theta = \varphi$ である。

よって，
$$\cos \theta = \cos \varphi$$
$$= \frac{\vec{n_1} \cdot \vec{n_2}}{|\vec{n_1}||\vec{n_2}|} = \frac{5}{1 \cdot \sqrt{50}}$$
$$= \boxed{\frac{\sqrt{2}}{2}} \cdots (答)^{※18}$$

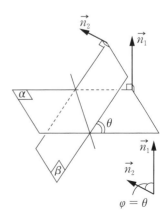

※18：つまり $\theta = 45°$

4.8 平面から平面への正射影

　互いに平行でも垂直でもない2つの平面α, βがあり，そのなす角をθ（$0° < \theta < 90°$）とします。α上の図形Aをβに正射影した図形をBとすると，例えば次図のようになります。

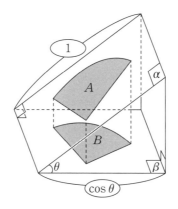

　このとき，次図のように，BはAを縦方向にだけ$\cos\theta$倍に偏倍変換[19]した図形になります。

　この正射影で横方向の長さは変わらないので，面積は$\cos\theta$倍され，A, Bの面積をそれぞれS_A, S_Bとすると，

$$S_B = S_A \cos\theta$$

という関係が成り立ちます。

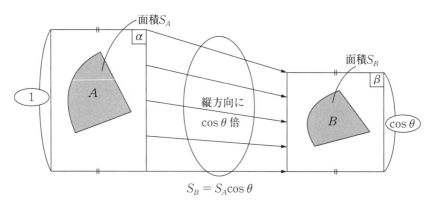

※19：点(x, y)を点(ax, by)に移す変換を「x方向にa倍，y方向にb倍の偏倍変換」という。

　拙著『数学の真髄 —論理・写像—』Part 1 p.30 参照。

例題 43 ▷

O$(0, 0, 0)$, A$(2, 0, 0)$, B$(2, 3, 0)$, C$(0, 3, 0)$, D$(0, 0, 1)$, E$(2, 0, 1)$, F$(2, 3, 1)$, G$(0, 3, 1)$ とする。BC の中点を M とし, 点 M を通り, ベクトル $\vec{n} = \begin{pmatrix} 1 \\ -1 \\ -2 \end{pmatrix}$ に垂直な平面を α とする。直方体 OABC－DEFG を平面 α で切断してできる断面の図形を W とおく。W の面積 S を求めよ。

解答・解説

B$(2, 3, 0)$, C$(0, 3, 0)$ の中点が M なので, M$(1, 3, 0)$ であり, 平面 α の方程式は,

$$\begin{pmatrix} 1 \\ -1 \\ -2 \end{pmatrix} \cdot \left\{ \begin{pmatrix} x \\ y \\ z \end{pmatrix} - \begin{pmatrix} 1 \\ 3 \\ 0 \end{pmatrix} \right\} = 0 \quad \text{すなわち} \quad x - y - 2z + 2 = 0 \quad \cdots\cdots①$$

① で $x = y = 0$ とすると $z = 1$ より, α は点 D$(0, 0, 1)$ を通る。

① で $x = z = 0$ とすると $y = 2$ より, 点 $(0, 2, 0)$ を N とすると, α は N を通る。

① で $x = 2$, $z = 1$ とすると $y = 2$ より, 点 $(2, 2, 1)$ を L とすると, α は L を通る。

① で $x = 2$, $y = 3$ とすると $z = \dfrac{1}{2}$ より, 点 $\left(2, 3, \dfrac{1}{2}\right)$ を P とすると, α は P を通る。

よって, W は 5 点 D, L, P, M, N を頂点とする左下図の網目部分のような五角形。

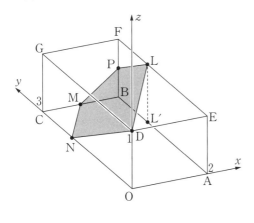

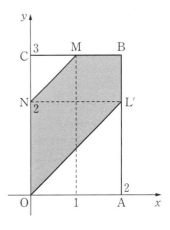

L の xy 平面への正射影を L′ とすると，L′ $(2, 2, 0)$

W の xy 平面への正射影を W' とすると，W' は前ページの右図の網目部分のような五角形の内部。

W' の面積を S' とすると，

$$S' = 6 - 2 - \frac{1}{2} = \frac{7}{2}$$

平面 α と xy 平面のなす角を θ とする。α の法線ベクトルとして，

$\vec{n} = \begin{pmatrix} 1 \\ -1 \\ -2 \end{pmatrix}$ がとれ，xy 平面の法線ベクトルとして，$\vec{m} = \begin{pmatrix} 0 \\ 0 \\ 1 \end{pmatrix}$ がとれる。

$\vec{n} \cdot \vec{m} = -2 < 0$ より，$\vec{n}$ と $\vec{m}$ のなす角は $180° - \theta$ であるから，

$$\cos(180° - \theta) = \frac{\vec{n} \cdot \vec{m}}{|\vec{n}||\vec{m}|} = -\frac{2}{\sqrt{6}} \quad \therefore \ \cos\theta = \frac{2}{\sqrt{6}}$$

この正射影によって図形の面積は $\cos\theta$ 倍されるので，求める面積は

$$S = \frac{S'}{\cos\theta} = \frac{7}{2} \cdot \frac{\sqrt{6}}{2} = \boxed{\frac{7\sqrt{6}}{4}} \cdots (\text{答})$$

MEMO

4.9 円柱面の方程式

4.9.1 円柱面のベクトル方程式

　空間内の平行な2直線 ℓ, m に対し，その距離が r のとき，m を ℓ の周りに回転してできる曲面を

$$\ell \text{ を軸とする半径 } r \text{ の円柱面}$$

ということにします。直線 m をこの円柱面の「母線」といいます。

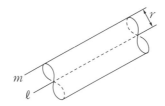

「上底面」や「下底面」は考えず，無限に長い円柱の側面だけを考えるということです。

　ℓ を「点 A を通る $\vec{u}\,(\neq \vec{0})$ 方向の直線」とし，この円柱面を K として，K のベクトル方程式を立てると，

$$P \in K \Longleftrightarrow \text{点 P と } \ell \text{ との距離が } r$$
$$\Longleftrightarrow (\vec{u} \text{ と } \overrightarrow{\mathrm{AP}} \text{ の張る平行四辺形の面積}) = r \cdot |\vec{u}| \quad \cdots\cdots ①$$

外積を用いると，p.194 の基本原理 52 より，

$$① \Longleftrightarrow |\vec{u} \times \overrightarrow{\mathrm{AP}}| = r \cdot |\vec{u}|$$

外積を用いないなら，

$$① \Longleftrightarrow \sqrt{|\vec{u}|^2 |\overrightarrow{\mathrm{AP}}|^2 - (\vec{u} \cdot \overrightarrow{\mathrm{AP}})^2} = r \cdot |\vec{u}|$$

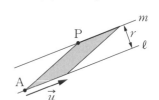

これが K のベクトル方程式です。もちろん覚える必要はなく，意味を考えればいつでも作ることができるはずです。

4.9.2 存在条件の利用

　円柱面を軸に垂直に切ると，空間内の円が現れます。この円をたくさん集めてくれば円柱面ができるわけです。「集める」とは「∨（または）でつなぐ」ということであり，条件 $P(x)$ に対し，

$$P(x_1) \lor P(x_2) \lor P(x_3) \lor \cdots \Longleftrightarrow \exists x, P(x)$$

であることが理解できていれば[20]，存在条件の同値変形を利用して円柱面などの回転体の方程式を求めることができます。

前節で登場した

　　　点 A を通る $\vec{u}\,(\neq \vec{0})$ 方向の直線 ℓ を軸とする半径 r の円柱面 K

の方程式を存在条件を用いて求めてみましょう。

・直線 ℓ 上の点 T を，実数 t を用いて
　パラメータ表示すると
$$\overrightarrow{\mathrm{OT}} = \overrightarrow{\mathrm{OA}} + t\vec{u}$$

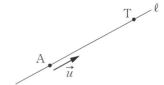

・T を中心とする半径 r の球面を S とすると，
$$\mathrm{P} \in S \Longleftrightarrow |\overrightarrow{\mathrm{TP}}| = r$$

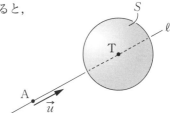

・T を通り ℓ に垂直な平面を α とすると，
$$\mathrm{P} \in \alpha \Longleftrightarrow \vec{u} \cdot \overrightarrow{\mathrm{TP}} = 0$$

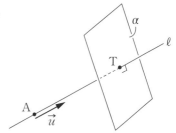

※ 20：拙著『数学の真髄 ―論理・写像―』1.4「全称と存在」参照。

・t を実数全体で動かして, 円 $S \cap \alpha$ を
集めたものが円柱面 K であるから,

$$P \in K \iff {}^{\exists} t \in \mathbb{R}, \begin{cases} P \in S \\ P \in \alpha \end{cases}$$

$$\iff {}^{\exists} t \in \mathbb{R}, \begin{cases} |\overrightarrow{\mathrm{TP}}| = r \\ \vec{u} \cdot \overrightarrow{\mathrm{TP}} = 0 \end{cases}$$

これを同値変形すれば, K の方程式を得ることができます。次の例題で確認
してみましょう。

例題 44

O$(0, 0, 0)$, A$(1, 2, 3)$を通る直線ℓを軸とする半径1の円柱面をKとする。Kの方程式を求めよ。

解答・解説

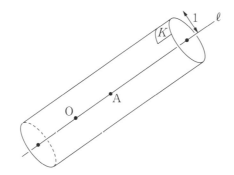

P$(x, y, z) \in K \Longleftrightarrow$ P と ℓ との距離が1

$\qquad \Longleftrightarrow \overrightarrow{OP}$ と $\overrightarrow{OA}$ の張る平行四辺形の面積が $|\overrightarrow{OA}| \times 1$ ……①

方針 1 外積を用いる

$① \Longleftrightarrow |\overrightarrow{OP} \times \overrightarrow{OA}| = |\overrightarrow{OA}|$

$\qquad \Longleftrightarrow \left| \begin{pmatrix} x \\ y \\ z \end{pmatrix} \times \begin{pmatrix} 1 \\ 2 \\ 3 \end{pmatrix} \right| = \left| \begin{pmatrix} 1 \\ 2 \\ 3 \end{pmatrix} \right|$

$\qquad \Longleftrightarrow \left| \begin{pmatrix} 3y - 2z \\ z - 3x \\ 2x - y \end{pmatrix} \right| = \sqrt{14}$

$\qquad \Longleftrightarrow \boxed{(3y - 2z)^2 + (z - 3x)^2 + (2x - y)^2 = 14}$ …(答)

方針 2 外積を用いない

$① \Longleftrightarrow \sqrt{|\overrightarrow{OP}|^2 |\overrightarrow{OA}|^2 - (\overrightarrow{OP} \cdot \overrightarrow{OA})^2} = |\overrightarrow{OA}|$

$\qquad \Longleftrightarrow \sqrt{(x^2 + y^2 + z^2) \cdot 14 - (x + 2y + 3z)^2} = \sqrt{14}$

$\qquad \Longleftrightarrow \boxed{14(x^2 + y^2 + z^2) - (x + 2y + 3z)^2 = 14}$ …(答)

Part
4
図形の方程式

直線 ℓ 上の点 T は，実数 t をパラメータとして，

$$\overrightarrow{\mathrm{OT}} = t\begin{pmatrix} 1 \\ 2 \\ 3 \end{pmatrix} \quad \text{すなわち T}(t, 2t, 3t)$$

とおける。T を中心とする半径 1 の球面の方程式は

$$(x-t)^2 + (y-2t)^2 + (z-3t)^2 = 1 \quad \cdots\cdots②$$

T を通り ℓ に垂直な平面の方程式は，

$$\begin{pmatrix} 1 \\ 2 \\ 3 \end{pmatrix} \cdot \left\{ \begin{pmatrix} x \\ y \\ z \end{pmatrix} - \begin{pmatrix} t \\ 2t \\ 3t \end{pmatrix} \right\} = 0 \iff x + 2y + 3z - 14t = 0 \quad \cdots\cdots③$$

②∧③は円であり，t を実数全体で動かしてこの円をすべて集めてきたものが K であるから，

$(x, y, z) \in K$

$\iff \exists t, (②\land③)$

$\iff \exists t, \begin{cases} (x-t)^2 + (y-2t)^2 + (z-3t)^2 = 1 \\ t = \dfrac{x+2y+3z}{14} \end{cases}$

$\iff \left(x - \dfrac{x+2y+3z}{14}\right)^2 + \left(y - \dfrac{2(x+2y+3z)}{14}\right)^2 + \left(z - \dfrac{3(x+2y+3z)}{14}\right)^2 = 1$

$\iff (13x - 2y - 3z)^2 + (-2x + 10y - 6z)^2 + (-3x - 6y + 5z)^2 = 14^2$

$\iff \boxed{13x^2 + 10y^2 + 5z^2 - 4xy - 6xz - 12yz - 14 = 0} \quad \cdots(答)$

方針4　存在条件の利用2

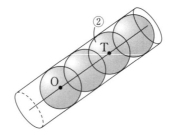

球面②の通過領域は円柱の表面 K および内部であり，これを W とおくと，

$(x,\ y,\ z)\in \mathrm{W}$

$\Longleftrightarrow \exists t\in \mathbb{R},\ ②$

$\Longleftrightarrow \exists t\in \mathbb{R},\ 14t^2-2(x+2y+3z)t+x^2+y^2+z^2-1=0$

$\Longleftrightarrow (\text{判別式を考えて})\,(x+2y+3z)^2-14(x^2+y^2+z^2-1)\geqq 0$

W の境界面が求める円柱面 K なので，その方程式は，

$$\boxed{(x+2y+3z)^2-14(x^2+y^2+z^2-1)=0}\ \cdots(答)$$

4.10 円錐面の方程式

4.10.1　座標軸の周りの回転体

　互いに平行でも垂直でもない空間内の 2 直線 $\ell,\, m$ が点 A で交わっているとき，m を ℓ の周りに回転してできる曲面を

A を頂点，ℓ を軸とし，m を母線とする円錐面

といいます。円柱面と同様に「底面」のない，無限に長い円錐の側面を考えるわけです。

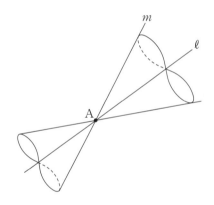

円柱面の方程式を作ったときと同様に，「円を集めて円錐を作る」と考えれば，存在条件を利用して円錐面の方程式を作ることができます。

　例えば，O $(0, 0, 0)$，A $(1, 0, 2)$ に対し，直線 OA を z 軸の周りに回転してできる円錐面 K の方程式を求めてみましょう。

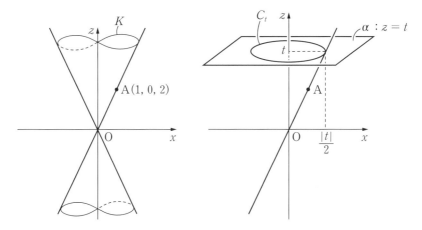

K を平面 $\alpha : z = t$ で切ると，上右図のように，平面 α 上の点 $(0, 0, t)$ を中心とする半径 $\dfrac{|t|}{2}$ の円周が現れます。この円周を C_t とおくと，C_t は，

「平面 $z = t$」と円柱面「$x^2 + y^2 = \dfrac{t^2}{4}$」の交わり

なので，C_t の方程式は

$$C_t : \begin{cases} z = t \\ x^2 + y^2 = \dfrac{t^2}{4} \end{cases}$$

と，連立方程式の形で表すことができ，t を全実数で動かしてこの C_t を集めたものが円錐面 K なので，K の方程式は，

$$\exists t \in \mathbb{R}, \begin{cases} z = t \\ x^2 + y^2 = \dfrac{t^2}{4} \end{cases} \iff x^2 + y^2 = \dfrac{z^2}{4} \quad \text{(存在条件の代入原理)}$$

となります。

このように，円錐に限らず，座標軸の周りの回転体は，「円を集めたもの」と考え，存在条件を同値変形することでその方程式を求めることができます。

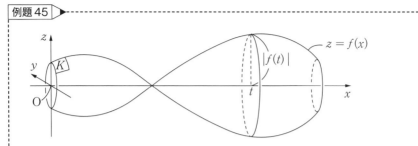

xz 平面上の曲線 $z=f(x)$ を x 軸の周りに回転してできる曲面を K とする。K の方程式を求めよ。

解答・解説

K と平面 $x=t$ の交わりの円の式は

$$\begin{cases} x=t \\ y^2+z^2=\{f(t)\}^2 \end{cases}$$

であるから,

$$(x,\,y,\,z)\in K \iff \exists t\in\mathbb{R},\ \begin{cases} x=t \\ y^2+z^2=\{f(t)\}^2 \end{cases}$$

$$\iff y^2+z^2=\{f(x)\}^2$$

つまり,曲面 K の方程式は

$$\boxed{y^2+z^2=\{f(x)\}^2}\ \cdots(\text{答})$$

例題46

xz 平面上の放物線 $\begin{cases} z = x^2 \\ y = 0 \end{cases}$ を z 軸の周りに回転してできる図形（回転放物面）を K とする。

(1) K の方程式を求めよ。

(2) K と平面 $\alpha : z = x$ との交線を C とする。C で囲まれた部分の面積を求めよ。

解答・解説

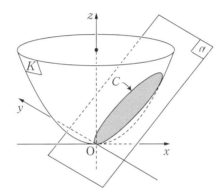

(1) K と平面 $\alpha : z = t$ との交わりを C_t とすると，C_t は，点 $(0, 0, t)$ を中心とする半径 $\sqrt{t}$ の平面 α 上の円

$$\begin{cases} z = t \\ x^2 + y^2 = t \end{cases}$$

である。ただし $t < 0$ のときは「空集合」であり，$t = 0$ のときは「1点」である。t を実数全体で動かして，この C_t をすべて集めたものが K なので，

$$(x, y, z) \in K \Longleftrightarrow \exists t \in \mathbb{R}, \begin{cases} z = t \\ x^2 + y^2 = t \end{cases}$$

$$\Longleftrightarrow x^2 + y^2 = z$$

よって，K の方程式は，$\boxed{z = x^2 + y^2}$ …(答)

(2) C すなわち $K \cap \alpha$ の方程式は,

$$\begin{cases} x^2 + y^2 = z \\ z = x \end{cases} \iff \begin{cases} x^2 + y^2 = x \\ z = x \end{cases}$$

$$\iff \begin{cases} \left(x - \dfrac{1}{2}\right)^2 + y^2 = \dfrac{1}{4} & \cdots\cdots① \\ z = x & \cdots\cdots② \end{cases}$$

よって, C は円柱面①と平面②との交線であり, ①は xy 平面に垂直なので,

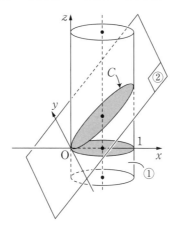

C の xy 平面への正射影は,

$$円 \begin{cases} \left(x - \dfrac{1}{2}\right)^2 + y^2 = \dfrac{1}{4} \\ z = 0 \end{cases}$$

であり, これは半径 $\dfrac{1}{2}$ の円なので, 面積は $\dfrac{\pi}{4}$ である。2 平面 $z = 0$ と

$z = x$ のなす角は $45°$ なので, この正射影により図形の面積は $\cos 45° = \dfrac{1}{\sqrt{2}}$

倍されるから, C の囲む部分の面積は

$$\dfrac{\pi}{4} \times \sqrt{2} = \boxed{\dfrac{\sqrt{2}\,\pi}{4}} \cdots(答)$$

4.10.2 円錐面のベクトル方程式

点 A で交わる 2 直線 ℓ, m のなす角を $\theta \left(0 < \theta < \dfrac{\pi}{2}\right)$ とし，ℓ の方向ベクトルとして $\vec{u}$ が与えられているとします。m を ℓ の周りに回転してできる円錐面を K とすると，

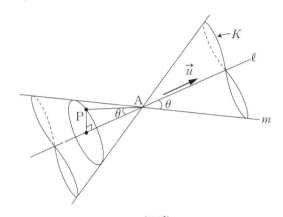

$P \in K \Longleftrightarrow$ 点 P と ℓ との距離が $\left|\overrightarrow{AP}\right| \sin \theta$

$\qquad \Longleftrightarrow \vec{u}$ と $\overrightarrow{AP}$ の張る平行四辺形の面積が $|\vec{u}|\left|\overrightarrow{AP}\right| \sin \theta$ ……①

外積を用いると，

$\qquad$ ① $\Longleftrightarrow \left|\vec{u} \times \overrightarrow{AP}\right| = |\vec{u}|\left|\overrightarrow{AP}\right| \sin \theta$

外積を用いないなら，

$\qquad$ ① $\Longleftrightarrow \sqrt{|\vec{u}|^2\left|\overrightarrow{AP}\right|^2 - \left(\vec{u} \cdot \overrightarrow{AP}\right)^2} = |\vec{u}|\left|\overrightarrow{AP}\right| \sin \theta$ ……②

これらが円錐面 K のベクトル方程式です。

$\sin \theta > 0$ に注意して②の両辺を 2 乗すると

$\qquad$ ② $\Longleftrightarrow |\vec{u}|^2\left|\overrightarrow{AP}\right|^2 - \left(\vec{u} \cdot \overrightarrow{AP}\right)^2 = |\vec{u}|^2\left|\overrightarrow{AP}\right|^2 \sin^2\theta$

$\qquad \Longleftrightarrow \left(\vec{u} \cdot \overrightarrow{AP}\right)^2 = |\vec{u}|^2\left|\overrightarrow{AP}\right|^2 (1 - \sin^2\theta)$

$\qquad \Longleftrightarrow \left(\vec{u} \cdot \overrightarrow{AP}\right)^2 = |\vec{u}|^2\left|\overrightarrow{AP}\right|^2 \cos^2\theta$

$\qquad \Longleftrightarrow \vec{u} \cdot \overrightarrow{AP} = \pm |\vec{u}|\left|\overrightarrow{AP}\right| \cos \theta$ ……③

③も K のベクトル方程式です。

$P \neq A$ のとき，$\vec{u}$ と $\overrightarrow{AP}$ のなす角は θ または $180° - \theta$ なので③が成立することは図形的にも納得できるでしょう。

O$(0, 0, 0)$，A$(1, 1, 1)$，B$(1, 2, 4)$ に対し，直線 OA を直線 OB の周りに回転してできる円錐面を K とする。K の方程式を求めよ。

解答・解説

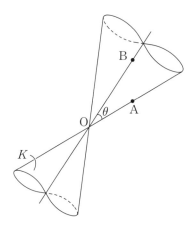

$\overrightarrow{\mathrm{OA}}$ と $\overrightarrow{\mathrm{OB}}$ のなす角を θ とすると，

$$\cos\theta = \frac{\overrightarrow{\mathrm{OA}}\cdot\overrightarrow{\mathrm{OB}}}{|\overrightarrow{\mathrm{OA}}||\overrightarrow{\mathrm{OB}}|} = \frac{7}{\sqrt{3}\cdot\sqrt{21}} = \frac{\sqrt{7}}{3} \quad \cdots\cdots①$$

方針1 ベクトルのなす角に着目する

P $\neq$ O のとき，

$$\mathrm{P}(x, y, z) \in K$$
$$\Longleftrightarrow \overrightarrow{\mathrm{OB}} \text{ と } \overrightarrow{\mathrm{OP}} \text{ のなす角が } \theta \text{ または } 180° - \theta$$
$$\Longleftrightarrow \overrightarrow{\mathrm{OB}} \cdot \overrightarrow{\mathrm{OP}} = \pm|\overrightarrow{\mathrm{OB}}||\overrightarrow{\mathrm{OP}}|\cos\theta$$
$$\Longleftrightarrow (\overrightarrow{\mathrm{OB}} \cdot \overrightarrow{\mathrm{OP}})^2 = |\overrightarrow{\mathrm{OB}}|^2|\overrightarrow{\mathrm{OP}}|^2\cos^2\theta$$
$$\Longleftrightarrow (x + 2y + 4z)^2 = 21\cdot(x^2 + y^2 + z^2)\cdot\left(\frac{\sqrt{7}}{3}\right)^2 \quad (\because ①)$$
$$\Longleftrightarrow 3(x + 2y + 4z)^2 = 49(x^2 + y^2 + z^2)$$

これは P = O のときも成立するので，K の方程式は

$$\boxed{3(x + 2y + 4z)^2 = 49(x^2 + y^2 + z^2)} \cdots（答）$$

方針2　距離に着目する

①より

$$\sin\theta = \frac{\sqrt{2}}{3} \quad \cdots\cdots②$$

$$\mathrm{P}(x, y, z)\in K$$

$\Longleftrightarrow$ P と直線 OB との距離が $|\overrightarrow{\mathrm{OP}}|\sin\theta$

$\Longleftrightarrow \left(\overrightarrow{\mathrm{OP}} と \overrightarrow{\mathrm{OB}} の張る平行四辺形の面積\right) = |\overrightarrow{\mathrm{OB}}||\overrightarrow{\mathrm{OP}}|\sin\theta \quad \cdots\cdots③$

外積を用いると，

$$③\Longleftrightarrow |\overrightarrow{\mathrm{OP}}\times\overrightarrow{\mathrm{OB}}| = |\overrightarrow{\mathrm{OB}}||\overrightarrow{\mathrm{OP}}|\sin\theta$$

$$\Longleftrightarrow \left|\begin{pmatrix}x\\y\\z\end{pmatrix}\times\begin{pmatrix}1\\2\\4\end{pmatrix}\right| = \left|\begin{pmatrix}1\\2\\4\end{pmatrix}\right|\left|\begin{pmatrix}x\\y\\z\end{pmatrix}\right|\cdot\frac{\sqrt{2}}{3} \quad (\because②)$$

$$\Longleftrightarrow \left|\begin{pmatrix}4y-2z\\z-4x\\2x-y\end{pmatrix}\right| = \sqrt{21}\cdot\sqrt{x^2+y^2+z^2}\cdot\frac{\sqrt{2}}{3}$$

$$\Longleftrightarrow (4y-2z)^2 + (z-4x)^2 + (2x-y)^2 = \frac{14}{3}(x^2+y^2+z^2)$$

$$\Longleftrightarrow \boxed{46x^2+37y^2+z^2-12xy-48yz-24zx = 0} \cdots(答)$$

外積を用いないなら，

$$③\Longleftrightarrow \sqrt{|\overrightarrow{\mathrm{OP}}|^2|\overrightarrow{\mathrm{OB}}|^2-(\overrightarrow{\mathrm{OP}}\cdot\overrightarrow{\mathrm{OB}})^2} = |\overrightarrow{\mathrm{OB}}||\overrightarrow{\mathrm{OP}}|\sin\theta$$

$$\Longleftrightarrow \sqrt{(x^2+y^2+z^2)\cdot21-(x+2y+4z)^2} = \sqrt{21}\cdot\sqrt{x^2+y^2+z^2}\cdot\frac{\sqrt{2}}{3}$$

$$\Longleftrightarrow 20x^2+17y^2+5z^2-4xy-16yz-8xz = \frac{14}{3}(x^2+y^2+z^2)$$

$$\Longleftrightarrow \boxed{46x^2+37y^2+z^2-12xy-48yz-24zx = 0} \cdots(答)$$

4.11 座標変換 ★

Part 1 で学んだ「斜交座標」を応用することを考えてみます。
2 つの座標系があって，1 つは普通の xy 座標系 W_1,

もう 1 つは，原点は共通で，$\vec{u} = \begin{pmatrix} 2 \\ 1 \end{pmatrix}$, $\vec{v} = \begin{pmatrix} -1 \\ 1 \end{pmatrix}$ を基底とする XY 座標系
W_2 です。その 2 つの座標系を重ねて描いたのが下図です。

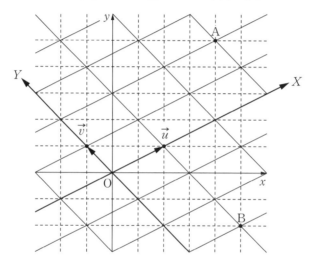

W_1 における座標を通常どおり (x, y) で，W_2 における座標を $[X, Y]$ で表すことにすると，図を見れば，次のことは理解できるでしょう。

　　　点 A の座標は，W_1 では $(4, 5)$，W_2 では $[3, 2]$
　　　点 B の座標は，W_1 では $(5, -2)$，W_2 では $[1, -3]$
では，次の質問に答えられますか？

　　　　　「W_1 での $(132, -215)$ を W_2 で表すと？」

答えは次節の例題で説明します。

　このように，本章では「2 つの座標系を行ったり来たりする」練習をしてみましょう。

236

4.11.1　座標変換の式★

「斜交座標」の概念をしっかりと復習したうえで臨んでください。

2つの座標系 W_1, W_2 があって，原点Oは共通であるものとします。そして，

$$\begin{cases} W_1 \text{の基底が,}\ \vec{u_1},\ \vec{v_1} \\ W_2 \text{の基底が,}\ \vec{u_2},\ \vec{v_2} \end{cases}$$

であるものとします。もちろん，$\vec{u_1}$, $\vec{v_1}$ は1次独立，$\vec{u_2}$, $\vec{v_2}$ も1次独立です。

W_1 における座標を (x, y) で，W_2 における座標を $[X, Y]$ で表すことにすると，座標の定義から

点 P の W_1 における座標が $(x, y) \Longleftrightarrow \overrightarrow{\mathrm{OP}} = x\vec{u_1} + y\vec{v_1}$

点 P の W_2 における座標が $[X, Y] \Longleftrightarrow \overrightarrow{\mathrm{OP}} = X\vec{u_2} + Y\vec{v_2}$

となるので，

$$x\vec{u_1} + y\vec{v_1} = X\vec{u_2} + Y\vec{v_2} \quad \cdots\cdots①$$

という等式が得られます。この①を，「座標変換の式」といいます。

W_1 が，普通の xy 座標系であったとすると，$u_1 = \begin{pmatrix} 1 \\ 0 \end{pmatrix}$, $v_1 = \begin{pmatrix} 0 \\ 1 \end{pmatrix}$ なので，座標変換の式は

$$x\begin{pmatrix} 1 \\ 0 \end{pmatrix} + y\begin{pmatrix} 0 \\ 1 \end{pmatrix} = X\vec{u_2} + Y\vec{v_2} \ \text{すなわち}\ \begin{pmatrix} x \\ y \end{pmatrix} = X\vec{u_2} + Y\vec{v_2}$$

となります。

Part

4

図形の方程式

点 O$(0, 0)$ を原点，$\vec{u} = \begin{pmatrix} 2 \\ 1 \end{pmatrix}$，$\vec{v} = \begin{pmatrix} -1 \\ 1 \end{pmatrix}$ を基底とする XY 斜交座標系 W

を考える。通常の座標を (x, y) で，W における座標を $[X, Y]$ で表すこ
とにする。

(1) W における点 P$[132, -215]$ を通常の xy 座標で表すと

　　P$(\boxed{}, \boxed{})$ である。

(2) 通常の xy 座標が Q$(132, -215)$ である点 Q を W の座標で表すと

　　Q$[\boxed{}, \boxed{}]$ である。

解答・解説

xy 座標系と XY 座標系の座標変換の式は，

$$\begin{pmatrix} x \\ y \end{pmatrix} = X \begin{pmatrix} 2 \\ 1 \end{pmatrix} + Y \begin{pmatrix} -1 \\ 1 \end{pmatrix} \quad \cdots\cdots ①$$

である。

(1) $[X, Y] = [132, -215]$ のとき，① より，

$$\begin{pmatrix} x \\ y \end{pmatrix} = 132 \begin{pmatrix} 2 \\ 1 \end{pmatrix} - 215 \begin{pmatrix} -1 \\ 1 \end{pmatrix} = \begin{pmatrix} 479 \\ -83 \end{pmatrix}$$

よって，$\boxed{\text{P}(479, -83)}$ $\cdots$(答)

(2) $(x, y) = (132, -215)$ のとき，① より，

$$\begin{pmatrix} 132 \\ -215 \end{pmatrix} = X \begin{pmatrix} 2 \\ 1 \end{pmatrix} + Y \begin{pmatrix} -1 \\ 1 \end{pmatrix} \quad \cdots\cdots ②$$

$\begin{pmatrix} 1 \\ 1 \end{pmatrix}$ と②の両辺を内積して，$132 - 215 = 3X$ $\quad \therefore X = -\dfrac{83}{3}$

$\begin{pmatrix} -1 \\ 2 \end{pmatrix}$ と②の両辺を内積して，$-132 - 430 = 3Y$ $\quad \therefore Y = -\dfrac{562}{3}$

よって，$\boxed{\text{Q}\left[-\dfrac{83}{3}, -\dfrac{562}{3} \right]}$ $\cdots$(答)

4.11.2　座標変換による図形の方程式★

　例えば次のような方程式で表される xy 平面上の曲線を C とします。

$$x^2 + y^2 - 2xy - \sqrt{2}\,x - \sqrt{2}\,y + 2 = 0 \quad \cdots\cdots ★$$

C はどのような曲線でしょう。知識があれば簡単なのですが，ここでは発想の訓練だと思って次のように考えてみましょう。

（ア）★は x, y の対称式[22]だなぁ。

（イ）ということは，直線 $y = x$ が対称軸になっているはずだ。

（ウ）だとすれば，座標を $-45°$ 回転してみれば y 軸対称の知ってる曲線の方程式が出てくるかもしれない。

（エ）ということは，例えば

$$\vec{u} = \frac{\sqrt{2}}{2}\begin{pmatrix} 1 \\ -1 \end{pmatrix}, \ \vec{v} = \frac{\sqrt{2}}{2}\begin{pmatrix} 1 \\ 1 \end{pmatrix}$$

を基底とする新しい座標系を作って，そこで C を表現してみればいいんじゃない？

Part
4
図形の方程式

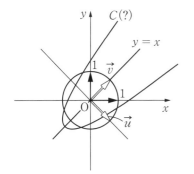

座標を $-45°$ 回転
————————→
曲線を $+45°$ 回転

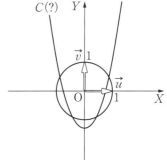

つまり，

「座標を原点を中心に $-45°$ 回転してみよう！」

という考え方です。相対的に見れば，

「図形を原点を中心に $45°$ 回転してみよう！」

※22：「x と y を入れ換えても同じ式になる」ということ。

というのと同じです。まず，通常の xy 座標の点 (x, y) と，$\vec{u}$，$\vec{v}$ を基底とする XY 座標の点 $[X, Y]$ に対して，座標変換の式は

$$\begin{pmatrix} x \\ y \end{pmatrix} = X\vec{u} + Y\vec{v}$$

$$= \frac{\sqrt{2}X}{2}\begin{pmatrix} 1 \\ -1 \end{pmatrix} + \frac{\sqrt{2}Y}{2}\begin{pmatrix} 1 \\ 1 \end{pmatrix}$$

$$= \frac{\sqrt{2}}{2}\begin{pmatrix} X+Y \\ -X+Y \end{pmatrix}$$

であり，(x, y) が★を満たして動くとき，$[X, Y]$ が満たす方程式は，

$$x^2 + y^2 - 2xy - \sqrt{2}\,x - \sqrt{2}\,y + 2 = 0$$

$$\Longleftrightarrow \left\{ \frac{\sqrt{2}}{2}(X+Y) \right\}^2 + \left\{ \frac{\sqrt{2}}{2}(-X+Y) \right\}^2$$

$$- 2\left\{ \frac{\sqrt{2}}{2}(X+Y) \right\}\left\{ \frac{\sqrt{2}}{2}(-X+Y) \right\}$$

$$- \sqrt{2}\left\{ \frac{\sqrt{2}}{2}(X+Y) \right\} - \sqrt{2}\left\{ \frac{\sqrt{2}}{2}(-X+Y) \right\} + 2 = 0$$

$$\Longleftrightarrow \frac{1}{2}(X^2 + 2XY + Y^2) + \frac{1}{2}(X^2 - 2XY + Y^2)$$

$$- 2 \cdot \frac{1}{2}(-X^2 + Y^2) - 2Y + 2 = 0$$

$$\Longleftrightarrow 2X^2 - 2Y + 2 = 0$$

$$\Longleftrightarrow Y = X^2 + 1 \quad \cdots\cdots\clubsuit$$

よって，曲線 C は XY 座標系では♣で表される下に凸の放物線であることがわかりました。概形は次のようになります。

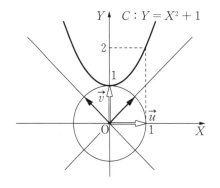

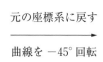

元の座標系に戻す
曲線を $-45°$ 回転

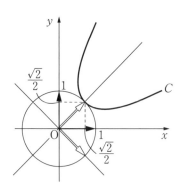

　一般に，斜交座標への座標変換を行うと，

　　　「平行な線分の長さの比」や「面積の比」

は遺伝しますが，

　　　「線分の長さ」「角度」「面積」「形」

は遺伝しません。

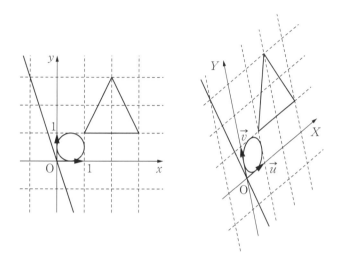

ところが次の例のように，直交する単位ベクトルを基底にとると，2 つの座標
系が合同になり，これらの情報もすべて新しい座標系に遺伝します。

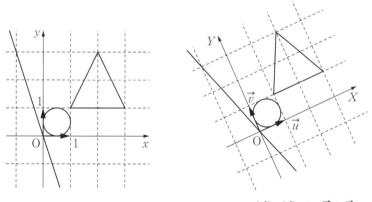

$$|\vec{u}|=|\vec{v}|=1,\ \vec{u}\perp\vec{v}$$

　　　「座標は変えたいが，形や大きさは崩したくない！」

というときは，直交する単位ベクトルを基底にとればよいわけです。

例題49 ▶

xy 座標平面上の曲線 C が次の方程式で与えられている。

$$2x^2 + 3xy - 2y^2 + 10 = 0$$

(1) $\begin{pmatrix} 1 \\ 2 \end{pmatrix}$ 向きの単位ベクトル $\vec{u} = \dfrac{1}{\sqrt{5}} \begin{pmatrix} 1 \\ 2 \end{pmatrix}$ と

$\begin{pmatrix} -2 \\ 1 \end{pmatrix}$ 向きの単位ベクトル $\vec{v} = \dfrac{1}{\sqrt{5}} \begin{pmatrix} -2 \\ 1 \end{pmatrix}$ をとり,

O$(0, 0)$ を原点, $\vec{u},\ \vec{v}$ を基底とする XY 座標系を考える。

曲線 C の XY 座標系における方程式を求めよ。

(2) 曲線 C を図示せよ。

解答・解説

xy 座標系と XY 座標系の座標変換の式は,

$$\begin{pmatrix} x \\ y \end{pmatrix} = X\vec{u} + Y\vec{v} = \frac{X}{\sqrt{5}} \begin{pmatrix} 1 \\ 2 \end{pmatrix} + \frac{Y}{\sqrt{5}} \begin{pmatrix} -2 \\ 1 \end{pmatrix} = \frac{1}{\sqrt{5}} \begin{pmatrix} X - 2Y \\ 2X + Y \end{pmatrix}$$

である。

(1) xy 座標系の点 (x, y) が C 上を動くとき, XY 座標系の点 $[X, Y]$ が満たす方程式は,

$$2x^2 + 3xy - 2y^2 + 10 = 0$$

$$\Longleftrightarrow 2\left(\frac{X - 2Y}{\sqrt{5}}\right)^2 + 3\left(\frac{X - 2Y}{\sqrt{5}}\right)\left(\frac{2X + Y}{\sqrt{5}}\right) - 2\left(\frac{2X + Y}{\sqrt{5}}\right)^2 + 10 = 0$$

$$\Longleftrightarrow \frac{2}{5}(X^2 - 4XY + 4Y^2) + \frac{3}{5}(2X^2 - 3XY - 2Y^2)$$

$$- \frac{2}{5}(4X^2 + 4XY + Y^2) + 10 = 0$$

$$\Longleftrightarrow XY = 2$$

よって, 曲線 C の XY 座標系における方程式は $\boxed{XY = 2}$ …(答)

(2) (1)より, 曲線 C は次ページの右側の図のようになる。C の式に $x = 0$ を代入すると, $y = \pm\sqrt{5}$ が得られ, これが y 切片であることもわかる。

242

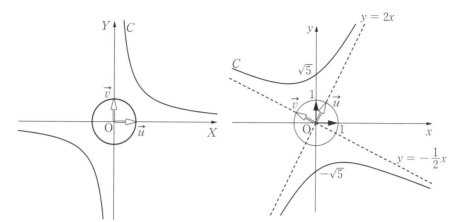

4.11.3　空間内に平面座標を張る[★]

　最後に，3次元空間内に2次元の座標系を作ることにより，空間内の図形を把握することに挑戦してみましょう。円錐を平面で切ってできる断面は「円錐曲線」と呼ばれ，次のようになる事実は有名です。

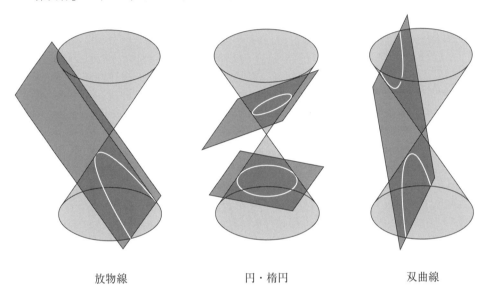

放物線　　　　　　　　　円・楕円　　　　　　　　　双曲線

このことを幾何的に証明することも重要ですが，ここでは，一例として，

　　　　「円錐面を母線と平行な平面で切った切り口は放物線になる」

ことを，座標変換を利用して例題で確かめてみましょう。

例題50 ▷

2点A$(0, 0, -2)$，B$(0, 1, 0)$を結ぶ直線をℓとし，ℓをz軸の周りに回転してできる円錐面をEとする。また，点C$(0, -1, 0)$を通りyz平面に垂直で$\overrightarrow{\mathrm{AB}}$に平行な平面を$\alpha$とする。

(1) 円錐面Eの方程式を求めよ。

(2) Eとαの交線をTとする。Tは放物線になることを示せ。

解答・解説

(1) Eの平面$z=t$による断面は，円

$$\begin{cases} z=t & \cdots\cdots① \\ x^2+y^2=\left(\dfrac{t+2}{2}\right)^2 & \cdots\cdots② \end{cases}$$

であるから，

$$(x, y, z)\in E \Longleftrightarrow \exists t, (①\wedge②)$$
$$\Longleftrightarrow x^2+y^2=\frac{(z+2)^2}{4}$$

よって，Eの方程式は，$\boxed{x^2+y^2=\dfrac{(z+2)^2}{4}}$ …(答)

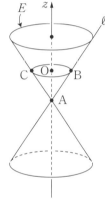

(2)

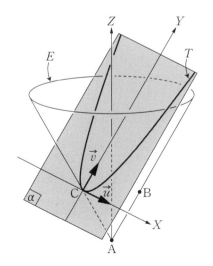

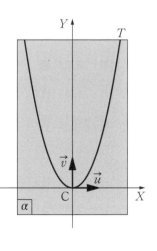

平面 α 上に，点 C を原点とし，2 つの直交する単位ベクトル

$$\vec{u} = \begin{pmatrix} 1 \\ 0 \\ 0 \end{pmatrix}, \; \vec{v} = \frac{1}{\sqrt{5}} \begin{pmatrix} 0 \\ 1 \\ 2 \end{pmatrix}$$

を基底とする XY 座標系 W を設定する。$\vec{v}$ は $\overrightarrow{AB}$ と同じ向きの単位ベクトルであることに注意する。通常の xyz 座標系で (x, y, z) と表される点 P の W における座標を $[X, Y]$ とすると，座標変換の式は

$$\begin{pmatrix} x \\ y \\ z \end{pmatrix} = \overrightarrow{OC} + X\vec{u} + Y\vec{v} = \begin{pmatrix} 0 \\ -1 \\ 0 \end{pmatrix} + X \begin{pmatrix} 1 \\ 0 \\ 0 \end{pmatrix} + \frac{Y}{\sqrt{5}} \begin{pmatrix} 0 \\ 1 \\ 2 \end{pmatrix}$$

すなわち

$$x = X, \; y = -1 + \frac{Y}{\sqrt{5}}, \; z = \frac{2Y}{\sqrt{5}}$$

点 P が E 上を動くとき，上の点 (x, y, z) が (1) の方程式を満たして動くので，

$$x^2 + y^2 = \frac{(z+2)^2}{4}$$

$$\Longleftrightarrow X^2 + \left(-1 + \frac{Y}{\sqrt{5}} \right)^2 = \frac{1}{4} \left(\frac{2Y}{\sqrt{5}} + 2 \right)^2$$

$$\Longleftrightarrow X^2 + 1 - \frac{2Y}{\sqrt{5}} + \frac{Y^2}{5} = \frac{1}{4} \left(\frac{4Y^2}{5} + \frac{8Y}{\sqrt{5}} + 4 \right)$$

$$\Longleftrightarrow Y = \frac{\sqrt{5}}{4} X^2$$

これが W における T の方程式である。W は直交する単位ベクトルを基底とする座標系であるから，T は普通の xy 平面上の放物線 $y = \frac{\sqrt{5}}{4} x^2$ と合同な放物線である。∎

MEMO

実践問題

解答・解説 ▶ p.282～p.297
★の個数は相対的な難易度の目安です。

☐ **1**
★
4点 A$(-1, 2, 0)$, B$(0, 1, 1)$, C$(1, -1, -3)$, D$(4, -5, k)$ が同一平面上にあるように k の値を定めよ。

☐ **2**
★
3点 A$(0, 0, 3)$, B$(0, -1, -2)$, C$(2, -3, 0)$ から等距離にある点のうち, 点 D$(-1, 3, 1)$ に最も近い点の座標を求めよ。

☐ **3**
★
1辺の長さが1の正四面体 OABC と点 P が
$$3\overrightarrow{OP} + 8\overrightarrow{AP} + 7\overrightarrow{BP} + \overrightarrow{CP} = \vec{0}$$
を満たしているとする。直線 OP と平面 ABC の交点を Q とする。
このとき, 次の問いに答えよ。
(1) 三角形 ABQ の面積を求めよ。
(2) 四面体 PABQ の体積を求めよ。 (宮崎大・改)

☐ **4**
★
点 A$(1, 1, 2)$ を中心とする半径2の球面を S とし, 2点 B$(4, -2, 5)$, C$(1, 4, 2)$ を通る直線を ℓ とする。
(1) S と ℓ は異なる2点で交わることを示せ。
(2) (1)の2つの交点間の距離を求めよ。

□ 5　空間内に 2 定点 A，B があって，AB ＝ 1 であるとする。
$$\left|\overrightarrow{\mathrm{AP}}\right| : \left|\overrightarrow{\mathrm{BP}}\right| = 2 : \sqrt{3}$$
★
を満たすような点 P の軌跡は球であることを示し，その中心の位置と
半径を求めよ。

□ 6　球面 $S : x^2 + y^2 + z^2 + 2x - 2y - 2z - 6 = 0$ と 2 点 A$(1, 1, 8)$，B$(3, 3, 5)$
★
を通る直線 ℓ がある。S 上の動点 P と ℓ 上の動点 Q について，PQ の
最小値と，最小になるときの P，Q の座標を求めよ。

□ 7
$$\begin{cases} x = \sin t + 2\cos t \\ y = 2\sin t + \cos t \\ z = -2\sin t + 2\cos t + 4 \end{cases}$$
で表される空間内の点 P (x, y, z) につい
★★
て，t が実数全体を動いたときの P の軌跡を C とする。

(1) C はどのような図形かを調べ，C が囲む部分の面積を求めよ。

(2) C の xy 平面への正射影を C' とする。C' が囲む部分の面積を求めよ。

□ 8　実数 x，y，z が，
$$x^2 + y^2 + z^2 = 5, \quad x + y + z = 3$$
★★
を満たして動くとき，$w = x - y$ のとり得る値の範囲を求めよ。

☐ **9** c を実数とする。x の方程式

$$\sin x + \sqrt{3}\cos x + c = 0 \cdots\cdots\cdots(*)$$

について，次の問いに答えよ。

(1) $(*)$ が $0 \leqq x < 2\pi$ の範囲に異なる 2 つの解をもつための c の条件を求めよ。

(2) c が (1) の条件を満たすとき，$(*)$ の 2 解を $x = \alpha, \beta \, (\alpha < \beta)$ とする。$\tan\dfrac{\alpha+\beta}{2}$ の値を求めよ。

☐ **10** $A(-1, 3, 1)$，$B(13, -3, 6)$，$C(3, -9, -1)$，$D(4, -8, 1)$ について，点 P が直線 CD 上を動くとき，距離の和 $AP + PB$ の最小値を求めよ。

☐ **11** 平行六面体 $OAFB - CEGD$ を考える。t を正の実数とし，辺 OC を $1 : t$ に内分する点を M とする。また三角形 ABM と直線 OG の交点を P とする。さらに $\overrightarrow{OA} = \vec{a}$，$\overrightarrow{OB} = \vec{b}$，$\overrightarrow{OC} = \vec{c}$ とする。

(1) $\overrightarrow{OP}$ を $\vec{a}$, $\vec{b}$, $\vec{c}$, t を用いて表せ。

(2) 四面体 $OABE$ の体積を V_1 とし，四面体 $OABP$ の体積を V_2 とするとき，$\dfrac{V_1}{V_2}$ を t を用いて表せ。

(3) 三角形 OAB の重心を Q とする。直線 FC と直線 QP が平行になるとき，t の値を求めよ。

(鹿児島大)

☐ **12** 四面体 OABC の体積を V とする。条件

$$\alpha + 2\beta + 3\gamma \leqq 6, \ 2 \leqq \alpha \leqq 4, \ \beta \geqq 0, \ \gamma \geqq 0$$

を満たす実数 α, β, γ を用いて

$$\overrightarrow{OP} = \alpha\overrightarrow{OA} + \beta\overrightarrow{OB} + \gamma\overrightarrow{OC}$$

と表される点 P の全体が作る立体を W とする。W の体積は V の何倍か。

（類題・慶応大）

☐ **13** xyz 空間内で，xz 平面上の直線 $\begin{cases} z = 2x \\ y = 0 \end{cases}$ を ℓ とし，ℓ を z 軸の周り

に回転してできる円錐面を K とする。

(1) K の方程式を求めよ。

(2) a を正の実数とする。K と平面 $\alpha : z = 2x + a$ との交線を S とする とき，S は放物線になる。S と xy 平面上の放物線 $y = x^2$ が合同にな るように a の値を定めよ。

☐ **14** xz 平面上の放物線 $C : z = 1 - x^2$, $y = 0$ を z 軸の周りに回転してでき る曲面を K とする。

(1) K の方程式を求めよ。

(2) K を平面 $\alpha : x + y + z = 0$ で切断したときの断面を L とする。L が 囲む部分の面積 S を求めよ。

MEMO

実践問題
解答・解説

Answers and Explanations

解答・解説
Part 1

□ **1**

◆簡単な図を描くように心がけよ。

◆Pの座標を求めたければ，$\overrightarrow{\mathrm{OP}}$ を求めるのが基本。つまり，「OからPまで行くためには，どこまで歩き，どの電車に何回乗り，どのバスに乗り換えて何回乗ればいい？」とイメージできることが大切。

(1)

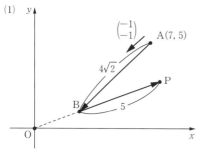

$$\overrightarrow{\mathrm{OB}}=\overrightarrow{\mathrm{OA}}+\overrightarrow{\mathrm{AB}}$$

$$=\binom{7}{5}+\left[\binom{-1}{-1}向きに4\sqrt{2}\,進むベクトル\right]$$

$$=\binom{7}{5}+\frac{4\sqrt{2}}{\left|\binom{-1}{-1}\right|}\binom{-1}{-1}$$

$$=\binom{7}{5}+4\binom{-1}{-1}$$

$$=\binom{3}{1}$$

また，

$$\overrightarrow{\mathrm{OP}}=\overrightarrow{\mathrm{OB}}+\overrightarrow{\mathrm{BP}}$$

$$=\binom{3}{1}+\left[\binom{3}{1}向きに5\,進むベクトル\right]$$

$$=\binom{3}{1}+\frac{5}{\left|\binom{3}{1}\right|}\binom{3}{1}$$

$$=\binom{3}{1}+\frac{5}{\sqrt{10}}\binom{3}{1}$$

$$=\binom{3}{1}+\frac{\sqrt{10}}{2}\binom{3}{1}$$

$$\therefore \boxed{\mathrm{P}\left(3+\frac{3\sqrt{10}}{2},\,1+\frac{\sqrt{10}}{2}\right)}\cdots(答)$$

(2)

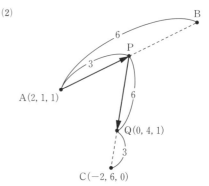

$$\overrightarrow{\mathrm{CQ}}=\begin{pmatrix}2\\-2\\1\end{pmatrix}\,より，\ |\overrightarrow{\mathrm{CQ}}|=3\,なので，$$

$$\overrightarrow{\mathrm{OP}}=\overrightarrow{\mathrm{OQ}}+2\overrightarrow{\mathrm{CQ}}$$

$$=\begin{pmatrix}0\\4\\1\end{pmatrix}+2\begin{pmatrix}2\\-2\\1\end{pmatrix}$$

$$=\begin{pmatrix}4\\0\\3\end{pmatrix}$$

$$\therefore \overrightarrow{\mathrm{OB}}=\overrightarrow{\mathrm{OA}}+2\overrightarrow{\mathrm{AP}}$$

$$=\overrightarrow{\mathrm{OA}}+2(\overrightarrow{\mathrm{OP}}-\overrightarrow{\mathrm{OA}})$$

$$=2\overrightarrow{\mathrm{OP}}-\overrightarrow{\mathrm{OA}}$$

$$=2\begin{pmatrix}4\\0\\3\end{pmatrix}-\begin{pmatrix}2\\1\\1\end{pmatrix}$$

$$=\begin{pmatrix}6\\-1\\5\end{pmatrix}$$

$$\therefore \boxed{\mathrm{B}(6,-1,5)}\cdots(答)$$

□2

◆「比」が本質の問題。ということは，どの座標で考えても同じはず。斜交座標を使う典型的な設定だ。

◆「共線条件」(p.49 基本原理13)を用いる方法も重要。

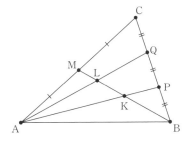

1 共線条件(基本原理13(2))を利用した解法

◆教科書にある基本方針。まずはこちらを完璧に理解しよう。

内分点公式より，

$$\overrightarrow{AP} = \frac{1}{3}(2\overrightarrow{AB} + \overrightarrow{AC}),$$

$$\overrightarrow{AQ} = \frac{1}{3}(\overrightarrow{AB} + 2\overrightarrow{AC})$$

A，K，P が一直線上にあるので，

$$\overrightarrow{AK} = k\overrightarrow{AP} = \frac{k}{3}(2\overrightarrow{AB} + \overrightarrow{AC}) \cdots\cdots①$$

と表せ，A，L，Q も一直線上にあるので，

$$\overrightarrow{AL} = l\overrightarrow{AQ} = \frac{l}{3}(\overrightarrow{AB} + 2\overrightarrow{AC}) \cdots\cdots②$$

とも表せる。今，$\overrightarrow{AC} = 2\overrightarrow{AM}$ なので，

①より，$\overrightarrow{AK} = \frac{2k}{3}\overrightarrow{AB} + \frac{2k}{3}\overrightarrow{AM} \cdots\cdots③$

②より，$\overrightarrow{AL} = \frac{l}{3}\overrightarrow{AB} + \frac{4l}{3}\overrightarrow{AM} \cdots\cdots④$

今，$\overrightarrow{AB}$，$\overrightarrow{AM}$ は1次独立で，B，K，M は一直線上にあるので，③より，

$$\frac{2k}{3} + \frac{2k}{3} = 1 \quad \therefore \ k = \frac{3}{4}$$

同様に B，L，M も一直線上にあるので，④より，

$$\frac{l}{3} + \frac{4l}{3} = 1 \quad \therefore \ l = \frac{3}{5}$$

よって，③，④より

$$\overrightarrow{AK} = \frac{\overrightarrow{AB} + \overrightarrow{AM}}{2}, \quad \overrightarrow{AL} = \frac{\overrightarrow{AB} + 4\overrightarrow{AM}}{5}$$

よって，K は BM を 1:1 に内分し，L は BM を 4:1 に内分する。したがって，

ML : LK : KB = $\boxed{2 : 3 : 5}$ …(答)

2 斜交座標を利用した解法

◆比の問題なので，どんな座標系で考えても結果は同じ。よって下図のような直交座標系だと思って解けばよい。

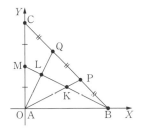

A を原点，$\overrightarrow{AB}$，$\overrightarrow{AC}$ を基底とする XY 座標系で考えると，

A$(0, 0)$，B$(1, 0)$，C$(0, 1)$，M$\left(0, \dfrac{1}{2}\right)$，

P$\left(\dfrac{2}{3}, \dfrac{1}{3}\right)$，Q$\left(\dfrac{1}{3}, \dfrac{2}{3}\right)$

であるから，

$\begin{cases} 直線 AP の方程式は Y = \dfrac{1}{2}X & \cdots\cdots① \\ 直線 AQ の方程式は Y = 2X & \cdots\cdots② \\ 直線 BM の方程式は X + 2Y = 1 & \cdots\cdots③ \end{cases}$

①，③を連立すると，K$\left(\dfrac{1}{2}, \dfrac{1}{4}\right)$を得る。

②，③を連立すると，L$\left(\dfrac{1}{5}, \dfrac{2}{5}\right)$を得る。

M，L，K，B の X 座標を比べて，

$$ML : LK : KB = \frac{1}{5} : \left(\frac{1}{2} - \frac{1}{5}\right) : \left(1 - \frac{1}{2}\right)$$

$$= \boxed{2 : 3 : 5} \cdots(答)$$

□3

◆$\vec{a}$, $\vec{b}$ が1次独立なので, 「$\overrightarrow{OX} = x\vec{a} + y\vec{b}$」を見た瞬間に「Oを原点, $\vec{a}$, $\vec{b}$ を基底とする斜交座標でXの座標が (x, y) だ!」と反応してほしい。

◆慣れないうちは, いったん通常の xy 平面で練習してから, それを斜交座標に「コピー」すればよい。

それぞれ下側の図が答え。境界もすべて含む。

(1) $-1 \leqq x + y \leqq 1$

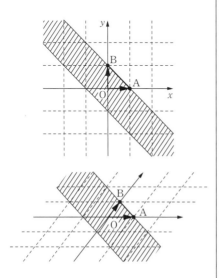

(2) $|x| + |y| \leqq 2$ かつ $x \leqq 1$

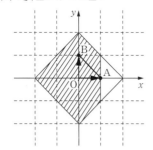

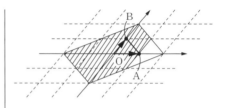

□4

◆面積比は, どの座標系でも同じ。

$\overrightarrow{OP} = s\overrightarrow{OA} + t\overrightarrow{OB}$ より, Oを原点とし, $\overrightarrow{OA}$, $\overrightarrow{OB}$ を基底とする斜交座標において, Pの座標は (s, t) である。よって, s, t が

$$s \geqq 0, \quad 1 \leqq s + 2t \leqq 2, \quad 3s + t \leqq 3$$

を満たすとき, 点Pの存在範囲は下図の網目部分で境界も含む。

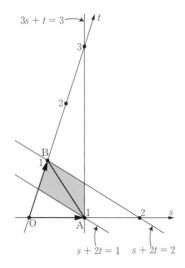

面積比は普通の直交座標系と同じなので, 次図で考えると,

$$S = \triangle OAB = \frac{1}{2}, \quad T = \frac{9}{20} \text{なので},$$

T は S の $\boxed{\dfrac{9}{10} \text{倍}}$ …(答)

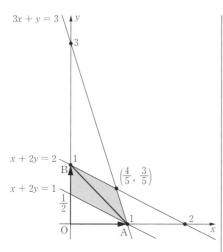

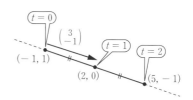

□ **5**

◆論理を学んだ人は「逆像法」など、軌跡を求める本質を用いたくなるであろう。それはとても重要なこと。しかしちょっと待て。いずれも、

$$\begin{pmatrix} x \\ y \end{pmatrix} = s\begin{pmatrix} a \\ b \end{pmatrix} + t\begin{pmatrix} c \\ d \end{pmatrix}$$

の形ではないか。$\begin{pmatrix} a \\ b \end{pmatrix}$ と $\begin{pmatrix} c \\ d \end{pmatrix}$ が1次独立なら、斜交座標の出番だ。

◆もちろん、すべての軌跡の問題で「斜交座標」が使えるわけではない。本問は「たまたま斜交座標が使える軌跡の問題」であることを忘れてはならない。

◆1つの解答の中に複数の座標系が登場する場合は、混乱を避けるために座標やベクトルの表記を変えた方がよいであろう。

(1) $\begin{cases} x = 3t - 1 \\ y = -t + 1 \end{cases}$

$\iff \begin{pmatrix} x \\ y \end{pmatrix} = \begin{pmatrix} -1 \\ 1 \end{pmatrix} + t\begin{pmatrix} 3 \\ -1 \end{pmatrix}$ ……①

よって、点 $\mathrm{P}(x, y)$ は点 $(-1, 1)$ を通る $\begin{pmatrix} 3 \\ -1 \end{pmatrix}$ 方向の直線上を動き、特に $0 \leq t \leq 2$ のときは、次図の太実線部のような線分（両端を含む）を描く。

(2) $\begin{cases} x = t - \dfrac{1}{t} \\ y = t + \dfrac{1}{t} \end{cases}$

$\iff \begin{pmatrix} x \\ y \end{pmatrix} = t\begin{pmatrix} 1 \\ 1 \end{pmatrix} + \dfrac{1}{t}\begin{pmatrix} -1 \\ 1 \end{pmatrix}$

よって、O を原点、$\begin{pmatrix} 1 \\ 1 \end{pmatrix}$, $\begin{pmatrix} -1 \\ 1 \end{pmatrix}$ を基底とする XY 座標系を W とし、W における座標を $[X, Y]$ で表すと、$\mathrm{P}\left[t, \dfrac{1}{t}\right]$ である。t が $t > 0$ の範囲を動くとき、P は W における曲線 $Y = \dfrac{1}{X}$ $(X > 0)$ を描くので、求める軌跡は次図の太実線部のような双曲線の一部である。

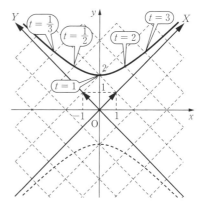

(3)
$$\begin{cases} x = t + 2^t \\ y = t - 2^t \end{cases}$$

$$\iff \begin{pmatrix} x \\ y \end{pmatrix} = t \begin{pmatrix} 1 \\ 1 \end{pmatrix} + 2^t \begin{pmatrix} 1 \\ -1 \end{pmatrix}$$

よって，O を原点，$\begin{pmatrix} 1 \\ 1 \end{pmatrix}$，$\begin{pmatrix} 1 \\ -1 \end{pmatrix}$ を基底とする XY 座標系を W とし，W における座標を $[X, Y]$ で表すと，P$[t, 2^t]$ である。t が実数全体を動くとき，P は W における曲線 $Y = 2^X$ 全体を描くので，求める軌跡は次図の太実線部である。

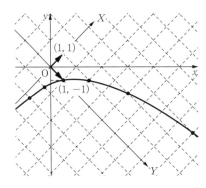

(4)
$$\begin{cases} x = t - 2t^3 \\ y = 2t + t^3 \end{cases}$$

$$\iff \begin{pmatrix} x \\ y \end{pmatrix} = t \begin{pmatrix} 1 \\ 2 \end{pmatrix} + t^3 \begin{pmatrix} -2 \\ 1 \end{pmatrix}$$

よって，O を原点，$\begin{pmatrix} 1 \\ 2 \end{pmatrix}$，$\begin{pmatrix} -2 \\ 1 \end{pmatrix}$ を基底とする XY 座標系を W とし，W における座標を $[X, Y]$ で表すと，P$[t, t^3]$ である。t が実数全体を動くとき，P は W における曲線 $Y = X^3$ 全体を描くので，求める軌跡は次図の太実線部である。

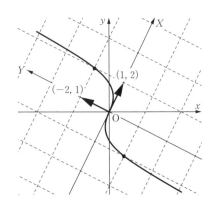

□ 6

◆動点 P, Q を
$$\overrightarrow{AP} = s\overrightarrow{AB}, \quad \overrightarrow{DQ} = t\overrightarrow{DC}$$
などとパラメータ表示するところから始めよう。

◆$\vec{p} = s\vec{u} + t\vec{v}$ の形が出てきたら，「斜交座標」を考えるのが基本。

AP : PB $= s : 1 - s$　$(0 \leq s \leq 1)$,

DQ : QC $= t : 1 - t$　$(0 \leq t \leq 1)$ とおくと，
$$\overrightarrow{AP} = s\overrightarrow{AB}$$
$$\overrightarrow{AQ} = \overrightarrow{AD} + t\overrightarrow{DC}$$

線分 PQ を $1 : 2$ に内分する点が R なので，
$$\overrightarrow{AR} = \frac{2\overrightarrow{AP} + \overrightarrow{AQ}}{3}$$
$$= \frac{1}{3}(2s\overrightarrow{AB} + \overrightarrow{AD} + t\overrightarrow{DC})$$
$$= \frac{1}{3}\overrightarrow{AD} + s\left(\frac{2}{3}\overrightarrow{AB}\right) + t\left(\frac{1}{3}\overrightarrow{DC}\right)$$

よって，AD を $1 : 2$ に内分する点を E とし，$\frac{2}{3}\overrightarrow{AB} = \vec{u}$，$\frac{1}{3}\overrightarrow{DC} = \vec{v}$ とおくと，
$$\overrightarrow{AR} = \overrightarrow{AE} + s\vec{u} + t\vec{v}$$
$$\therefore \quad \overrightarrow{ER} = s\vec{u} + t\vec{v}$$

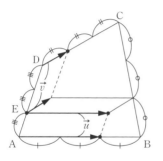

今，AB と CD は平行ではないので，$\vec{u}$, $\vec{v}$ は 1 次独立であるから，E を原点，$\vec{u}$, $\vec{v}$ を基底とする斜交座標系で考えると，点 R の座標は (s, t) である。今，s, t は，$0 \leqq s \leqq 1$, $0 \leqq t \leqq 1$ を満たして動くので，点 R が動き得る範囲は，次図の網目部分（境界も含む）のような，$\vec{u}$, $\vec{v}$ の張る平行四辺形の周および内部である。

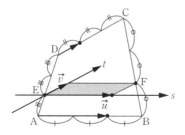

ここで，$\overrightarrow{EF} = \vec{u} + \vec{v}$ とおくと，

$$\overrightarrow{AF} = \overrightarrow{AE} + \overrightarrow{EF}$$
$$= \frac{1}{3}\overrightarrow{AD} + \vec{u} + \vec{v}$$
$$= \frac{1}{3}\overrightarrow{AD} + \frac{2}{3}\overrightarrow{AB} + \frac{1}{3}\overrightarrow{DC}$$
$$= \frac{\overrightarrow{AC} + 2\overrightarrow{AB}}{3}$$

より，F は線分 BC を 1:2 に内分する点であることに注意する。

□ 7

◆ P の位置が知りたいのに，与えられた等式はベクトルの始点がバラバラだ。まずは始点をそろえてみよう。

◆ 面積比はどの座標系で考えても同じ。

ABCD が平行四辺形であることから，
$$\overrightarrow{AC} = \overrightarrow{AB} + \overrightarrow{AD} \cdots\cdots ①$$
このとき
$$\overrightarrow{AP} + 2\overrightarrow{BP} + 3\overrightarrow{CP} + 4\overrightarrow{DP} = \vec{0}$$
$$\Leftrightarrow \overrightarrow{AP} + 2(\overrightarrow{AP} - \overrightarrow{AB})$$
$$\quad + 3(\overrightarrow{AP} - \overrightarrow{AC}) + 4(\overrightarrow{AP} - \overrightarrow{AD}) = \vec{0}$$
$$\Leftrightarrow 10\overrightarrow{AP} = 2\overrightarrow{AB} + 3\overrightarrow{AC} + 4\overrightarrow{AD}$$
$$\Leftrightarrow 10\overrightarrow{AP} = 2\overrightarrow{AB} + 3(\overrightarrow{AB} + \overrightarrow{AD}) + 4\overrightarrow{AD}$$
$$\qquad\qquad\qquad\qquad (\because ①)$$
$$\Leftrightarrow \overrightarrow{AP} = \frac{5\overrightarrow{AB} + 7\overrightarrow{AD}}{10} \cdots\cdots ②$$

よって，A を原点，$\overrightarrow{AB}$, $\overrightarrow{AD}$ を基底とする座標系で，P の座標は $\left(\frac{1}{2}, \frac{7}{10}\right)$ である。

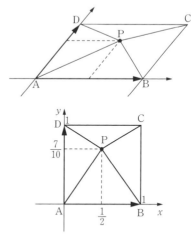

普通の直交座標で考えても面積比は同じなので，上図を参考に

$$\triangle PAB : \triangle PBC : \triangle PCD : \triangle PDA$$
$$= \left(\frac{1}{2}\cdot\frac{7}{10}\right) : \left(\frac{1}{2}\cdot\frac{1}{2}\right) : \left(\frac{1}{2}\cdot\frac{3}{10}\right) : \left(\frac{1}{2}\cdot\frac{1}{2}\right)$$
$$= \boxed{7 : 5 : 3 : 5} \cdots (答)$$

◆斜交座標を用いないなら，例えば次のような解答になる。

②より，

$$\overrightarrow{\text{AP}} = \frac{5\overrightarrow{\text{AB}} + 7\overrightarrow{\text{AD}}}{10}$$

$$= \frac{1}{2}\overrightarrow{\text{AB}} + \frac{7}{10}\overrightarrow{\text{AD}}$$

より，AB，CD の中点をそれぞれ L，M とすると，P は LM を $7:3$ に内分する。

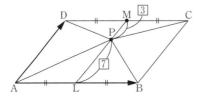

よって，平行四辺形 ABCD の面積を S とおくと，

$$\triangle\text{PAB} = \frac{7}{10}\triangle\text{ABM}$$

$$= \frac{7}{10}\cdot\frac{S}{2}$$

$$= \frac{7S}{20}$$

$$\triangle\text{PCD} = \frac{3}{10}\triangle\text{CDL}$$

$$= \frac{3}{10}\cdot\frac{S}{2}$$

$$= \frac{3S}{20}$$

$$\triangle\text{PBC} = \frac{S}{4}$$

$$= \frac{5S}{20}$$

$$\triangle\text{PDA} = \frac{S}{4}$$

$$= \frac{5S}{20}$$

よって，

$$\triangle\text{PAB} : \triangle\text{PBC} : \triangle\text{PCD} : \triangle\text{PDA}$$
$$= \boxed{7:5:3:5}\cdots(答)$$

8

◆空間ベクトルは，「1 次独立な 3 つのベクトルで旅をする」のが基本。

◆次図のように「対称性」を意識したパラメータ設定をすれば論証がしやすくなるはず。

◆4 点が平行四辺形を作る条件，3 点が一直線上にある条件などは，教科書レベル。

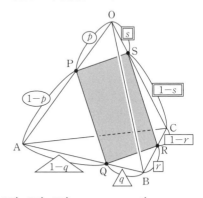

$\overrightarrow{\text{OA}}$, $\overrightarrow{\text{OB}}$, $\overrightarrow{\text{OC}}$ をそれぞれ $\vec{a}$, $\vec{b}$, $\vec{c}$ とおく。

点 P，Q，R，S はそれぞれ辺 OA，AB，BC，CO 上にあるので，

$$\begin{cases}\overrightarrow{\text{OP}} = p\vec{a} & (0 \le p \le 1) \\ \overrightarrow{\text{OQ}} = q\vec{a} + (1-q)\vec{b} & (0 \le q \le 1) \\ \overrightarrow{\text{OR}} = (1-r)\vec{b} + r\vec{c} & (0 \le r \le 1) \\ \overrightarrow{\text{OS}} = s\vec{c} & (0 \le s \le 1)\end{cases}$$

とおける。このとき，

$$\begin{cases}\overrightarrow{\text{PS}} = \overrightarrow{\text{OS}} - \overrightarrow{\text{OP}} = s\vec{c} - p\vec{a} \\ \overrightarrow{\text{QR}} = \overrightarrow{\text{OR}} - \overrightarrow{\text{OQ}} = (q-r)\vec{b} + r\vec{c} - q\vec{a}\end{cases}$$

である。また，線分 AC の中点を M，線分 OB の中点を N とおくと，

$$\overrightarrow{\text{OM}} = \frac{\vec{a}+\vec{c}}{2}, \quad \overrightarrow{\text{ON}} = \frac{\vec{b}}{2}$$

である。

PQRS が平行四辺形になるとき，

$$\overrightarrow{\text{PS}} = \overrightarrow{\text{QR}}$$

$$\therefore \ s\vec{c} - p\vec{a} = (q-r)\vec{b} + r\vec{c} - q\vec{a}$$

$\vec{a}, \vec{b}, \vec{c}$ は 1 次独立なので，係数比較が許され，

$$\begin{cases} -p = -q \\ 0 = q - r \qquad \therefore\ p = q = r = s \\ s = r \end{cases}$$

このとき，平行四辺形 PQRS の対角線の交点を D とすると，D は対角線 PR の中点なので，

$$\overrightarrow{OD} = \frac{\overrightarrow{OP} + \overrightarrow{OR}}{2} = \frac{p\vec{a} + (1-r)\vec{b} + r\vec{c}}{2}$$

$$= \frac{p\vec{a} + (1-p)\vec{b} + p\vec{c}}{2} \quad (\because\ p = r)$$

ゆえに，

$$\overrightarrow{ND} = \overrightarrow{OD} - \overrightarrow{ON}$$

$$= \frac{p\vec{a} + (1-p)\vec{b} + p\vec{c}}{2} - \frac{\vec{b}}{2}$$

$$= p\left(\frac{\vec{a} + \vec{c}}{2} - \frac{\vec{b}}{2}\right)$$

$$= p\left(\overrightarrow{OM} - \overrightarrow{ON}\right)$$

$$= p\overrightarrow{NM}$$

今，$0 \le p \le 1$ であるから，D は線分 MN 上にある。■

□ 9

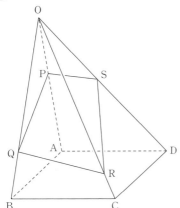

$$\overrightarrow{OA} + \overrightarrow{OC} = \overrightarrow{OB} + \overrightarrow{OD}^{*1} \cdots\cdots ①$$

$\vec{a} = \overrightarrow{OA}$, $\vec{b} = \overrightarrow{OB}$, $\vec{c} = \overrightarrow{OC}$ とおくと，①より

$$\overrightarrow{OD} = \vec{a} - \vec{b} + \vec{c}$$

であるから，

$$\overrightarrow{OP} = p\vec{a},\ \ \overrightarrow{OQ} = q\vec{b},$$
$$\overrightarrow{OR} = r\vec{c},\ \ \overrightarrow{OS} = s(\vec{a} - \vec{b} + \vec{c})$$

今，$\overrightarrow{QP}$, $\overrightarrow{QR}$ は 1 次独立であるから，P, Q, R, S が同一平面上にあるとき，ある実数α, β を用いて

$$\overrightarrow{QS} = \alpha\overrightarrow{QP} + \beta\overrightarrow{QR}$$

$$\overrightarrow{OS} - \overrightarrow{OQ}$$

$$= \alpha\left(\overrightarrow{OP} - \overrightarrow{OQ}\right) + \beta\left(\overrightarrow{OR} - \overrightarrow{OQ}\right)$$

$$\therefore\ s(\vec{a} - \vec{b} + \vec{c}) - q\vec{b}$$

$$= \alpha\left(p\vec{a} - q\vec{b}\right) + \beta\left(r\vec{c} - q\vec{b}\right) \cdots\cdots ②$$

と表せる。

今，$\vec{a}$, $\vec{b}$, $\vec{c}$ は 1 次独立だから，②の両辺の係数比較が許されて，

$$\begin{cases} s = p\alpha \\ -s - q = -q\alpha - q\beta \\ s = r\beta \end{cases}$$

$p \ne 0$, $q \ne 0$, $r \ne 0$ より

$$\begin{cases} \alpha = \dfrac{s}{p} \qquad\qquad \cdots\cdots ③ \\ \alpha + \beta - 1 = \dfrac{s}{q} \cdots\cdots ④ \\ \beta = \dfrac{s}{r} \qquad\qquad \cdots\cdots ⑤ \end{cases}$$

③, ⑤を④に代入して，

$$\frac{s}{p} + \frac{s}{r} - 1 = \frac{s}{q}$$

$s \ne 0$ より

$$\frac{1}{p} + \frac{1}{r} = \frac{1}{q} + \frac{1}{s} \quad ■$$

※1 : ① $\Longleftrightarrow \overrightarrow{AB} = \overrightarrow{DC}$ より，四角形 ABCD は平行四辺形。

Part 2

$$= \frac{2}{\sqrt{6}}$$

$$= \boxed{\frac{\sqrt{6}}{3}} \cdots (\text{答})$$

☐ 1

◆計算主体で考えることもできるが，
「$\overrightarrow{OA} + x\overrightarrow{AB} + y\overrightarrow{AC}$」の形を見て「平面のパラメータ表示」や「A を原点，$\overrightarrow{AB}$，$\overrightarrow{AC}$ を基底とする座標系」を連想できないのはマズい。

1 図形的な解法

$\overrightarrow{OP} = \overrightarrow{OA} + x\overrightarrow{AB} + y\overrightarrow{AC}$ とおく。

$\overrightarrow{AB} = \begin{pmatrix} -2 \\ 3 \\ 1 \end{pmatrix}$，$\overrightarrow{AC} = \begin{pmatrix} 1 \\ 0 \\ -2 \end{pmatrix}$ は 1 次独立だから，x, y が実数値をとって動くとき，点 P は平面 ABC 上をくまなく動く。よって，$|\overrightarrow{OP}|$ の最小値は原点 O と平面 ABC の距離に他ならない。

$\overrightarrow{AB}$ と $\overrightarrow{AC}$ の両方に垂直なベクトルとして，$\vec{n} = \begin{pmatrix} 2 \\ 1 \\ 1 \end{pmatrix}$ があり，これは平面 ABC の法線ベクトルの 1 つである。

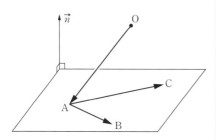

原点 O と平面 ABC との距離は，$\overrightarrow{OA}$ の $\vec{n}$ 向きの符号付き長さの絶対値に等しいから，求める最小値は，

$$\frac{|\vec{n} \cdot \overrightarrow{OA}|}{|\vec{n}|} = \frac{\left| \begin{pmatrix} 2 \\ 1 \\ 1 \end{pmatrix} \cdot \begin{pmatrix} 1 \\ -1 \\ 1 \end{pmatrix} \right|}{\left| \begin{pmatrix} 2 \\ 1 \\ 1 \end{pmatrix} \right|}$$

2 計算主体の解法

$$|\overrightarrow{OA} + x\overrightarrow{AB} + y\overrightarrow{AC}|^2$$

$$= \left| \begin{pmatrix} 1 \\ -1 \\ 1 \end{pmatrix} + x \begin{pmatrix} -2 \\ 3 \\ 1 \end{pmatrix} + y \begin{pmatrix} 1 \\ 0 \\ -2 \end{pmatrix} \right|^2$$

$$= \left| \begin{pmatrix} 1 - 2x + y \\ -1 + 3x \\ 1 + x - 2y \end{pmatrix} \right|^2$$

$$= (1 - 2x + y)^2 + (-1 + 3x)^2 + (1 + x - 2y)^2$$

$$= 14x^2 + 5y^2 - 8xy - 8x - 2y + 3$$

$$= 14\left\{ x - \frac{2}{7}(y+1) \right\}^2 + \frac{27}{7}y^2 - \frac{30}{7}y + \frac{13}{7}$$

$$= 14\left\{ x - \frac{2}{7}(y+1) \right\}^2 + \frac{27}{7}\left(y - \frac{5}{9} \right)^2 + \frac{2}{3}$$

$$\geqq \frac{2}{3}$$

等号は，

$$\begin{cases} x - \dfrac{2}{7}(y+1) = 0 \\ y - \dfrac{5}{9} = 0 \end{cases} \quad \text{すなわち} \quad \begin{cases} x = \dfrac{4}{9} \\ y = \dfrac{5}{9} \end{cases}$$

のときに成立するので，求める最小値は，

$$\sqrt{\frac{2}{3}} = \boxed{\frac{\sqrt{6}}{3}} \cdots (\text{答})$$

☐ 2

◆(2)は斜交座標を考えるだけ。

(1) △OAB は，$\overrightarrow{OA} = \begin{pmatrix} 3 \\ 2 \end{pmatrix}$，$\overrightarrow{OB} = \begin{pmatrix} 1 \\ 5 \end{pmatrix}$ の張る三角形なので，その面積を S とおくと，

$$S = \frac{1}{2}\sqrt{|\overrightarrow{OA}|^2|\overrightarrow{OB}|^2 - (\overrightarrow{OA} \cdot \overrightarrow{OB})^2}$$

$$= \frac{1}{2}\sqrt{(3^2 + 2^2)(1^2 + 5^2) - (3 \cdot 1 + 2 \cdot 5)^2}$$

$$= \frac{1}{2}\sqrt{13 \cdot 26 - 13^2} = \boxed{\frac{13}{2}} \cdots (\text{答})^{※1}$$

(2) O を原点，$\overrightarrow{\mathrm{OA}}$，$\overrightarrow{\mathrm{OB}}$ を基底とする座標系において，
$$\overrightarrow{\mathrm{OP}} = s\overrightarrow{\mathrm{OA}} + t\overrightarrow{\mathrm{OB}}$$
で定まる点 P の座標は (s, t) であるから，$s \geqq 0$，$t \geqq 0$，$1 \leqq s+t \leqq 2$ を満たすとき，点 P の存在範囲は次図の網目部分（境界も含む）となる。

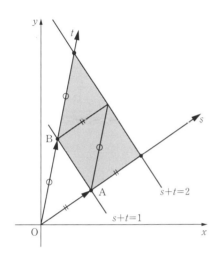

その面積は $\triangle$OAB の 3 倍なので，求める面積は
$$3S = \boxed{\dfrac{39}{2}} \cdots(答)$$

※ 1 : $S = \dfrac{1}{2}\left|\det\begin{pmatrix} 3 & 1 \\ 2 & 5 \end{pmatrix}\right| = \dfrac{1}{2}|3\cdot5 - 2\cdot1| = \dfrac{13}{2}$
としてもよい。

□ 3

◆「正射影ベクトル」を用いる典型問題。

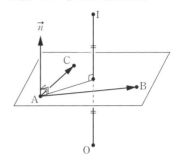

$A(2, 0, 0)$，$B(0, 1, 0)$，$C(0, 0, 3)$ より，
$\overrightarrow{\mathrm{AB}} = \begin{pmatrix} -2 \\ 1 \\ 0 \end{pmatrix}$，$\overrightarrow{\mathrm{AC}} = \begin{pmatrix} -2 \\ 0 \\ 3 \end{pmatrix}$ で，これらの両方に垂直なベクトルとして $\vec{n} = \begin{pmatrix} 3 \\ 6 \\ 2 \end{pmatrix}$ がとれる。このとき，

$\overrightarrow{\mathrm{OI}} = 2 \times [\overrightarrow{\mathrm{OA}}$ の $\vec{n}$ への正射影ベクトル$]$
$= 2 \cdot \dfrac{\vec{n} \cdot \overrightarrow{\mathrm{OA}}}{|\vec{n}|^2}\vec{n} = 2 \cdot \dfrac{6}{49}\begin{pmatrix} 3 \\ 6 \\ 2 \end{pmatrix} = \dfrac{12}{49}\begin{pmatrix} 3 \\ 6 \\ 2 \end{pmatrix}$

$\therefore \boxed{\mathrm{I}\left(\dfrac{36}{49}, \dfrac{72}{49}, \dfrac{24}{49}\right)} \cdots(答)$

□ 4

◆「符号付き長さ」を用いる典型問題。

正三角形 ABC の 1 辺の長さを 1 として考えてよい。このとき，

$x = (\overrightarrow{\mathrm{PQ}}$ の $\overrightarrow{\mathrm{AB}}$ 向きの符号付き長さ$)$
$= \dfrac{\overrightarrow{\mathrm{AB}} \cdot \overrightarrow{\mathrm{PQ}}}{|\overrightarrow{\mathrm{AB}}|} = \overrightarrow{\mathrm{AB}} \cdot \overrightarrow{\mathrm{PQ}}$ $(\because |\overrightarrow{\mathrm{AB}}| = 1)$

$y = (\overrightarrow{\mathrm{QP}}$ の $\overrightarrow{\mathrm{BC}}$ 向きの符号付き長さ$)$
$= \dfrac{\overrightarrow{\mathrm{BC}} \cdot \overrightarrow{\mathrm{QP}}}{|\overrightarrow{\mathrm{BC}}|} = -\overrightarrow{\mathrm{BC}} \cdot \overrightarrow{\mathrm{PQ}}$ $(\because |\overrightarrow{\mathrm{BC}}| = 1)$

$z = (\overrightarrow{\mathrm{QP}}$ の $\overrightarrow{\mathrm{CA}}$ 向きの符号付き長さ$)$
$= \dfrac{\overrightarrow{\mathrm{CA}} \cdot \overrightarrow{\mathrm{QP}}}{|\overrightarrow{\mathrm{CA}}|} = -\overrightarrow{\mathrm{CA}} \cdot \overrightarrow{\mathrm{PQ}}$ $(\because |\overrightarrow{\mathrm{CA}}| = 1)$

よって,

$$\begin{aligned}
x - y - z &= \overrightarrow{AB} \cdot \overrightarrow{PQ} - (-\overrightarrow{BC} \cdot \overrightarrow{PQ}) - (-\overrightarrow{CA} \cdot \overrightarrow{PQ}) \\
&= (\overrightarrow{AB} + \overrightarrow{BC} + \overrightarrow{CA}) \cdot \overrightarrow{PQ} \\
&= \vec{0} \cdot \overrightarrow{PQ} \\
&= 0
\end{aligned}$$

$$\therefore \ x = y + z \quad \blacksquare$$

□ **5**

◆「外心」「垂心」は内積を利用。「内心」は角の2等分線定理と分点公式を利用するのが典型的な発想。

(1) △OAB の重心 G の位置は

$$\begin{aligned}
\overrightarrow{OG} &= \frac{1}{3}(\overrightarrow{OA} + \overrightarrow{OB}) \\
&= \frac{1}{3}\left\{ \begin{pmatrix} -3 \\ -1 \end{pmatrix} + \begin{pmatrix} 2 \\ 4 \end{pmatrix} \right\} \\
&= \frac{1}{3} \begin{pmatrix} -1 \\ 3 \end{pmatrix}
\end{aligned}$$

$$\therefore \ \boxed{G\left(-\frac{1}{3},\, 1\right)} \cdots (答)$$

(2) 外心 J を (x, y) とおくと,

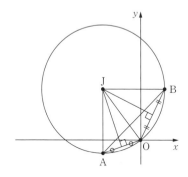

$OA = \sqrt{10}$, $OB = 2\sqrt{5}$ より,

$$\begin{cases}
\overrightarrow{OA} \cdot \overrightarrow{OJ} = |\overrightarrow{OA}| \times \dfrac{1}{2}|\overrightarrow{OA}| = \sqrt{10} \times \dfrac{\sqrt{10}}{2} = 5 \\[2mm]
\overrightarrow{OB} \cdot \overrightarrow{OJ} = |\overrightarrow{OB}| \times \dfrac{1}{2}|\overrightarrow{OB}| = 2\sqrt{5} \times \dfrac{2\sqrt{5}}{2} = 10
\end{cases}$$

$$\therefore \ \begin{cases}
\begin{pmatrix} -3 \\ -1 \end{pmatrix} \cdot \begin{pmatrix} x \\ y \end{pmatrix} = 5 \\[2mm]
\begin{pmatrix} 2 \\ 4 \end{pmatrix} \cdot \begin{pmatrix} x \\ y \end{pmatrix} = 10
\end{cases}$$

$$\therefore \ \begin{cases} -3x - y = 5 \\ 2x + 4y = 10 \end{cases}$$

$$\therefore \ \begin{cases} x = -3 \\ y = 4 \end{cases}$$

$$\therefore \ \boxed{J(-3, 4)} \cdots (答)$$

(3) 垂心 H を (x, y) とおくと,

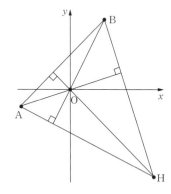

$$\begin{cases} AB \perp OH \\ OB \perp AH \end{cases} より,$$

$$\begin{cases}
\overrightarrow{AB} \cdot \overrightarrow{OH} = 0 \\
\overrightarrow{OB} \cdot \overrightarrow{AH} = 0
\end{cases}
\quad \therefore \quad
\begin{cases}
\begin{pmatrix} 5 \\ 5 \end{pmatrix} \cdot \begin{pmatrix} x \\ y \end{pmatrix} = 0 \\[2mm]
\begin{pmatrix} 2 \\ 4 \end{pmatrix} \cdot \begin{pmatrix} x+3 \\ y+1 \end{pmatrix} = 0
\end{cases}$$

$$\therefore \ \begin{cases} 5x + 5y = 0 \\ 2x + 4y + 10 = 0 \end{cases}
\quad \therefore \ \begin{cases} x = 5 \\ y = -5 \end{cases}$$

$$\therefore \ \boxed{H(5, -5)} \cdots (答)$$

(4) △OAB の内心 I の座標を求める。

∠AOB の 2 等分線と AB との交点を C とおくと,

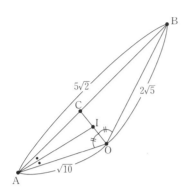

角の 2 等分線定理[※1]から

$$AC : CB = OA : OB$$
$$= \sqrt{10} : 2\sqrt{5}$$
$$= 1 : \sqrt{2}$$

AB $= 5\sqrt{2}$ なので,AC $= \dfrac{5\sqrt{2}}{1+\sqrt{2}}$

よって,再び角の 2 等分線定理から

$$OI : IC = OA : AC$$
$$= \sqrt{10} : \dfrac{5\sqrt{2}}{1+\sqrt{2}}$$
$$= (1+\sqrt{2}) : \sqrt{5}$$

よって,

$$\therefore \quad \overrightarrow{OI} = \dfrac{1+\sqrt{2}}{1+\sqrt{2}+\sqrt{5}}\overrightarrow{OC}$$
$$= \dfrac{1+\sqrt{2}}{1+\sqrt{2}+\sqrt{5}} \cdot \dfrac{\sqrt{2}\,\overrightarrow{OA}+\overrightarrow{OB}}{1+\sqrt{2}}$$
$$= \dfrac{\sqrt{2}\,\overrightarrow{OA}+\overrightarrow{OB}}{1+\sqrt{2}+\sqrt{5}}$$
$$= \dfrac{\sqrt{2}}{1+\sqrt{2}+\sqrt{5}}\begin{pmatrix}-3\\-1\end{pmatrix} + \dfrac{1}{1+\sqrt{2}+\sqrt{5}}\begin{pmatrix}2\\4\end{pmatrix}$$

よって,$\boxed{I\left(\dfrac{2-3\sqrt{2}}{1+\sqrt{2}+\sqrt{5}},\ \dfrac{4-\sqrt{2}}{1+\sqrt{2}+\sqrt{5}}\right)}$ …(答)

※1:△ABC の∠A の 2 等分線と BC との交点を D とするとき,BD:CD = AB:AC

□ **6**

◆ 4 点が同一平面上にあるための条件は p.50 基本原理 14「共面条件」を参照。

(1) $\overrightarrow{OA} = \begin{pmatrix}2\\0\\a\end{pmatrix}$,$\overrightarrow{OB} = \begin{pmatrix}2\\1\\5\end{pmatrix}$ は 1 次独立な

ので,O,A,B,C が同一平面上にあるとき,ある実数 α,β を用いて

$$\overrightarrow{OC} = \alpha\overrightarrow{OA} + \beta\overrightarrow{OB} \cdots\cdots ①$$

と表せる。

$$① \iff \begin{pmatrix}0\\1\\c\end{pmatrix} = \alpha\begin{pmatrix}2\\0\\a\end{pmatrix} + \beta\begin{pmatrix}2\\1\\5\end{pmatrix}$$

$$\iff \begin{cases}\alpha+\beta=0\\\beta=1\\c=a\alpha+5\beta\end{cases}$$

$$\iff \begin{cases}\alpha=-1\\\beta=1\\c=5-a\end{cases}$$

より,$\boxed{c=5-a}$ …(答)

◆ $\overrightarrow{OA}$,$\overrightarrow{OB}$ の両方に垂直なベクトルとして

$$\vec{n} = \begin{pmatrix}a\\-2a+10\\-2\end{pmatrix}$$ がとれるから

O,A,B,C が同一平面上にある

$\iff \vec{n} \perp \overrightarrow{OC}$

$\iff \vec{n} \cdot \overrightarrow{OC} = 0$

$\iff -2a+10-2c=0$

$\iff \boxed{c=5-a}$ …(答)

◆「スカラー3重積」を用いてもよい。

O,A,B,C が同一平面上にある

$\iff \overrightarrow{OA}$,$\overrightarrow{OB}$,$\overrightarrow{OC}$ が 1 次従属

$\iff \overrightarrow{OA} \cdot (\overrightarrow{OB} \times \overrightarrow{OC}) = 0$

$$\iff \begin{pmatrix}2\\0\\a\end{pmatrix} \cdot \begin{pmatrix}c-5\\-2c\\2\end{pmatrix} = 0$$

$\iff 2(c-5)+2a=0$

$\iff \boxed{c=5-a}$ …(答)

Answer

解答・解説

(2) (1)で, $\alpha = -1$, $\beta = 1$ より,
$$\overrightarrow{OC} = -\overrightarrow{OA} + \overrightarrow{OB} = \overrightarrow{AB}$$

よって, 四角形 OABC は平行四辺形で, その面積を S とおくと

$$S = \sqrt{|\overrightarrow{OA}|^2 |\overrightarrow{OC}|^2 - (\overrightarrow{OA} \cdot \overrightarrow{OC})^2}^{※1}$$
$$= \sqrt{(4+a^2)(1+c^2) - (ac)^2}$$
$$= \sqrt{a^2 + 4c^2 + 4}$$
$$= \sqrt{a^2 + 4(-a+5)^2 + 4} \quad (\because (1))$$
$$= \sqrt{5(a-4)^2 + 24}$$

これは $a = 4$ のとき最小で最小値は $\sqrt{24} = \boxed{2\sqrt{6}}$ …(答)

※1 : $S = |\overrightarrow{OA} \times \overrightarrow{OC}|$ を用いてもよい。

☐ 7

◆ $ab + cd$ は $\begin{pmatrix} a \\ c \end{pmatrix} \cdot \begin{pmatrix} b \\ d \end{pmatrix}$ や $\begin{pmatrix} a \\ d \end{pmatrix} \cdot \begin{pmatrix} b \\ c \end{pmatrix}$ などの「内積」と見ることができる。$a^2 + c^2$ は $\left|\begin{pmatrix} a \\ c \end{pmatrix}\right|^2$ や $\left|\begin{pmatrix} -c \\ a \end{pmatrix}\right|^2$ などの「ベクトルの大きさの2乗」とみることができる。ベクトルを数式化することは簡単だが, 数式をベクトル化するのは慣れが必要。

(1) $\begin{cases} ab + cd = 0 & \cdots\cdots① \\ a^2 + c^2 = 1 & \cdots\cdots② \\ b^2 + d^2 = 4 & \cdots\cdots③ \end{cases}$

$\vec{a} = \begin{pmatrix} a \\ c \end{pmatrix}$, $\vec{b} = \begin{pmatrix} b \\ d \end{pmatrix}$ とおくと,

$\begin{matrix} ① \\ ② \\ ③ \end{matrix} \iff \begin{cases} \vec{a} \cdot \vec{b} = 0 \\ |\vec{a}| = 1 \\ |\vec{b}| = 2 \end{cases}$

このとき, $\vec{a} \perp \vec{b}$ なので, これらを満たす $\vec{a}$, $\vec{b}$ の位置関係は, 下図のいずれか。

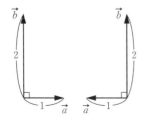

よって, $\vec{a}$ と $\vec{b}$ の張る平行四辺形（長方形）の面積を考えて,
$$\boxed{|ad - bc| = 2} \cdots(答)$$

(2) $\begin{cases} ab + cd = 2 & \cdots\cdots① \\ a^2 + c^2 = 1 & \cdots\cdots② \\ ad - bc = 6 & \cdots\cdots③ \end{cases}$

$\vec{a} = \begin{pmatrix} a \\ c \end{pmatrix}$, $\vec{b} = \begin{pmatrix} b \\ d \end{pmatrix}$ とおき, $\vec{a}$ を反時計回りに $90°$ 回転したベクトルを $\vec{a}'$ とすると, $\vec{a}' = \begin{pmatrix} -c \\ a \end{pmatrix}$ なので,

$\begin{matrix} ① \\ ② \\ ③ \end{matrix} \iff \begin{cases} \vec{a} \cdot \vec{b} = 2 & \cdots\cdots④ \\ |\vec{a}| = |\vec{a}'| = 1 & \cdots\cdots⑤ \\ \vec{a}' \cdot \vec{b} = 6 & \cdots\cdots⑥ \end{cases}$

④, ⑤より,
$(\vec{b} \text{ の } \vec{a} \text{ 向きの符号付き長さ}) = 2$

⑤, ⑥より,
$(\vec{b} \text{ の } \vec{a}' \text{ 向きの符号付き長さ}) = 6$

よって, これらを満たす $\vec{a}$, $\vec{a}'$, $\vec{b}$ の位置関係は, 下図のようになる。

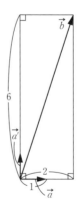

よって, $|\vec{b}| = \sqrt{2^2 + 6^2} = 2\sqrt{10}$
すなわち, $\boxed{b^2 + d^2 = 40}$ …(答)

□ 8

◆ $\vec{0}$ でない 2 つのベクトル $\vec{u}$, $\vec{v}$ について，その「垂直条件」「平行条件」は，

$\vec{u} \perp \vec{v} \Longleftrightarrow \vec{u} \cdot \vec{v} = 0$

$\vec{u} /\!/ \vec{v} \Longleftrightarrow \exists k \in \mathbb{R}, \ \vec{u} = k\vec{v}$

が基本。発展事項を学んだ人は，次の内容も重要。

平面ベクトル $\vec{u}$, $\vec{v}$ について，

$\vec{u} /\!/ \vec{v} \Longleftrightarrow \det(\vec{u}, \vec{v}) = 0$

空間ベクトル $\vec{u}$, $\vec{v}$ について，

$\vec{u} /\!/ \vec{v} \Longleftrightarrow \vec{u} \times \vec{v} = \vec{0}$

(1) $\vec{u} \cdot \vec{v} = 2a - 2 + 3a = 5a - 2$

であるから，

$\ell \perp m \Longleftrightarrow \vec{u} \cdot \vec{v} = 0$

$\Longleftrightarrow \boxed{a = \dfrac{2}{5}}$ …(答)

(2) $\ell /\!/ m$

$\Longleftrightarrow \vec{u} /\!/ \vec{v}$ （ℓ と m が一致する場合も含む）

$\Longleftrightarrow$ ある実数 k を用いて $\vec{u} = k\vec{v}$ と表せる （$\because \vec{v} \neq \vec{0}$）[1]

$\Longleftrightarrow \exists k \in \mathbb{R}, \begin{pmatrix} 2 \\ -1 \\ a \end{pmatrix} = k \begin{pmatrix} a \\ 2 \\ 3 \end{pmatrix}$

$\Longleftrightarrow \exists k \in \mathbb{R}, \begin{cases} 2 = ak & \cdots\cdots ① \\ -1 = 2k & \cdots\cdots ② \\ a = 3k & \cdots\cdots ③ \end{cases}$

ここで，

$\begin{cases} ① \\ ② \end{cases} \Longleftrightarrow \begin{cases} a = -4 \\ k = -\dfrac{1}{2} \end{cases}$

であるが，これは③を満たさない。

よって，このような a は $\boxed{\text{存在しない}}$ …(答)

(3) 直線 ℓ 上の点 P，直線 m 上の点 Q はそれぞれ

$\overrightarrow{\mathrm{OP}} = \begin{pmatrix} 2 \\ 1 \\ 0 \end{pmatrix} + s \begin{pmatrix} 2 \\ -1 \\ a \end{pmatrix}$,

$\overrightarrow{\mathrm{OQ}} = \begin{pmatrix} 1 \\ -2 \\ 1 \end{pmatrix} + t \begin{pmatrix} a \\ 2 \\ 3 \end{pmatrix}$

とパラメータ表示できるので，

ℓ と m が共有点をもつ

$\Longleftrightarrow \exists \begin{pmatrix} s \\ t \end{pmatrix}, \overrightarrow{\mathrm{OP}} = \overrightarrow{\mathrm{OQ}}$

$\Longleftrightarrow \exists \begin{pmatrix} s \\ t \end{pmatrix}, \begin{pmatrix} 2 \\ 1 \\ 0 \end{pmatrix} + s \begin{pmatrix} 2 \\ -1 \\ a \end{pmatrix} = \begin{pmatrix} 1 \\ -2 \\ 1 \end{pmatrix} + t \begin{pmatrix} a \\ 2 \\ 3 \end{pmatrix}$

$\Longleftrightarrow \exists \begin{pmatrix} s \\ t \end{pmatrix}, \begin{cases} 1 + 2s = at \\ 3 - s = 2t \\ sa = 1 + 3t \end{cases}$

$\Longleftrightarrow \exists t, \begin{cases} 1 + 2(3 - 2t) = at \\ a(3 - 2t) = 1 + 3t \end{cases}$

$\Longleftrightarrow \exists t, \begin{cases} (a+4)t = 7 \\ (3 + 2a)t = 3a - 1 \end{cases}$

$\Longleftrightarrow (3 + 2a) \cdot \dfrac{7}{a+4} = 3a - 1$

$\Longleftrightarrow 7(3 + 2a) = (3a - 1)(a + 4)$

$\Longleftrightarrow 3a^2 - 3a - 25 = 0$

$\Longleftrightarrow \boxed{a = \dfrac{3 \pm \sqrt{309}}{6}}$ …(答)

※ 1：外積を学んだ人は

$\vec{u} /\!/ \vec{v} \Longleftrightarrow \vec{u}, \vec{v}$ が 1 次従属 $\Longleftrightarrow \vec{u} \times \vec{v} = \vec{0}$

を用いてもよい。

□ 9

◆ まずは与えられた条件の意味を考えて，図を描いてみよ。(3)の P の動きは，p.32「係数の条件と点の位置」を参照。(3)は，図さえ描ければ答えはすぐに求まる。

$\begin{cases} |\vec{a}| = \sqrt{2} \cdots①, \ |\vec{b}| = \sqrt{10} \cdots② \\ \vec{a} \cdot \vec{b} = 2 \cdots③, \ \vec{a} \cdot \vec{c} = 8 \cdots④, \ \vec{b} \cdot \vec{c} = 20 \cdots⑤ \end{cases}$

(1) ③より，

$|\vec{a}| \times \left(\vec{b} \text{ の } \vec{a} \text{ 向きの符号付き長さ}\right) = 2$

①を代入して，

$\left(\vec{b} \text{ の } \vec{a} \text{ 向きの符号付き長さ}\right) = \sqrt{2}$

これと①，②より $\vec{a}$, $\vec{b}$ の位置関係は次図のようであり，$\vec{a}$, $\vec{b}$ は 1 次独立である。

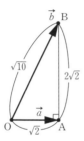

よって，ある実数 p,q を用いて
$\vec{c}=p\vec{a}+q\vec{b}$ と表せ，

$$\begin{cases} ④ \\ ⑤ \end{cases} \iff \begin{cases} \vec{a}\cdot(p\vec{a}+q\vec{b})=8 \\ \vec{b}\cdot(p\vec{a}+q\vec{b})=20 \end{cases}$$

$$\iff \begin{cases} p|\vec{a}|^2+q(\vec{a}\cdot\vec{b})=8 \\ p(\vec{a}\cdot\vec{b})+q|\vec{b}|^2=20 \end{cases}$$

$$\iff \begin{cases} 2p+2q=8 \\ 2p+10q=20 \end{cases} \quad (\because ①，②，③)$$

$$\iff \begin{cases} p=\dfrac{5}{2} \\ q=\dfrac{3}{2} \end{cases}$$

$$\therefore \boxed{\vec{c}=\dfrac{5}{2}\vec{a}+\dfrac{3}{2}\vec{b}} \cdots(答)$$

(2) (1)より点 C の位置は下図のように定まる。よって，H は AB を $3:1$ に外分する点であり，

$$\overrightarrow{OH}=\overrightarrow{OA}+\dfrac{3}{2}\overrightarrow{AB}=\vec{a}+\dfrac{3}{2}(\vec{b}-\vec{a})$$

$$\therefore \boxed{\overrightarrow{OH}=-\dfrac{1}{2}\vec{a}+\dfrac{3}{2}\vec{b}} \cdots(答)$$

また，図より

$$|\overrightarrow{CH}|=6\times\left|\dfrac{\vec{a}}{2}\right|=3|\vec{a}|$$

$$=\boxed{3\sqrt{2}} \cdots(答)$$

(3) $\overrightarrow{OP}=s\vec{a}+t\vec{b}$ より，O を原点，$\vec{a}$，$\vec{b}$ を基底とする座標系における P の座標は (s,t) である。よって，s，t が条件

$$(s+t-1)(s+3t-3)\le0$$

を満たしながら変化するとき，P の存在範囲は（図 2）の網目部分（境界も含む）のようになる。いったん普通の直交座標系で練習してから（図 1），斜交座標にコピーすればわかりやすい。

（図 1）

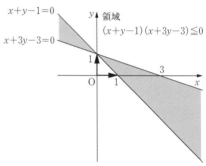

（図 2）

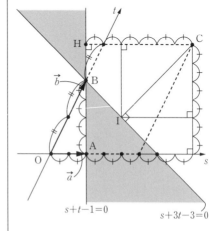

268

（図2）のように点Iをとると，網目部内
の点Pと点Cとの距離の最小値は，
CH，CIの小さい方である。
今ちょうど$2 \times OA = AB$なので，
$CI = \sqrt{2} \times 2 \times OA = 4 < 3\sqrt{2} = CH$
であるから，$|\overrightarrow{CP}|$の最小値は
$CI = \boxed{4}$ …（答）

□ 10

◆$\vec{a}, \vec{b}$の基本量がすべて定まっているので，その位置関係も決まっている。その図を描いて，内積の図形的な意味を考えれば，ほとんど計算せずに$\vec{x}$がどのようなベクトルなのかはわかるはず。座標平面上で考えることもできる（【別解】参照）。

$|\vec{a}| = |\vec{b}| = 1$ ……①，$\vec{a} \cdot \vec{b} = \frac{1}{2}$ ……②，

$-1 \leqq \vec{a} \cdot \vec{x} \leqq 1$ ……③，$1 \leqq \vec{b} \cdot \vec{x} \leqq 2$ ……④

のとき，$|\vec{x}|$のとり得る値の範囲を求める。
①より，

$$\begin{cases} \vec{a} \cdot \vec{x} = |\vec{a}| \times (\vec{x}の\vec{a}向きの符号付き長さ) \\ \qquad = (\vec{x}の\vec{a}向きの符号付き長さ) \\ \vec{b} \cdot \vec{x} = |\vec{b}| \times (\vec{x}の\vec{b}向きの符号付き長さ) \\ \qquad = (\vec{x}の\vec{b}向きの符号付き長さ) \end{cases}$$

よって，

$$\begin{cases} ③ \\ ④ \end{cases}$$

$$\Longleftrightarrow \begin{cases} -1 \leqq (\vec{x}の\vec{a}向きの符号付き長さ) \leqq 1 ……⑤ \\ 1 \leqq (\vec{x}の\vec{b}向きの符号付き長さ) \leqq 2 \quad ……⑥ \end{cases}$$

$\vec{a} = \overrightarrow{OA}, \vec{b} = \overrightarrow{OB}, \vec{x} = \overrightarrow{OX}$とすると，
①，②より△OABは1辺が1の正三角形なので，⑤を満たす点Xの存在範囲は図の斜線部。また，⑥を満たす点Xの存在範囲は図の網目部分。その両方の重なった平行四辺形の周および内部が点Xの存在範囲である。

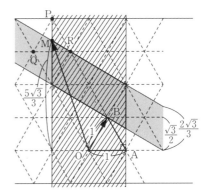

よって，$|\vec{x}| = OX$が最大になるのはXが図のMの位置にあるときで，Mは図の正三角形PQRの重心であることに注意すると，OXの最大値は，

$$OM = \sqrt{1^2 + \left(\frac{5\sqrt{3}}{3}\right)^2} = \frac{2\sqrt{21}}{3}$$

最小になるのはXがBにあるときで，その最小値は1
よって，$\boxed{1 \leqq |\vec{x}| \leqq \frac{2\sqrt{21}}{3}}$ …（答）

【別解】
$|\vec{a}| = |\vec{b}| = 1$ ……①，$\vec{a} \cdot \vec{b} = \frac{1}{2}$ ……②より，
$$\vec{a} = \overrightarrow{OA}, \vec{b} = \overrightarrow{OB}$$
としたとき，座標平面上で
$$O(0, 0), A(1, 0), B\left(\frac{1}{2}, \frac{\sqrt{3}}{2}\right)$$
とおいて一般性を失わない。このとき，
X(x, y)とすると，
$$\vec{a} \cdot \vec{x} = x, \quad \vec{b} \cdot \vec{x} = \frac{x + \sqrt{3}y}{2}$$
であるから，
$$-1 \leqq \vec{a} \cdot \vec{x} \leqq 1 \Longleftrightarrow -1 \leqq x \leqq 1$$
$$1 \leqq \vec{b} \cdot \vec{x} \leqq 2 \Longleftrightarrow 2 \leqq x + \sqrt{3}y \leqq 4$$
これを満たす点X(x, y)の範囲は次図の網目部分（境界も含む）

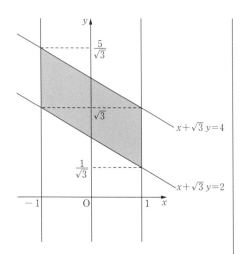

この領域内の点 X について，$|\vec{x}| = \mathrm{OX}$ の
とり得る範囲を求めればよい。以下省略。

□ 11

◆数Ⅲの知識があれば「微分→増減表」という方針が
考えられるが，ここは与えられた数式に「図形的な意
味はないだろうか……」と考える訓練。

(1) $1 < x < 4$ のとき，

$$y = \sqrt{x-1} + \sqrt{4-x}$$
$$= \begin{pmatrix} 1 \\ 1 \end{pmatrix} \cdot \begin{pmatrix} \sqrt{x-1} \\ \sqrt{4-x} \end{pmatrix}$$

$\vec{p} = \begin{pmatrix} 1 \\ 1 \end{pmatrix}$，$\vec{q} = \begin{pmatrix} \sqrt{x-1} \\ \sqrt{4-x} \end{pmatrix}$ とし，

これらのなす角を θ とおくと，

$$y = \vec{p} \cdot \vec{q} = |\vec{p}||\vec{q}|\cos\theta$$
$$\leqq |\vec{p}||\vec{q}|$$
$$= \sqrt{2} \cdot \sqrt{x-1+4-x} = \sqrt{6}$$

等号は，$\theta = 0$ すなわち $\vec{p}$ と $\vec{q}$ が同じ向
きに平行になる

$$\sqrt{x-1} = \sqrt{4-x}$$

すなわち $x = \dfrac{5}{2}$ （$1 < x < 4$ を満たす）

のときに成り立つので，

y の最大値は，$\boxed{\sqrt{6}}$ …(答)

(2) $\dfrac{1}{2} < x < 4$ のとき，

$$y = \sqrt{2x-1} + \sqrt{4-x}$$
$$= \begin{pmatrix} \sqrt{2} \\ 1 \end{pmatrix} \cdot \begin{pmatrix} \sqrt{x-\dfrac{1}{2}} \\ \sqrt{4-x} \end{pmatrix}$$

(1)と同様に

$$y \leqq \left| \begin{pmatrix} \sqrt{2} \\ 1 \end{pmatrix} \right| \cdot \left| \begin{pmatrix} \sqrt{x-\dfrac{1}{2}} \\ \sqrt{4-x} \end{pmatrix} \right|$$
$$= \sqrt{3} \cdot \sqrt{\left(x-\dfrac{1}{2}\right) + (4-x)}$$
$$= \sqrt{3} \cdot \sqrt{\dfrac{7}{2}} = \dfrac{\sqrt{42}}{2}$$

等号は $\begin{pmatrix} \sqrt{2} \\ 1 \end{pmatrix}$ と $\begin{pmatrix} \sqrt{x-\dfrac{1}{2}} \\ \sqrt{4-x} \end{pmatrix}$ が同じ向きに

平行になる

$$2(4-x) = x - \dfrac{1}{2}$$

すなわち $x = \dfrac{17}{6}$ （$\dfrac{1}{2} < x < 4$ を満たす）

のときに成り立つので，

y の最大値は，$\boxed{\dfrac{\sqrt{42}}{2}}$ …(答)

(3) $$y = \sqrt{x^2 + 2x + 2} + \sqrt{x^2 + 4x + 13}$$
$$= \sqrt{(x+1)^2 + 1} + \sqrt{(x+2)^2 + 9}$$

ここで，

$$\vec{p} = \begin{pmatrix} x+1 \\ 1 \end{pmatrix}, \quad \vec{q} = \begin{pmatrix} -x-2 \\ 3 \end{pmatrix}$$

とおくと[1]，

$|\vec{p}| = \sqrt{(x+1)^2 + 1}$，$|\vec{q}| = \sqrt{(x+2)^2 + 9}$，

$\vec{p} + \vec{q} = \begin{pmatrix} -1 \\ 4 \end{pmatrix}$

であるから，三角不等式より，

$$y = |\vec{p}| + |\vec{q}|$$
$$\geqq |\vec{p} + \vec{q}| = \left| \begin{pmatrix} -1 \\ 4 \end{pmatrix} \right| = \sqrt{17} \cdots\cdots ①$$

ここで，

$$\vec{p} // \vec{q} \Longleftrightarrow \det(\vec{p}, \vec{q}) = 0$$
$$\Longleftrightarrow 3(x+1) + x + 2 = 0$$
$$\Longleftrightarrow x = -\dfrac{5}{4}$$

で，このとき，

$\vec{p}=\dfrac{1}{4}\begin{pmatrix}-1\\4\end{pmatrix}$, $\vec{q}=\dfrac{3}{4}\begin{pmatrix}-1\\4\end{pmatrix}$

より，$\vec{p}$ と $\vec{q}$ が同じ向きに平行になり，

①の等号は成り立つ。

よって，y の最小値は，$\boxed{\sqrt{17}}$ …（答）

※1：$\vec{p}=\begin{pmatrix}x+1\\1\end{pmatrix}$ に対し，

$\vec{q}=\begin{pmatrix}x+2\\3\end{pmatrix}$ や $\vec{q}=\begin{pmatrix}-x-2\\-3\end{pmatrix}$

だとうまくいかない。なぜか考えてみよ。

□ 12

◆ 3つの空間ベクトルについて，「1次独立であることを示せ」は「1次従属であると仮定して矛盾を導く」という背理法が方針としてはわかりやすい。(2)は連立方程式を解くだけなのだが，ベクトルを上手に使って解いてみてほしい。

(1) **1** 背理法による証明

$\vec{a}$, $\vec{b}$ は1次独立であるから，$\vec{a}$, $\vec{b}$, $\vec{c}$ が1次従属であると仮定すると，ある実数 α, β を用いて

$\vec{c}=\alpha\vec{a}+\beta\vec{b}$ ……①

と表せる。

①$\Longleftrightarrow\begin{pmatrix}2\\1\\3\end{pmatrix}=\alpha\begin{pmatrix}1\\1\\2\end{pmatrix}+\beta\begin{pmatrix}1\\-1\\1\end{pmatrix}$ ……②

ここで，$\begin{pmatrix}1\\1\\2\end{pmatrix}$ と $\begin{pmatrix}1\\-1\\1\end{pmatrix}$ の両方に垂直

な $\begin{pmatrix}3\\1\\-2\end{pmatrix}$ と②の両辺を内積すると，

$\begin{pmatrix}3\\1\\-2\end{pmatrix}\cdot\begin{pmatrix}2\\1\\3\end{pmatrix}=0$ ∴ $6+1-6=0$

となって矛盾する。よって $\vec{a}$, $\vec{b}$, $\vec{c}$ は1次独立である。∎

2 スカラー3重積を利用した解法★

$\vec{b}\times\vec{c}=\begin{pmatrix}1\\-1\\1\end{pmatrix}\times\begin{pmatrix}2\\1\\3\end{pmatrix}=\begin{pmatrix}-4\\-1\\3\end{pmatrix}$

∴ $\vec{a}\cdot(\vec{b}\times\vec{c})=\begin{pmatrix}1\\1\\2\end{pmatrix}\cdot\begin{pmatrix}-4\\-1\\3\end{pmatrix}=1\neq0$

よって $\vec{a}$, $\vec{b}$, $\vec{c}$ は1次独立である。∎

(2) $\vec{w}=x\vec{a}+y\vec{b}+z\vec{c}$

$\Longleftrightarrow\begin{pmatrix}1\\-2\\7\end{pmatrix}=x\begin{pmatrix}1\\1\\2\end{pmatrix}+y\begin{pmatrix}1\\-1\\1\end{pmatrix}+z\begin{pmatrix}2\\1\\3\end{pmatrix}$ ……①

①を満たす実数 x, y, z を求める。

$\begin{pmatrix}1\\1\\2\end{pmatrix}$ と $\begin{pmatrix}1\\-1\\1\end{pmatrix}$ の両方に垂直な $\begin{pmatrix}3\\1\\-2\end{pmatrix}$ と①の両辺を内積すると，

$\begin{pmatrix}1\\-2\\7\end{pmatrix}\cdot\begin{pmatrix}3\\1\\-2\end{pmatrix}=z\begin{pmatrix}2\\1\\3\end{pmatrix}\cdot\begin{pmatrix}3\\1\\-2\end{pmatrix}$

∴ $-13=z$ ∴ $z=-13$ ……②

$\begin{pmatrix}1\\1\\2\end{pmatrix}$ と $\begin{pmatrix}2\\1\\3\end{pmatrix}$ の両方に垂直な $\begin{pmatrix}1\\1\\-1\end{pmatrix}$ と①の両辺を内積すると，

$\begin{pmatrix}1\\-2\\7\end{pmatrix}\cdot\begin{pmatrix}1\\1\\-1\end{pmatrix}=y\begin{pmatrix}1\\-1\\1\end{pmatrix}\cdot\begin{pmatrix}1\\1\\-1\end{pmatrix}$

∴ $-8=-y$ ∴ $y=8$ ……③

②，③を①に代入してx成分を比較すると，

$1=x+8-26$ ∴ $x=19$

よって，$(x,y,z)=(19,8,-13)$

逆にこのとき①は成立する※1。

よって，$\boxed{(x,y,z)=(19,8,-13)}$ …（答）

※1：この1行は論理的に重要。「両辺の内積をとる」という行為は同値性を崩す。

□ 13

◆「内積の不等式」が使えるようにベクトルを設定するか，「相加相乗平均の不等式」が使えるように工夫するか。

1 内積を利用した解法

正の実数 x, y, z に対し，$4x+y+z=3$，

$w=\dfrac{1}{x}+\dfrac{9}{y}+\dfrac{4}{z}$ のとき，

$$\vec{p} = \begin{pmatrix} \sqrt{4x} \\ \sqrt{y} \\ \sqrt{z} \end{pmatrix}, \quad \vec{q} = \begin{pmatrix} \sqrt{\dfrac{1}{x}} \\ \sqrt{\dfrac{9}{y}} \\ \sqrt{\dfrac{4}{z}} \end{pmatrix}$$

という2つのベクトル $\vec{p}, \vec{q}$ を用意すると，

$$|\vec{p}| = \sqrt{4x + y + z} = \sqrt{3} \quad \cdots\cdots ①$$

$$|\vec{q}| = \sqrt{\frac{1}{x} + \frac{9}{y} + \frac{4}{z}} = \sqrt{w} \quad \cdots\cdots ②$$

$$\vec{p} \cdot \vec{q} = 2 + 3 + 2 = 7 \quad \cdots\cdots ③$$

であり，$\vec{p}, \vec{q}$ のなす角を θ とおくと，内積の定義から

$$\vec{p} \cdot \vec{q} = |\vec{p}||\vec{q}|\cos\theta$$

①，②，③を代入して，

$$7 = \sqrt{3} \cdot \sqrt{w} \cdot \cos\theta = \sqrt{3w}\cos\theta$$

$$\therefore \quad \sqrt{3w} = \frac{7}{\cos\theta}$$

$$\therefore \quad w = \frac{49}{3\cos^2\theta}$$

よって，

$$w \geqq \frac{49}{3} \quad \cdots\cdots ④$$

が成り立つ。

ここで，$\vec{p} \parallel \vec{q}$ となる条件は，ある実数 k を用いて，$\vec{p} = k\vec{q}$ と表せることで，この k に対して，

$$\begin{pmatrix} \sqrt{4x} \\ \sqrt{y} \\ \sqrt{z} \end{pmatrix} = k \begin{pmatrix} \sqrt{\dfrac{1}{x}} \\ \sqrt{\dfrac{9}{y}} \\ \sqrt{\dfrac{4}{z}} \end{pmatrix}$$

すなわち $2x = k$, $y = 3k$, $z = 2k$ であるから，①より，

$$2k + 3k + 2k = 3$$

$$\therefore \quad k = \frac{3}{7}$$

よって，

$$x = \frac{3}{14}, \quad y = \frac{9}{7}, \quad z = \frac{6}{7}$$

のときに限り $\cos^2\theta = 1$ となって④の等号

は成立する。

以上より，

w の最小値は $\boxed{\dfrac{49}{3}}$ $\cdots$（答）

w が最小のとき，$\boxed{(x, y, z) = \left(\dfrac{3}{14}, \dfrac{9}{7}, \dfrac{6}{7}\right)}$ $\cdots$（答）

2 相加相乗平均を利用した解法

正の実数 x, y, z に対し，

$4x + y + z = 3$, $w = \dfrac{1}{x} + \dfrac{9}{y} + \dfrac{4}{z}$ のとき，

$$3w = (4x + y + z)\left(\frac{1}{x} + \frac{9}{y} + \frac{4}{z}\right)$$

$$= \left(\frac{36x}{y} + \frac{y}{x}\right) + \left(\frac{16x}{z} + \frac{z}{x}\right) + \left(\frac{4y}{z} + \frac{9z}{y}\right) + 17 \quad \cdots\cdots ①$$

相加相乗平均の不等式より，

$$\frac{36x}{y} + \frac{y}{x} \geqq 2\sqrt{\frac{36x}{y} \cdot \frac{y}{x}} = 12$$

（等号は $y = 6x$ のとき成立）

$$\frac{16x}{z} + \frac{z}{x} \geqq 2\sqrt{\frac{16x}{z} \cdot \frac{z}{x}} = 8$$

（等号は $z = 4x$ のとき成立）

$$\frac{4y}{z} + \frac{9z}{y} \geqq 2\sqrt{\frac{4y}{z} \cdot \frac{9z}{y}} = 12$$

（等号は $2y = 3z$ のとき成立）

なので，①より，

$$3w \geqq 12 + 8 + 12 + 17 = 49$$

$$\therefore \quad w \geqq \frac{49}{3} \quad \cdots\cdots ②$$

②の等号は，

$$\begin{cases} 4x + y + z = 3 \\ y = 6x \\ z = 4x \\ 2y = 3z \end{cases}$$

すなわち

$$(x, y, z) = \left(\frac{3}{14}, \frac{9}{7}, \frac{6}{7}\right)$$

のときに限り成立するから，

w の最小値は $\boxed{\dfrac{49}{3}}$ $\cdots$（答）

w が最小のとき，$\boxed{(x, y, z) = \left(\dfrac{3}{14}, \dfrac{9}{7}, \dfrac{6}{7}\right)}$ $\cdots$（答）

解答・解説
Part 3

□ 1

◆ cos, sin の定義だけを使って解いてみよう。

(1) $\quad |\sin\theta| + |\cos\theta| > \dfrac{1+\sqrt{3}}{2}$

$\Longleftrightarrow \begin{pmatrix}1\\0\end{pmatrix}$ を反時計回りに θ 回転したベクトルを $\begin{pmatrix}x\\y\end{pmatrix}$ としたとき,

$|x| + |y| > \dfrac{1+\sqrt{3}}{2} \ \cdots\cdots①$

が成り立つ

①を満たす xy 平面上の領域は下図の網目部分(境界は除く)であるから,$0 \leqq \theta < 2\pi$ に注意して,

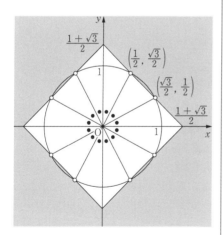

$\dfrac{\pi}{6} < \theta < \dfrac{\pi}{3}, \ \dfrac{2\pi}{3} < \theta < \dfrac{5\pi}{6},$

$\dfrac{7\pi}{6} < \theta < \dfrac{4\pi}{3}, \ \dfrac{5\pi}{3} < \theta < \dfrac{11\pi}{6}$ …(答)

(2) $\quad \sin\theta \geqq \sqrt{3}|\cos\theta| - 1$

$\Longleftrightarrow \begin{pmatrix}1\\0\end{pmatrix}$ を θ 回転したベクトルを $\begin{pmatrix}x\\y\end{pmatrix}$ とし

たとき, $y \geqq \sqrt{3}|x| - 1 \cdots\cdots①$ が成り立つ

①を満たす xy 平面上の領域は下図の網目部分(境界も含む)であるから,$0 \leqq \theta < 2\pi$ に注意して,

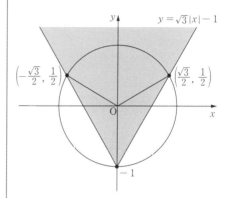

$\dfrac{\pi}{6} \leqq \theta \leqq \dfrac{5\pi}{6}, \ \theta = \dfrac{3\pi}{2}$ …(答)

□ 2

◆「平面ベクトルを自由自在に回転できるか?」という基本問題。

(1)

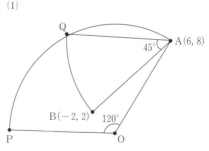

$\overrightarrow{OP} = \left[\overrightarrow{OA} = \begin{pmatrix}6\\8\end{pmatrix} を 120° 回転したベクトル\right]$

$= \cos120° \begin{pmatrix}6\\8\end{pmatrix} + \sin120° \begin{pmatrix}-8\\6\end{pmatrix}$

$= -\dfrac{1}{2}\begin{pmatrix}6\\8\end{pmatrix} + \dfrac{\sqrt{3}}{2}\begin{pmatrix}-8\\6\end{pmatrix}$

$$= \begin{pmatrix} -3 - 4\sqrt{3} \\ -4 + 3\sqrt{3} \end{pmatrix}$$

$$\therefore \boxed{P(-3 - 4\sqrt{3}, -4 + 3\sqrt{3})} \cdots (答)$$

(2) $\overrightarrow{OQ} = \overrightarrow{OA} + \overrightarrow{AQ}$

$$= \overrightarrow{OA} + \left[\overrightarrow{AB} = \begin{pmatrix} -8 \\ -6 \end{pmatrix} を(-45°)回転したベクトル \right]$$

$$= \begin{pmatrix} 6 \\ 8 \end{pmatrix} + \cos(-45°) \begin{pmatrix} -8 \\ -6 \end{pmatrix} + \sin(-45°) \begin{pmatrix} 6 \\ -8 \end{pmatrix}$$

$$= \begin{pmatrix} 6 \\ 8 \end{pmatrix} + \frac{\sqrt{2}}{2} \begin{pmatrix} -8 \\ -6 \end{pmatrix} - \frac{\sqrt{2}}{2} \begin{pmatrix} 6 \\ -8 \end{pmatrix}$$

$$= \begin{pmatrix} 6 - 7\sqrt{2} \\ 8 + \sqrt{2} \end{pmatrix}$$

$$\therefore \boxed{Q(6 - 7\sqrt{2}, 8 + \sqrt{2})} \cdots (答)$$

□ 3

◆ $\cos$ の定義を考えれば，次の公式は覚えていなくても自作できるはず。

$\cos\alpha = \cos\beta$

$\iff (1, 0)$ を原点の周りに α 回転した点と β 回転した点の x 座標が一致する

$\iff \{(\cos\alpha, \sin\alpha)$ と $(\cos\beta, \sin\beta)$ が同じ点$\}$
$\quad \lor \{(\cos\alpha, \sin\alpha)$ と $(\cos\beta, \sin\beta)$ が x 軸に関して対称な点$\}$

$\iff \exists n \in \mathbb{Z}, \alpha = \pm\beta + 2n\pi$

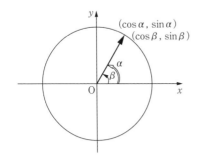

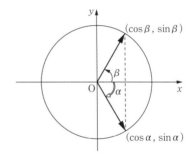

$$\cos\left(\theta - \frac{\pi}{3}\right) = \sin\frac{\pi}{7}$$

$$\iff \cos\left(\theta - \frac{\pi}{3}\right) = \cos\left(\frac{\pi}{2} - \frac{\pi}{7}\right)$$

$$\iff \cos\left(\theta - \frac{\pi}{3}\right) = \cos\frac{5\pi}{14}$$

$$\iff \exists n \in \mathbb{Z}, \theta - \frac{\pi}{3} = \pm\frac{5\pi}{14} + 2n\pi$$

$$\iff \exists n \in \mathbb{Z}, \left(\theta = \frac{29\pi}{42} + 2n\pi \lor \theta = -\frac{\pi}{42} + 2n\pi\right)$$

このうち，$0 \leqq \theta < 2\pi$ を満たすものは，

$$\boxed{\theta = \frac{29\pi}{42}, \frac{83\pi}{42}} \cdots (答)$$

□ 4

◆座標を設定し，C の式を $x^2 + y^2 = 1$ とすれば，P の座標を $(\cos\theta, \sin\theta)$ とパラメータ表示できる。これを用いて，$3AP + 4BP$ を θ で表すのが基本方針。

$3AP + 4BP = \begin{pmatrix} 3 \\ 4 \end{pmatrix} \cdot \begin{pmatrix} AP \\ BP \end{pmatrix}$ と考えて「内積の不等式に持ち込めないか？」という発想も大切にしてほしい。

座標平面上において $A(1, 0)$，$B(-1, 0)$ としてよく，このとき円 C の式は $x^2 + y^2 = 1$ であり，動点 P の座標は $(\cos\theta, \sin\theta)$ とおける。

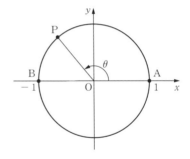

円 C は x 軸について対称なので，θ が

$$0 \leqq \theta \leqq \pi \ \cdots\cdots ①$$

の範囲を動くときだけ考えればよい。このとき，

$$\overrightarrow{\mathrm{AP}} = \begin{pmatrix} \cos\theta - 1 \\ \sin\theta \end{pmatrix}, \quad \overrightarrow{\mathrm{BP}} = \begin{pmatrix} \cos\theta + 1 \\ \sin\theta \end{pmatrix}$$

よって，

$$|\overrightarrow{\mathrm{AP}}|^2 = (\cos\theta - 1)^2 + (\sin\theta)^2$$
$$= 2 - 2\cos\theta = 4\sin^2\frac{\theta}{2}$$
$$|\overrightarrow{\mathrm{BP}}|^2 = (\cos\theta + 1)^2 + (\sin\theta)^2$$
$$= 2 + 2\cos\theta = 4\cos^2\frac{\theta}{2}$$

$$（半角公式を用いた）\cdots ♠$$

よって，①に注意して，

$$|\overrightarrow{\mathrm{AP}}| = 2\left|\sin\frac{\theta}{2}\right| = 2\sin\frac{\theta}{2}$$
$$|\overrightarrow{\mathrm{BP}}| = 2\left|\cos\frac{\theta}{2}\right| = 2\cos\frac{\theta}{2}$$

ゆえに，

$$3\mathrm{AP} + 4\mathrm{BP} = 2\left(3\sin\frac{\theta}{2} + 4\cos\frac{\theta}{2}\right)$$

$$= 2\begin{pmatrix} 4 \\ 3 \end{pmatrix} \cdot \begin{pmatrix} \cos\frac{\theta}{2} \\ \sin\frac{\theta}{2} \end{pmatrix} \leqq 2 \cdot \left|\begin{pmatrix} 4 \\ 3 \end{pmatrix}\right| \left|\begin{pmatrix} \cos\frac{\theta}{2} \\ \sin\frac{\theta}{2} \end{pmatrix}\right|$$

$$= 2 \cdot \sqrt{4^2 + 3^2} \cdot 1 = 10$$

$$\therefore \ 3\mathrm{AP} + 4\mathrm{BP} \leqq 10$$

であり，等号は，$\begin{pmatrix} \cos\frac{\theta}{2} \\ \sin\frac{\theta}{2} \end{pmatrix}$ が $\begin{pmatrix} 4 \\ 3 \end{pmatrix}$ と同じ向

きの単位ベクトルになる

$$\begin{pmatrix} \cos\frac{\theta}{2} \\ \sin\frac{\theta}{2} \end{pmatrix} = \frac{1}{5}\begin{pmatrix} 4 \\ 3 \end{pmatrix}$$

のとき成り立つが，①より，$0 \leqq \dfrac{\theta}{2} \leqq \dfrac{\pi}{2}$ な

ので，そのような θ は存在する。よって，
求める最大値は，$\boxed{10}$ $\cdots$（答）

【別解】

♠で，半角公式を用いずに，内積の不等式
を用いてもよい。

$$|\overrightarrow{\mathrm{AP}}|^2 = 2 - 2\cos\theta$$
$$|\overrightarrow{\mathrm{BP}}|^2 = 2 + 2\cos\theta$$

より，

$$3\mathrm{AP} + 4\mathrm{BP} = 3\sqrt{2 - 2\cos\theta} + 4\sqrt{2 + 2\cos\theta}$$

$$= \begin{pmatrix} 3 \\ 4 \end{pmatrix} \cdot \begin{pmatrix} \sqrt{2 - 2\cos\theta} \\ \sqrt{2 + 2\cos\theta} \end{pmatrix}$$

$$= \sqrt{3^2 + 4^2} \cdot \sqrt{(2 - 2\cos\theta) + (2 + 2\cos\theta)} \cdot \cos\varphi$$

$$= 5 \cdot 2 \cdot \cos\varphi = 10\cos\varphi \leqq 10$$

$$\therefore \ 3\mathrm{AP} + 4\mathrm{BP} \leqq 10$$

ただし，φ は $\begin{pmatrix} 3 \\ 4 \end{pmatrix}$ と $\begin{pmatrix} \sqrt{2 - 2\cos\theta} \\ \sqrt{2 + 2\cos\theta} \end{pmatrix}$ のなす角

である。等号が成り立つのは，この2つの
ベクトルが同じ向きに平行になる，

$$(2 - 2\cos\theta) : (2 + 2\cos\theta) = 9 : 16$$

すなわち

$$(1 - \cos\theta) : (1 + \cos\theta) = 9 : 16$$

すなわち

$$\cos\theta = \frac{7}{25}$$

のときで，このような θ は $0 \leqq \theta \leqq \pi$ の範囲に
存在するから，求める最大値は，$\boxed{10}$ $\cdots$（答）

5

◆「両辺を 2 乗して……」とか「$\cos^2\alpha + \sin^2\alpha = 1$ に代入して……」など,同値性を崩す変形を考えるより,「$\cos$ と $\sin$ はセットで考えよ」という発想を大切にしてほしい。

$$\begin{cases} \cos\alpha - \sin\beta = 0 \\ \sin\alpha + \cos\beta = \sqrt{2} \end{cases}$$

$$\iff \begin{pmatrix} \cos\alpha \\ \sin\alpha \end{pmatrix} + \begin{pmatrix} -\sin\beta \\ \cos\beta \end{pmatrix} = \begin{pmatrix} 0 \\ \sqrt{2} \end{pmatrix} \quad \cdots\cdots ①$$

2 つの単位ベクトル $\vec{e_1}$, $\vec{e_2}$ の和が $\begin{pmatrix} 0 \\ \sqrt{2} \end{pmatrix}$ になるのは以下の 2 通りに限るから,

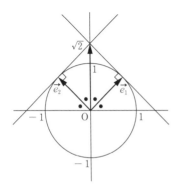

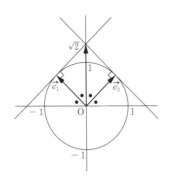

$$① \iff \begin{cases} \begin{pmatrix} \cos\alpha \\ \sin\alpha \end{pmatrix} = \dfrac{1}{\sqrt{2}}\begin{pmatrix} 1 \\ 1 \end{pmatrix} \\ \begin{pmatrix} -\sin\beta \\ \cos\beta \end{pmatrix} = \dfrac{1}{\sqrt{2}}\begin{pmatrix} -1 \\ 1 \end{pmatrix} \end{cases}$$

$$\lor \begin{cases} \begin{pmatrix} \cos\alpha \\ \sin\alpha \end{pmatrix} = \dfrac{1}{\sqrt{2}}\begin{pmatrix} -1 \\ 1 \end{pmatrix} \\ \begin{pmatrix} -\sin\beta \\ \cos\beta \end{pmatrix} = \dfrac{1}{\sqrt{2}}\begin{pmatrix} 1 \\ 1 \end{pmatrix} \end{cases}$$

$$\iff \begin{cases} \begin{pmatrix} \cos\alpha \\ \sin\alpha \end{pmatrix} = \dfrac{1}{\sqrt{2}}\begin{pmatrix} 1 \\ 1 \end{pmatrix} \\ \begin{pmatrix} \cos\beta \\ \sin\beta \end{pmatrix} = \dfrac{1}{\sqrt{2}}\begin{pmatrix} 1 \\ 1 \end{pmatrix} \end{cases}$$

$$\lor \begin{cases} \begin{pmatrix} \cos\alpha \\ \sin\alpha \end{pmatrix} = \dfrac{1}{\sqrt{2}}\begin{pmatrix} -1 \\ 1 \end{pmatrix} \\ \begin{pmatrix} \cos\beta \\ \sin\beta \end{pmatrix} = \dfrac{1}{\sqrt{2}}\begin{pmatrix} 1 \\ -1 \end{pmatrix} \end{cases}$$

$0 \leqq \alpha < 2\pi$, $0 \leqq \beta < 2\pi$ より,

$$\boxed{(\alpha, \beta) = \left(\frac{\pi}{4}, \frac{\pi}{4}\right),\ \left(\frac{3\pi}{4}, \frac{7\pi}{4}\right)} \cdots (答)$$

6

◆「空間ベクトルだって回転できる!」ということを実践する問題。

(1) $\overrightarrow{BA} = \begin{pmatrix} 1 \\ 0 \\ -3 \end{pmatrix}$ なので,

$$\vec{n} \cdot \overrightarrow{BA} = \begin{pmatrix} 3 \\ -2 \\ 1 \end{pmatrix} \cdot \begin{pmatrix} 1 \\ 0 \\ -3 \end{pmatrix} = 0$$

よって,$\vec{n} \perp \overrightarrow{BA}$ である。

よって,点 A は α 上の点である[※1]。∎

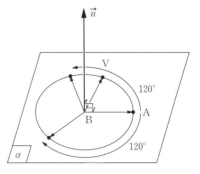

(2) $\vec{n}$ にも $\overrightarrow{BA}=\begin{pmatrix}1\\0\\-3\end{pmatrix}$ にも垂直な方向のベ

クトルとして、$\begin{pmatrix}3\\5\\1\end{pmatrix}$ がとれる。よって、

$\vec{n}$ にも $\overrightarrow{BA}$ にも垂直で大きさが $|\overrightarrow{BA}|=\sqrt{10}$

に等しいベクトルとして、

$\vec{v}=\dfrac{\sqrt{10}}{\sqrt{35}}\begin{pmatrix}3\\5\\1\end{pmatrix}=\dfrac{\sqrt{14}}{7}\begin{pmatrix}3\\5\\1\end{pmatrix}$ がとれる $\Big(\vec{v}=$

$\overrightarrow{BV}$ とすれば、V は上図のような位置$\Big)$。

よって、α 上で点 A を点 B の周りに $120°$

回転した点を P とおくと、以下複号同順で、

$\overrightarrow{OP}=\overrightarrow{OB}+\cos(\pm120°)\overrightarrow{BA}+\sin(\pm120°)\overrightarrow{BV}$

$=\begin{pmatrix}0\\0\\4\end{pmatrix}-\dfrac{1}{2}\begin{pmatrix}1\\0\\-3\end{pmatrix}\pm\dfrac{\sqrt{3}}{2}\cdot\dfrac{\sqrt{14}}{7}\begin{pmatrix}3\\5\\1\end{pmatrix}$

$\therefore$ 求める 2 点は

$\boxed{\left(-\dfrac{1}{2}\pm\dfrac{3\sqrt{42}}{14},\ \pm\dfrac{5\sqrt{42}}{14},\ \dfrac{11}{2}\pm\dfrac{\sqrt{42}}{14}\right)}$ …(答)

※1：Part 4 で解説する「平面の方程式」を利用して
もよい。

□ 7

◆各 P に対し、OP^2 を計算すると次のようになる。
(1) $OP^2=2\cos\theta-4\sin\theta+6$
(2) $OP^2=-38\cos\theta+34\sin\theta+63$
(3) $OP^2=36\cos\theta-36\sin\theta+90$

これらをそれぞれ合成して、最大値を求めてもよい。
しかし、数学に強い人は「図形的に考えるとどうな
る？」、「計算でやるとどうなる？」ということを常に
比較しているものです。訓練だと思って、ここでは図
形的に考えてみよう。

回転の向きは反時計回りを正の向きとする。

(1) $\overrightarrow{OP}=\begin{pmatrix}\cos\theta+1\\\sin\theta-2\end{pmatrix}=\begin{pmatrix}\cos\theta\\\sin\theta\end{pmatrix}+\begin{pmatrix}1\\-2\end{pmatrix}$ よ

り、点 $(1,0)$ を原点の周りに θ 回転して

から、$\begin{pmatrix}1\\-2\end{pmatrix}$ だけ平行移動した点が P で

ある。

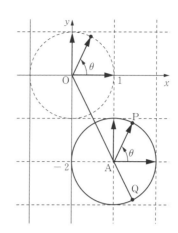

OP が最大になるのは P が図の Q の位
置にくるとき。

$A(1,-2)$ とすると、その最大値は、

$OQ=OA+AQ=\boxed{\sqrt5+1}$ …(答)

(2) $\overrightarrow{OP}=\begin{pmatrix}2\cos\theta+3\sin\theta+1\\-3\cos\theta+2\sin\theta+7\end{pmatrix}$

$=\begin{pmatrix}1\\7\end{pmatrix}+\cos\theta\begin{pmatrix}2\\-3\end{pmatrix}+\sin\theta\begin{pmatrix}3\\2\end{pmatrix}$

$\begin{pmatrix}2\\-3\end{pmatrix}$ を $90°$ 回転したベクトルが $\begin{pmatrix}3\\2\end{pmatrix}$ なの

で、$A(1,7)$ とおくと、

$\overrightarrow{OP}=\overrightarrow{OA}+\left\{\begin{pmatrix}2\\-3\end{pmatrix}$ を θ 回転したベクトル$\right\}$

である。よって、OP が最大になるのは
P が図の Q の位置にくるとき。

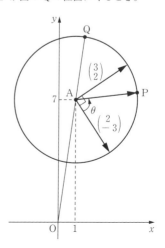

よって，OP の最大値は，

$$\begin{aligned}
\mathrm{OQ} &= \mathrm{OA} + \mathrm{AQ} \\
&= \sqrt{50} + \sqrt{13} \\
&= \boxed{5\sqrt{2} + \sqrt{13}} \cdots (\text{答})
\end{aligned}$$

(3) $\overrightarrow{\mathrm{OP}} = \begin{pmatrix} -\sin\theta - 2\cos\theta \\ 2\sin\theta + \cos\theta \\ -2\sin\theta + 2\cos\theta + 9 \end{pmatrix}$

$\qquad = \begin{pmatrix} 0 \\ 0 \\ 9 \end{pmatrix} + \cos\theta \begin{pmatrix} -2 \\ 1 \\ 2 \end{pmatrix} + \sin\theta \begin{pmatrix} -1 \\ 2 \\ -2 \end{pmatrix}$

$\mathrm{A}(0, 0, 9)$, $\vec{u} = \begin{pmatrix} -2 \\ 1 \\ 2 \end{pmatrix}$, $\vec{v} = \begin{pmatrix} -1 \\ 2 \\ -2 \end{pmatrix}$ とおくと，

$\qquad \overrightarrow{\mathrm{OP}} = \overrightarrow{\mathrm{OA}} + \cos\theta \cdot \vec{u} + \sin\theta \cdot \vec{v}$

$\Longleftrightarrow \overrightarrow{\mathrm{AP}} = \cos\theta \cdot \vec{u} + \sin\theta \cdot \vec{v}$

であり，今 $\begin{cases} \vec{u} \cdot \vec{v} = 0 \\ |\vec{u}| = 3 \\ |\vec{v}| = 3 \end{cases}$ なので，

$\begin{cases} \vec{u} \perp \vec{v} \\ |\vec{u}| = |\vec{v}| \end{cases}$ を満たしている。よって，A

を通る $\vec{u}$, $\vec{v}$ の張る平面を α とおき，
$\overrightarrow{\mathrm{AU}} = \vec{u}$, $\overrightarrow{\mathrm{AV}} = \vec{v}$ となる点 U，V をとる
と，平面 α 上で A を中心として U を V
に近づく方に θ 回転した点が P である。

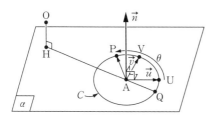

よって，θ が動くと，点 P は平面 α 上の
点 A を中心とする半径 3 の円周を描く。
この円周を C とする。

平面 α に垂直なベクトルとして，$\vec{u}$ と $\vec{v}$
の両方に垂直な $\vec{n} = \begin{pmatrix} 2 \\ 2 \\ 1 \end{pmatrix}$ がとれる。こ

のとき原点 O から平面 α に下ろした垂

線と α との交点を H とおくと，

$$\begin{aligned}
\mathrm{OH} &= \left| \overrightarrow{\mathrm{OA}} \text{ の } \vec{n} \text{ 向きの符号付き長さ} \right| \\
&= \left| \frac{\vec{n} \cdot \overrightarrow{\mathrm{OA}}}{|\vec{n}|} \right| = \left| \frac{9}{3} \right| = 3
\end{aligned}$$

よって，三平方の定理から

$$\mathrm{AH} = \sqrt{\mathrm{OA}^2 - \mathrm{OH}^2} = \sqrt{9^2 - 3^2} = 6\sqrt{2}$$

よって，$\mathrm{AH} > 3 (= \text{円 } C \text{ の半径})$ を満た
すので，H は円 C の外部の点とわかる。
再び，三平方の定理から

$$\mathrm{OP} = \sqrt{\mathrm{OH}^2 + \mathrm{HP}^2} = \sqrt{9 + \mathrm{HP}^2}$$

なので，OP が最大になるのは HP が最
大になるとき。それが起こるのは P が
HA の延長線上にくるとき（図の Q の位
置にくるとき）である。

$$\mathrm{HQ} = \mathrm{HA} + \mathrm{AQ} = 6\sqrt{2} + 3$$

であるから，求める OP の最大値は，

$$\sqrt{9 + (6\sqrt{2} + 3)^2} = \boxed{3\sqrt{4\sqrt{2} + 10}} \cdots (\text{答})$$

□ 8

◆ α, β が動くとき，点 P，Q がどのように動くのか
を調べることが最初に考えるべきこと。図を見てもよ
くわからないのであれば，「計算するか……」という
発想になるのも仕方がないが，はじめから「計算だ！」
と突っ走るようでは本書を学ぶ意味がない。

回転の向きは反時計回りを正の向きとする。

(1) $\overrightarrow{\mathrm{OP}} = \begin{pmatrix} \cos\alpha \\ \sin\alpha \end{pmatrix}$

$\qquad = \left\{ \begin{pmatrix} 1 \\ 0 \end{pmatrix} \text{を } \alpha \text{ 回転したベクトル} \right\}$

$\overrightarrow{\mathrm{OQ}} = \begin{pmatrix} 0 \\ \sqrt{3} \end{pmatrix} + \sqrt{3} \begin{pmatrix} \sin\beta \\ -\cos\beta \end{pmatrix}$

$\qquad = \begin{pmatrix} 0 \\ \sqrt{3} \end{pmatrix} + \cos\beta \begin{pmatrix} 0 \\ -\sqrt{3} \end{pmatrix} + \sin\beta \begin{pmatrix} \sqrt{3} \\ 0 \end{pmatrix}$

$\qquad = \begin{pmatrix} 0 \\ \sqrt{3} \end{pmatrix} + \left\{ \begin{pmatrix} 0 \\ -\sqrt{3} \end{pmatrix} \text{を } \beta \text{ 回転したベクトル} \right\}$

であるから，α, β が $0 \le \alpha \le \dfrac{\pi}{2}$，

$\pi \le \beta \le \dfrac{3\pi}{2}$ なる範囲を動くとき，点 P，

Q はそれぞれ次図の太実線部（端点を含

む）を独立に動く。

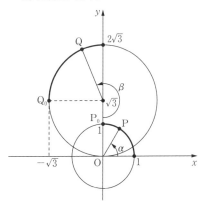

図のように P_0，Q_0 をとると，

$$PQ \geqq P_0Q \geqq P_0Q_0$$

であるから，PQ の最小値は，

$$P_0Q_0 = \sqrt{(\sqrt{3})^2 + (\sqrt{3}-1)^2}$$
$$= \boxed{\sqrt{7-2\sqrt{3}}} \cdots (答)$$

(2) (1)と同様に，

$$\overrightarrow{OP} = \begin{pmatrix} \cos\alpha \\ \sin\alpha \end{pmatrix}$$
$$= \left\{ \begin{pmatrix} 1 \\ 0 \end{pmatrix} を \alpha 回転したベクトル \right\}$$

$$\overrightarrow{OQ} = \begin{pmatrix} 0 \\ \sqrt{3} \end{pmatrix} + \left\{ \begin{pmatrix} 0 \\ -\sqrt{3} \end{pmatrix} を \alpha 回転したベクトル \right\}$$

であるから，$0 < \alpha < \dfrac{\pi}{2}$ のとき，P, Q は次図の太実線部（両端を除く）を連動しながら動く。

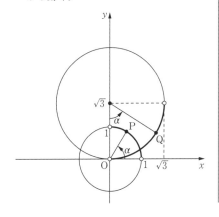

(1)とは違い，PQ の最小値はこの図を見ただけではわからないので（仕方なく）計算する。

$$\overrightarrow{PQ}$$
$$= \overrightarrow{OQ} - \overrightarrow{OP}$$
$$= \begin{pmatrix} \sqrt{3}\sin\alpha \\ \sqrt{3}(1-\cos\alpha) \end{pmatrix} - \begin{pmatrix} \cos\alpha \\ \sin\alpha \end{pmatrix}$$
$$= \begin{pmatrix} 0 \\ \sqrt{3} \end{pmatrix} + \cos\alpha \begin{pmatrix} -1 \\ -\sqrt{3} \end{pmatrix} + \sin\alpha \begin{pmatrix} \sqrt{3} \\ -1 \end{pmatrix}$$
$$= \begin{pmatrix} 0 \\ \sqrt{3} \end{pmatrix} + \left\{ \begin{pmatrix} -1 \\ -\sqrt{3} \end{pmatrix} を \alpha 回転したベクトル \right\}$$

よって，$\overrightarrow{PQ} = \overrightarrow{OR}$ とおくと，$0 < \alpha < \dfrac{\pi}{2}$ のとき，点 R は次図の太実線部（両端を除く）を動く。

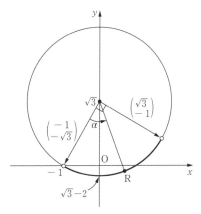

図より，$|\overrightarrow{PQ}|$ すなわち $|\overrightarrow{OR}|$ が最小になるのは $\alpha = \dfrac{\pi}{6}$ のときで，このとき R $(0,\ \sqrt{3}-2)$ であるから，求める最小値は，$\boxed{2-\sqrt{3}} \cdots (答)$

【別解】

(2)において，

$$|\overrightarrow{PQ}|^2 = (\sqrt{3}\sin\alpha - \cos\alpha)^2 + \{\sqrt{3}(1-\cos\alpha) - \sin\alpha\}^2$$
$$= -6\cos\alpha - 2\sqrt{3}\sin\alpha + 7$$
$$= -2\sqrt{3}(\sin\alpha + \sqrt{3}\cos\alpha) + 7$$

$$= -4\sqrt{3}\sin\left(\alpha + \frac{\pi}{3}\right) + 7 \quad (\text{合成公式})$$

と変形できるので，$0 < \alpha < \frac{\pi}{2}$ のとき，

$|\overrightarrow{PQ}|^2$ は $\alpha = \frac{\pi}{6}$ のとき，最小値 $7 - 4\sqrt{3}$

をとる。

よって，$|\overrightarrow{PQ}|$ の最小値は

$$\sqrt{7 - 4\sqrt{3}} = \boxed{2 - \sqrt{3}} \quad \cdots\cdots(\text{答})$$

□ **9**

◆ P, Q, R の位置を適切にパラメータ表示できるかが最初のハードル。「円のパラメータ表示」をうまく使おう。

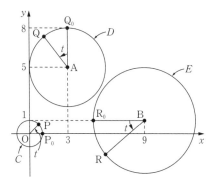

回転の向きは反時計回りを正の向きとする。上図は t 秒後（$0 \leqq t \leqq 2\pi$）の P，Q，R の位置であり，このとき

・$\overrightarrow{OP}$ は $\binom{1}{0}$ を t 回転したベクトル

・$\overrightarrow{AQ}$ は $\binom{0}{3}$ を t 回転したベクトル

・$\overrightarrow{BR}$ は $\binom{-4}{0}$ を t 回転したベクトル

であるから，

$$\overrightarrow{OP} = \cos t\binom{1}{0} + \sin t\binom{0}{1} = \binom{\cos t}{\sin t}$$

$$\overrightarrow{OQ} = \binom{3}{5} + \cos t\binom{0}{3} + \sin t\binom{-3}{0}$$

$$= \binom{3 - 3\sin t}{5 + 3\cos t}$$

$$\overrightarrow{OR} = \binom{9}{1} + \cos t\binom{-4}{0} + \sin t\binom{0}{-4}$$

$$= \binom{9 - 4\cos t}{1 - 4\sin t}$$

である。

(1) $\overrightarrow{PQ} = \overrightarrow{OQ} - \overrightarrow{OP} = \binom{3 - 3\sin t - \cos t}{5 + 3\cos t - \sin t}$

$$\overrightarrow{PR} = \overrightarrow{OR} - \overrightarrow{OP} = \binom{9 - 5\cos t}{1 - 5\sin t}$$

よって，$\overrightarrow{PQ} /\!/ \overrightarrow{PR}$ を仮定すると，

$$\binom{3 - 3\sin t - \cos t}{5 + 3\cos t - \sin t} /\!/ \binom{9 - 5\cos t}{1 - 5\sin t}$$

$\therefore (3 - 3\sin t - \cos t)(1 - 5\sin t)$
$\quad - (9 - 5\cos t)(5 + 3\cos t - \sin t) = 0$ [※1]

$\therefore -3\cos t - 9\sin t - 27 = 0$

$\therefore \cos t + 3\sin t + 9 = 0$

よって，ある定角 α に対して，

$$\sqrt{10}\sin(t + \alpha) + 9 = 0$$

すなわち $\sin(t + \alpha) = -\dfrac{9}{\sqrt{10}}$

が成り立つことになるが，このとき $\sin(t + \alpha) < -1$ となって矛盾する。よって，$\overrightarrow{PQ} /\!/ \overrightarrow{PR}$ となることはなく，したがって，3 点 P, Q, R が一直線上に並ぶことはない。■

※1：一般に，$\binom{a}{b} /\!/ \binom{c}{d} \Longleftrightarrow ad - bc = 0$（p.85 基本原理24）。

(2) △PQR の重心 G の位置は

$$\overrightarrow{OG} = \frac{1}{3}(\overrightarrow{OP} + \overrightarrow{OQ} + \overrightarrow{OR})$$

$$= \frac{1}{3}\left\{\binom{12}{6} + \cos t\binom{-3}{3} + \sin t\binom{-3}{-3}\right\}$$

$$= \binom{4}{2} + \cos t\binom{-1}{1} + \sin t\binom{-1}{-1}$$

$$= \binom{4}{2} + \left[\binom{-1}{1} を t 回転したベクトル\right]$$

よって，t 秒後の G の位置は下図のようになり，t が $0 \leqq t \leqq 2\pi$ を動くときの G の軌跡は，

$\boxed{\text{点}(4, 2) \text{を中心とする半径} \sqrt{2} \text{の円周}}$ $\cdots$（答）

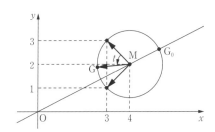

(3) (2)の軌跡の中心 $(4, 2)$ を M とおくと，

OG が最大になるのは，O，M，G がこ

の順に一直線上にあるときで，このとき

の G を G_0 とすると，G_0 は図のような位

置にある。よって求める最大値は

$$OG_0 = OM + MG_0$$
$$= \boxed{2\sqrt{5} + \sqrt{2}} \cdots (答)$$

解答・解説
Part 4

□ 1

◆平面のパラメータ表示 (p.47)，共面条件 (p.50) を利用するのが基本だが，その他にも様々な方針が考えられる。

◆平面の方程式を利用する方法も考えてみよう。

$$\overrightarrow{AB}=\begin{pmatrix}1\\-1\\1\end{pmatrix},\quad \overrightarrow{AC}=\begin{pmatrix}2\\-3\\-3\end{pmatrix},\quad \overrightarrow{AD}=\begin{pmatrix}5\\-7\\k\end{pmatrix}$$

である。

方針1 平面のパラメータ表示を利用した解法

$\overrightarrow{AB},\ \overrightarrow{AC}$ は1次独立なので，

A, B, C, D が同一平面上にある

$\Longleftrightarrow \exists(\alpha,\beta)\in\mathbb{R}^2,\ \overrightarrow{AD}=\alpha\overrightarrow{AB}+\beta\overrightarrow{AC}$ ※1

$\Longleftrightarrow \exists(\alpha,\beta)\in\mathbb{R}^2,\ \begin{pmatrix}5\\-7\\k\end{pmatrix}=\alpha\begin{pmatrix}1\\-1\\1\end{pmatrix}+\beta\begin{pmatrix}2\\-3\\-3\end{pmatrix}$

$\Longleftrightarrow \exists(\alpha,\beta)\in\mathbb{R}^2,\ \begin{cases}\alpha+2\beta=5 & \cdots\cdots① \\ -\alpha-3\beta=-7 & \cdots\cdots② \\ \alpha-3\beta=k & \cdots\cdots③\end{cases}$

ここで，$\begin{cases}① \\ ②\end{cases}\Longleftrightarrow\begin{cases}\alpha=1 \\ \beta=2\end{cases}$ なので，これを③

に代入して，

$k=1-3\cdot2=-5$ ∴ $\boxed{k=-5}$ …(答)

方針2 平面の方程式を利用した解法

$\overrightarrow{AB},\ \overrightarrow{AC}$ は1次独立であり，これらの両方

に垂直なベクトルとして，$\vec{n}=\begin{pmatrix}6\\5\\-1\end{pmatrix}$ がと

れるから，平面 ABC の方程式は

$$\vec{n}\cdot\left\{\begin{pmatrix}x\\y\\z\end{pmatrix}-\overrightarrow{OA}\right\}=0$$

すなわち，$\begin{pmatrix}6\\5\\-1\end{pmatrix}\cdot\left\{\begin{pmatrix}x\\y\\z\end{pmatrix}-\begin{pmatrix}-1\\2\\0\end{pmatrix}\right\}=0$

すなわち，$6x+5y-z-4=0$

点 D$(4,-5,k)$ がこの平面上にある条件は

$6\cdot4+5\cdot(-5)-k-4=0$

∴ $\boxed{k=-5}$ …(答)

方針3 スカラー3重積を利用した解法★

A, B, C, D が同一平面上にある

$\Longleftrightarrow \overrightarrow{AB},\ \overrightarrow{AC},\ \overrightarrow{AD}$ が1次従属

$\Longleftrightarrow \overrightarrow{AB}\cdot(\overrightarrow{AC}\times\overrightarrow{AD})=0$ ※2

$\Longleftrightarrow \begin{pmatrix}1\\-1\\1\end{pmatrix}\cdot\left\{\begin{pmatrix}2\\-3\\-3\end{pmatrix}\times\begin{pmatrix}5\\-7\\k\end{pmatrix}\right\}=0$

$\Longleftrightarrow \begin{pmatrix}1\\-1\\1\end{pmatrix}\cdot\begin{pmatrix}-3k-21\\-2k-15\\1\end{pmatrix}=0$

$\Longleftrightarrow -3k-21+2k+15+1=0$

$\Longleftrightarrow \boxed{k=-5}$ …(答)

※1：「$\exists(\alpha,\beta)\in\mathbb{R}^2,\cdots$」は「$\cdots$を満たす実数 α,β が存在する」の意。

※2：スカラー3重積➡p.107 基本原理30

□ 2

◆3点 A, B, C から等距離にある点の軌跡は，三角形 ABC の外心を通り平面 ABC に垂直な直線。求める点は点 D からこの直線に下ろした垂線とこの直線との交点。

◆図形的意味を考えた答案と，代数計算主体の答案の両方を考えてみよう。

3点 A$(0,0,3)$, B$(0,-1,-2)$, C$(2,-3,0)$

から等距離にある点を P(x,y,z) とすると，

$$AP^2=BP^2=CP^2$$

$\Longleftrightarrow x^2+y^2+(z-3)^2$

$\qquad =x^2+(y+1)^2+(z+2)^2$

$\qquad =(x-2)^2+(y+3)^2+z^2$

$\Longleftrightarrow -6z+9=2y+4z+5=-4x+6y+13$

$\Longleftrightarrow \begin{cases}-6z+9=2y+4z+5 \\ -6z+9=-4x+6y+13\end{cases}$

$\Longleftrightarrow \begin{cases}y=-5z+2 \\ 2x=3y+3z+2\end{cases}$

x, y の連立方程式と見て解くと，

$$\begin{cases} x = 4 - 6z \\ y = 2 - 5z \end{cases}$$

これは2平面の交わりを表すので，直線の方程式であり，この直線を ℓ とすると，ℓ は例えば実数 t を用いて

$$\begin{cases} x = 4 - 6t \\ y = 2 - 5t \\ z = t \end{cases}$$

すなわち

$$\begin{pmatrix} x \\ y \\ z \end{pmatrix} = \begin{pmatrix} 4 \\ 2 \\ 0 \end{pmatrix} + t \begin{pmatrix} -6 \\ -5 \\ 1 \end{pmatrix}$$

とパラメータ表示できる。点 $D(-1, 3, 1)$ から直線 ℓ に下ろした垂線と ℓ との交点を H とすると，求めるのは H の座標である。

ℓ の方向ベクトルとして $\vec{u} = \begin{pmatrix} -6 \\ -5 \\ 1 \end{pmatrix}$ がとれ，

ℓ 上の点として $E(4, 2, 0)$ がとれる。

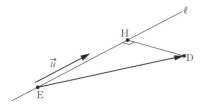

よって，

$$\overrightarrow{OH} = \overrightarrow{OE} + \left(\overrightarrow{ED} \text{ の } \vec{u} \text{ への正射影ベクトル}\right)$$

$$= \overrightarrow{OE} + \frac{\vec{u} \cdot \overrightarrow{ED}}{|\vec{u}|^2} \vec{u}$$

$$= \begin{pmatrix} 4 \\ 2 \\ 0 \end{pmatrix} + \frac{\begin{pmatrix} -6 \\ -5 \\ 1 \end{pmatrix} \cdot \begin{pmatrix} -5 \\ 1 \\ 1 \end{pmatrix}}{6^2 + 5^2 + 1^2} \begin{pmatrix} -6 \\ -5 \\ 1 \end{pmatrix}$$

$$= \begin{pmatrix} 4 \\ 2 \\ 0 \end{pmatrix} + \frac{26}{62} \begin{pmatrix} -6 \\ -5 \\ 1 \end{pmatrix} = \frac{1}{31} \begin{pmatrix} 46 \\ -3 \\ 13 \end{pmatrix}$$

よって，求める座標は，

$$\boxed{\left(\frac{46}{31}, -\frac{3}{31}, \frac{13}{31}\right)} \cdots \text{(答)}$$

◆ ℓ 上の点 $P(4-6t, 2-5t, t)$ と D との距離の2乗を $f(t)$ とおくと，

$$f(t) = (4-6t+1)^2 + (2-5t-3)^2 + (t-1)^2$$
$$= 62t^2 - 52t + 27$$

これが最小になる $t = \frac{13}{31}$ のときの P の座標が H の座標である。

□ 3

◆座標や成分が与えられていないため，「2つのベクトルの両方に垂直なベクトル」，「正射影ベクトル」などの便利な道具が使いにくい。比や基本量を用いて地道に調べよう。

(1) $\overrightarrow{OA} = \vec{a}$, $\overrightarrow{OB} = \vec{b}$, $\overrightarrow{OC} = \vec{c}$ とおくと，

$$3\overrightarrow{OP} + 8\overrightarrow{AP} + 7\overrightarrow{BP} + \overrightarrow{CP} = \vec{0}$$
$$\iff 3\overrightarrow{OP} + 8(\overrightarrow{OP} - \vec{a})$$
$$\qquad + 7(\overrightarrow{OP} - \vec{b}) + (\overrightarrow{OP} - \vec{c}) = \vec{0}$$
$$\iff \overrightarrow{OP} = \frac{1}{19}(8\vec{a} + 7\vec{b} + \vec{c})$$

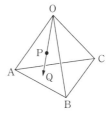

今，O, P, Q は一直線上にあるので，ある実数 k を用いて，

$$\overrightarrow{OQ} = k\overrightarrow{OP}$$

と表せ，このとき，

$$\overrightarrow{OQ} = \frac{k}{19}(8\vec{a} + 7\vec{b} + \vec{c})$$

今，$\vec{a}$, $\vec{b}$, $\vec{c}$ は1次独立なので，この Q が平面 ABC にある条件[※1]は，

$$\frac{k}{19}(8 + 7 + 1) = 1 \quad \therefore \ k = \frac{19}{16}$$

よって,
$$\overrightarrow{OQ} = \frac{1}{16}\left(8\vec{a} + 7\vec{b} + \vec{c}\right)$$

始点を A に変えて,

$$\overrightarrow{AQ} - \overrightarrow{AO}$$
$$= \frac{1}{16}\{8(-\overrightarrow{AO}) + 7(\overrightarrow{AB} - \overrightarrow{AO})$$
$$+ (\overrightarrow{AC} - \overrightarrow{AO})\}$$

$$\therefore \ \overrightarrow{AQ} = \frac{1}{16}\left(7\overrightarrow{AB} + \overrightarrow{AC}\right) \cdots \cdots ☆$$

よって A を原点, $\overrightarrow{AB}$, $\overrightarrow{AC}$ を基底とする XY 斜交座標系における Q の座標は, $\left(\dfrac{7}{16}, \dfrac{1}{16}\right)$ である。

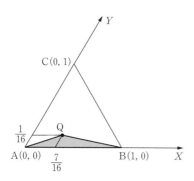

よって, $\triangle ABQ$ は, $\triangle ABC$ の $\dfrac{1}{16}$ 倍とわかる。今, 三角形 ABC は 1 辺の長さが 1 の正三角形なので,

$$\triangle ABC = \frac{\sqrt{3}}{4}$$

であるから,

$$\triangle ABQ = \frac{\sqrt{3}}{4} \cdot \frac{1}{16}$$
$$= \boxed{\frac{\sqrt{3}}{64}} \cdots (答)$$

※1:共面条件➡ p.50 基本原理 14

【(1)の別解 1】

☆より

$$\overrightarrow{AQ} = \frac{1}{16}\left(7\overrightarrow{AB} + \overrightarrow{AC}\right)$$
$$= \frac{1}{2} \cdot \frac{7\overrightarrow{AB} + \overrightarrow{AC}}{8}$$

よって, BC を 1:7 に内分する点を E とすれば,

$$\overrightarrow{AQ} = \frac{1}{2}\overrightarrow{AE}$$

よって Q は AE の中点であり, 次図のようになる。

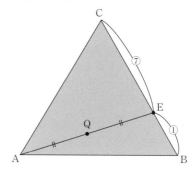

$$\therefore \ \triangle ABQ = \frac{1}{2}\triangle ABE$$
$$= \frac{1}{2} \cdot \frac{1}{8} \cdot \triangle ABC$$
$$= \frac{1}{2} \cdot \frac{1}{8} \cdot \frac{\sqrt{3}}{4}$$
$$= \boxed{\frac{\sqrt{3}}{64}} \cdots (答)$$

【(1)の別解 2】

☆より

$$\overrightarrow{AQ} = \frac{1}{16}\left(7\overrightarrow{AB} + \overrightarrow{AC}\right)$$

$$\therefore \ \overrightarrow{AQ} \cdot \overrightarrow{AB}$$
$$= \frac{1}{16}\left(7\overrightarrow{AB} + \overrightarrow{AC}\right) \cdot \overrightarrow{AB}$$
$$= \frac{1}{16}\left(7\left|\overrightarrow{AB}\right|^2 + \overrightarrow{AC} \cdot \overrightarrow{AB}\right) \cdots \cdots ①$$

また,

$$\left|\overrightarrow{AQ}\right|^2$$

$$= \frac{1}{16^2}\left(49\left|\overrightarrow{AB}\right|^2 + 14\overrightarrow{AB}\cdot\overrightarrow{AC} + \left|\overrightarrow{AC}\right|^2\right) \cdots\cdots②$$

今，三角形 ABC は 1 辺の長さが 1 の正三角形なので，

$$\left|\overrightarrow{AB}\right| = \left|\overrightarrow{AC}\right| = 1, \quad \overrightarrow{AB}\cdot\overrightarrow{AC} = \frac{1}{2}$$

であるから，①，②より，

$$\overrightarrow{AQ}\cdot\overrightarrow{AB} = \frac{1}{16}\left(7 + \frac{1}{2}\right) = \frac{15}{32}$$

$$\left|\overrightarrow{AQ}\right|^2 = \frac{1}{16^2}\left(49 + 14\cdot\frac{1}{2} + 1\right) = \frac{57}{16^2}$$

よって，

$$\triangle ABQ = \frac{1}{2}\sqrt{\left|\overrightarrow{AB}\right|^2\left|\overrightarrow{AQ}\right|^2 - \left(\overrightarrow{AQ}\cdot\overrightarrow{AB}\right)^2}$$
$$= \frac{1}{2}\sqrt{1\cdot\frac{57}{16^2} - \left(\frac{15}{32}\right)^2}$$
$$= \boxed{\frac{\sqrt{3}}{64}}\cdots(答)$$

(2) 四面体 PABQ について，三角形 ABQ を底面とみる。

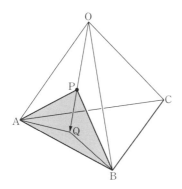

(1)の結果より，底面積は $\frac{\sqrt{3}}{64}$

また，$k = \frac{19}{16}$ より，P は OQ を $16:3$ に内分するから，四面体 PABQ の高さは，正四面体 OABC の高さの $\frac{3}{19}$ 倍。

1 辺の長さが 1 の正四面体の高さは $\frac{\sqrt{6}}{3}$

なので，四面体 PABQ の高さは，

$$\frac{3}{19}\cdot\frac{\sqrt{6}}{3} = \frac{\sqrt{6}}{19}$$

よって求める体積は，

$$\frac{1}{3}\cdot\frac{\sqrt{3}}{64}\cdot\frac{\sqrt{6}}{19} = \boxed{\frac{\sqrt{2}}{1216}}\cdots(答)$$

□4

◆「球と直線が交わる条件」は，平面上での「円と直線が交わる条件」と同様です。
◆ここでも図形的考察と代数計算主体の 2 つの方法を考えてみよう。

方針1 図形的に考察する解法

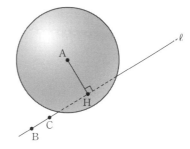

(1) A から ℓ に下ろした垂線と ℓ との交点を H とすると，

$$\left|\overrightarrow{BH}\right| = \left|\overrightarrow{BA}\text{ の }\overrightarrow{BC}\text{ 向きの符号付き長さ}\right|$$
$$= \frac{\left|\overrightarrow{BA}\cdot\overrightarrow{BC}\right|}{\left|\overrightarrow{BC}\right|}$$

$$\overrightarrow{BA} = \begin{pmatrix}-3\\3\\-3\end{pmatrix} = 3\begin{pmatrix}-1\\1\\-1\end{pmatrix},$$

$$\overrightarrow{BC} = \begin{pmatrix}-3\\6\\-3\end{pmatrix} = 3\begin{pmatrix}-1\\2\\-1\end{pmatrix}\text{ なので，}$$

$$\left|\overrightarrow{BH}\right| = \frac{|9(1+2+1)|}{3\sqrt{1+4+1}}$$
$$= \frac{12}{\sqrt{6}} = 2\sqrt{6}$$

$\left|\overrightarrow{AB}\right| = 3\sqrt{3}$ なので，三平方の定理から

$$\left|\overrightarrow{AH}\right| = \sqrt{\left|\overrightarrow{AB}\right|^2 - \left|\overrightarrow{BH}\right|^2}$$
$$= \sqrt{27 - 24} = \sqrt{3}$$

よって，$\left|\overrightarrow{AH}\right| = \sqrt{3} < 2 = (S \text{ の半径})$ が

成り立つ。

よって，S と ℓ は異なる 2 点で交わる。■

(2) S と ℓ の 2 交点を P,Q とおくと，三角形 APQ は AP = AQ = 2 を満たす二等辺三角形であり，PQ の中点が H であるから，三平方の定理より

$$PQ = 2HP = 2\sqrt{AP^2 - AH^2}$$
$$= 2\sqrt{2^2 - (\sqrt{3})^2} = \boxed{2} \cdots (\text{答})$$

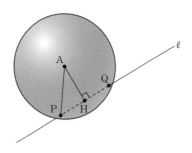

方針 2 計算主体の解法

(1) S の方程式は

$$(x-1)^2 + (y-1)^2 + (z-2)^2 = 4 \quad \cdots\cdots ①$$

ℓ は点 B$(4, -2, 5)$ を通る $\vec{u} = \begin{pmatrix} 1 \\ -2 \\ 1 \end{pmatrix}$ 方向の直線なので，B を出発し，1 秒間に $\vec{u}$ だけ進む等速直線運動をする動点 X の t 秒後の位置は，

$$\overrightarrow{OX} = \overrightarrow{OB} + t\vec{u} = \begin{pmatrix} 4 \\ -2 \\ 5 \end{pmatrix} + t\begin{pmatrix} 1 \\ -2 \\ 1 \end{pmatrix}$$

この点 X が方程式①を満たす条件は，

$$\{(4+t)-1\}^2 + \{(-2-2t)-1\}^2$$
$$+ \{(5+t)-2\}^2 = 4$$
$$\Longleftrightarrow (t+3)^2 + (-2t-3)^2 + (t+3)^2 = 4$$
$$\Longleftrightarrow 6t^2 + 24t + 23 = 0 \quad \cdots\cdots ②$$

t の 2 次方程式②の判別式を D とすると，

$$\frac{D}{4} = 12^2 - 6\cdot23 = 6 > 0$$

であるから，②を満たす実数 t は 2 つある。したがって，S と ℓ は異なる 2 点で

交わる。■

(2) ②の解を小さい方から α, β とおくと，

$$\beta - \alpha = \frac{-12+\sqrt{6}}{6} - \frac{-12-\sqrt{6}}{6}$$
$$= \frac{\sqrt{6}}{3}$$

つまり動点 X が球 S の内部を通過する時間は $\dfrac{\sqrt{6}}{3}$ 秒である。今，X は 1 秒間で $|\vec{u}| = \sqrt{6}$ だけ進むので，(1)の 2 つの交点間の距離は，

$$\sqrt{6} \times \frac{\sqrt{6}}{3}{}^{※1} = \boxed{2} \cdots (\text{答})$$

※ 1：(速さ)×(時間) = (距離)

□ 5

◆「平面上の異なる 2 定点 A，B からの距離の比が $m:n(\neq 1:1)$ であるような点の軌跡は，AB を $m:n$ に内分する点と外分する点を直径の両端とする円である。この円を「アポロニウスの円」という。本問はその 3 次元バージョン。適当に座標を設定して P の軌跡を x, y, z で表してもよいが，ここは訓練のつもりであえてベクトルのまま記述してみよう。2 次元でも 3 次元でも全く同じ答案になることがわかるでしょう。

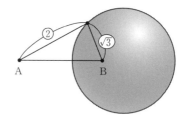

$\overrightarrow{AB} = \vec{b}$, $\overrightarrow{AP} = \vec{p}$ とおくと，

$$|\overrightarrow{AP}| : |\overrightarrow{BP}| = 2 : \sqrt{3}$$
$$\Longleftrightarrow \sqrt{3}|\overrightarrow{AP}| = 2|\overrightarrow{BP}|$$
$$\Longleftrightarrow 3|\overrightarrow{AP}|^2 = 4|\overrightarrow{BP}|^2$$
$$\Longleftrightarrow 3|\vec{p}|^2 = 4|\vec{p} - \vec{b}|^2$$
$$\Longleftrightarrow 3|\vec{p}|^2 = 4(|\vec{p}|^2 - 2\vec{b}\cdot\vec{p} + |\vec{b}|^2)$$
$$\Longleftrightarrow |\vec{p}|^2 - 8\vec{b}\cdot\vec{p} + 4|\vec{b}|^2 = 0$$
$$\Longleftrightarrow |\vec{p} - 4\vec{b}|^2 - 12|\vec{b}|^2 = 0 \quad \cdots\cdots ①$$

今，$|\vec{b}| = AB = 1$ なので，

① $\Longleftrightarrow |\vec{p}-4\vec{b}|^2=12$

$\qquad \Longleftrightarrow |\vec{p}-4\vec{b}|=2\sqrt{3}$

$4\vec{b}=4\overrightarrow{AB}=\overrightarrow{AC}$ とおくと,

① $\Longleftrightarrow |\overrightarrow{AP}-\overrightarrow{AC}|=2\sqrt{3}$

$\qquad \Longleftrightarrow |\overrightarrow{CP}|=2\sqrt{3}$

よって, 点 P の軌跡は点 C を中心とする半径 $\boxed{2\sqrt{3}}$ …(答)の球である。

また, $4\overrightarrow{AB}=\overrightarrow{AC}$ より, この球の中心 C は, $\boxed{AB を 4:3 に外分する点}$ …(答)である。

□ **6**

◆まず図を描いて, PQ が最小になるときの位置関係を考えよう。

$S:(x+1)^2+(y-1)^2+(z-1)^2=9$ より,

S の中心を C, 半径を r とおくと,

$C(-1,1,1),\ r=3$

である。一方, $\overrightarrow{AB}=\begin{pmatrix}2\\2\\-3\end{pmatrix}$ より, 直線 ℓ は,

$$\ell:\begin{pmatrix}x\\y\\z\end{pmatrix}=\begin{pmatrix}1\\1\\8\end{pmatrix}+t\begin{pmatrix}2\\2\\-3\end{pmatrix}$$

とパラメータ表示できる。

C から ℓ に下ろした垂線と ℓ との交点を H とすると,

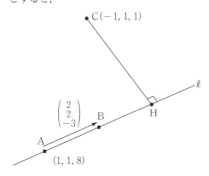

$\overrightarrow{CH}=\overrightarrow{CA}+\overrightarrow{AH}$
$\quad=\overrightarrow{CA}+(\overrightarrow{AC}\ \text{の}\ \overrightarrow{AB}\ \text{への正射影ベクトル})$

$\quad=\overrightarrow{CA}+\dfrac{\overrightarrow{AB}\cdot\overrightarrow{AC}}{|\overrightarrow{AB}|^2}\overrightarrow{AB}$

$$=\begin{pmatrix}2\\0\\7\end{pmatrix}+\frac{\begin{pmatrix}2\\2\\-3\end{pmatrix}\cdot\begin{pmatrix}-2\\0\\-7\end{pmatrix}}{4+4+9}\begin{pmatrix}2\\2\\-3\end{pmatrix}$$

$$=\begin{pmatrix}2\\0\\7\end{pmatrix}+\frac{17}{17}\begin{pmatrix}2\\2\\-3\end{pmatrix}$$

$$=\begin{pmatrix}2\\0\\7\end{pmatrix}+\begin{pmatrix}2\\2\\-3\end{pmatrix}=\begin{pmatrix}4\\2\\4\end{pmatrix}$$

$\therefore\ |\overrightarrow{CH}|=\sqrt{16+4+16}=6>3=r$

であるから, ℓ は S と共有点をもたない。

S 上の動点 P と ℓ 上の動点 Q に対し, 三角不等式より

$$|\overrightarrow{CQ}|\leqq|\overrightarrow{CP}|+|\overrightarrow{PQ}|$$

すなわち

$$|\overrightarrow{PQ}|\geqq|\overrightarrow{CQ}|-|\overrightarrow{CP}|$$

が成り立つ。

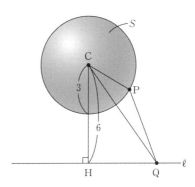

今, $P\in S$ より $|\overrightarrow{CP}|=r=3$ であるから,

$|\overrightarrow{PQ}|\geqq|\overrightarrow{CQ}|-3$

$\qquad \geqq|\overrightarrow{CH}|-3$

$\qquad =6-3=3$

より,

$$|\overrightarrow{PQ}|\geqq3$$

となり, 等号は, C, P, Q が一直線上に並び, かつ Q＝H のときに成り立つので, 求める PQ の最小値は $\boxed{3}$ …(答)

最小値をとるとき，

$$\overrightarrow{OQ} = \overrightarrow{OH} = \overrightarrow{OC} + \overrightarrow{CH}$$

$$= \begin{pmatrix} -1 \\ 1 \\ 1 \end{pmatrix} + \begin{pmatrix} 4 \\ 2 \\ 4 \end{pmatrix} = \begin{pmatrix} 3 \\ 3 \\ 5 \end{pmatrix}$$

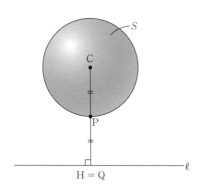

このとき P は CH の中点なので，

$$\overrightarrow{OP} = \frac{1}{2}(\overrightarrow{OC} + \overrightarrow{OH}) = \begin{pmatrix} 1 \\ 2 \\ 3 \end{pmatrix}$$

つまり，$\boxed{P(1, 2, 3), \ Q(3, 3, 5)}$ …(答)

□7

◆「$\vec{a} + \cos t \cdot \vec{u} + \sin t \cdot \vec{v}$」の形に整理するのが基本。
◆(3)では，「正射影によって図形の面積は何倍になるか」を考えてみよう。

(1) $\begin{cases} x = \sin t + 2\cos t \\ y = 2\sin t + \cos t \\ z = -2\sin t + 2\cos t + 4 \end{cases}$ は，

$$\begin{pmatrix} x \\ y \\ z \end{pmatrix} = \begin{pmatrix} 0 \\ 0 \\ 4 \end{pmatrix} + \cos t \begin{pmatrix} 2 \\ 1 \\ 2 \end{pmatrix} + \sin t \begin{pmatrix} 1 \\ 2 \\ -2 \end{pmatrix}$$

と表せ，$A(0, 0, 4)$，

$\vec{u} = \begin{pmatrix} 2 \\ 1 \\ 2 \end{pmatrix}$, $\vec{v} = \begin{pmatrix} 1 \\ 2 \\ -2 \end{pmatrix}$ とおくと，

$$\overrightarrow{OP} = \overrightarrow{OA} + \cos t \cdot \vec{u} + \sin t \cdot \vec{v}$$

今，

$$|\vec{u}| = |\vec{v}| = 3, \quad \vec{u} \cdot \vec{v} = 0 \quad \therefore \ \vec{u} \perp \vec{v}$$

であるから，点 A を通る $\vec{u}, \vec{v}$ の張る平面を α とおくと，C は

平面 α 上の点 A を中心とする半径 3 の円周。

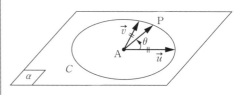

よって，C が囲む部分の面積は，$\boxed{9\pi}$ …(答)

(2) $\vec{u}, \vec{v}$ の両方に垂直なベクトルとして $\vec{n} = \begin{pmatrix} 2 \\ -2 \\ -1 \end{pmatrix}$ がとれ，この $\vec{n}$ は平面 α の法線ベクトルの 1 つである。また，xy 平面の法線ベクトルとして，$\vec{e} = \begin{pmatrix} 0 \\ 0 \\ 1 \end{pmatrix}$ を用意し，$\vec{n}$ と $\vec{e}$ のなす角を θ とすると，

$$\vec{n} \cdot \vec{e} = -1 < 0$$

より θ は鈍角で，α と xy 平面の 2 面角は $\pi - \theta$ である。

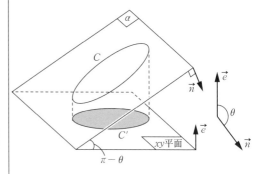

$$\cos(\pi - \theta) = -\cos\theta = -\frac{\vec{n} \cdot \vec{e}}{|\vec{n}||\vec{e}|}$$

$$= -\frac{-1}{3 \cdot 1} = \frac{1}{3}$$

よって，この正射影により図形の面積は $\frac{1}{3}$ 倍される。

よって，C' が囲む部分の面積は C が囲む部分の面積の $\frac{1}{3}$ 倍。

(1)より求める面積は $9\pi \times \frac{1}{3} = \boxed{3\pi}$ …(答)

【(2)の別解★】

$$\begin{pmatrix} x \\ y \\ z \end{pmatrix} = \begin{pmatrix} 0 \\ 0 \\ 4 \end{pmatrix} + \cos t \begin{pmatrix} 2 \\ 1 \\ 2 \end{pmatrix} + \sin t \begin{pmatrix} 1 \\ 2 \\ -2 \end{pmatrix}$$

を満たす点 (x, y, z) の xy 平面への正射影は，点 $(x, y, 0)$ であるから，C' は xy 平面上で，

$$\begin{pmatrix} x \\ y \end{pmatrix} = \cos t \begin{pmatrix} 2 \\ 1 \end{pmatrix} + \sin t \begin{pmatrix} 1 \\ 2 \end{pmatrix}$$

とパラメータ表示される曲線。O を原点とし，$\begin{pmatrix} 2 \\ 1 \end{pmatrix}$，$\begin{pmatrix} 1 \\ 2 \end{pmatrix}$ を基底とする XY 座標系を W とすると，C' は W 上では単位円 $X^2 + Y^2 = 1$ を表すが，基底が直交していないので実際は(図2)のような楕円である。

(図1)　網目部分の正方形の面積は 1

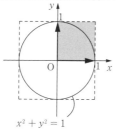

$x^2 + y^2 = 1$

(図2)　網目部分の平行四辺形の面積は 3

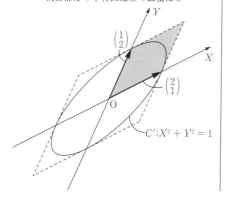

$C':X^2 + Y^2 = 1$

$\det\left\{\begin{pmatrix} 2 \\ 1 \end{pmatrix}, \begin{pmatrix} 1 \\ 2 \end{pmatrix}\right\} = 3$ より，(図1)と(図2)の面積比は $1 : 3$ である。(図1)の単位円の囲む部分の面積は π なので，(図2)の C' の囲む部分の面積は $\boxed{3\pi}$ …(答)

□ 8

◆与えられた式は「球と平面の交わり」すなわち「空間内の円」の方程式である。

◆論理を学んだ人は，「写像の値域を求める逆像法の考え方」も考察せよ。

方針1　逆像法の発想を用いた解法

求める w の範囲を W とおくと，

$$k \in W \iff \exists \begin{pmatrix} x \\ y \\ z \end{pmatrix}, \begin{cases} x^2 + y^2 + z^2 = 5 \\ x + y + z = 3 \\ x - y = k \end{cases}$$

$$\iff \exists \begin{pmatrix} y \\ z \end{pmatrix}, \begin{cases} (y+k)^2 + y^2 + z^2 = 5 \\ (y+k) + y + z = 3 \end{cases}$$

$$\iff \exists \begin{pmatrix} y \\ z \end{pmatrix}, \begin{cases} 2y^2 + 2ky + z^2 + k^2 = 5 \\ z = -2y + 3 - k \end{cases}$$

$$\iff \exists y, \, 2y^2 + 2ky + (-2y + 3 - k)^2 + k^2 = 5$$

$$\iff \exists y, \, 3y^2 + 3(k-2)y + k^2 - 3k + 2 = 0$$

$$\iff 9(k-2)^2 - 12(k^2 - 3k + 2) \geqq 0$$
$$\text{(判別式} \geqq 0)$$

$$\iff 12 - 3k^2 \geqq 0$$

$$\iff -2 \leqq k \leqq 2$$

よって，W は，$\boxed{-2 \leqq w \leqq 2}$ …(答)

<u>方針2</u> 円のパラメータ表示を利用した解法

$x^2+y^2+z^2=5$ は原点を中心とする半径$\sqrt{5}$ の球面を表す。この球面を S とする。

$x+y+z=3$ は $\vec{n}=\begin{pmatrix}1\\1\\1\end{pmatrix}$ に垂直な点A $(1,1,1)$ を通る平面を表す。この平面をαと する。

今，点 $\mathrm{P}(x,y,z)$ は，球面 S と平面αの交 円上のすべての点を動く。この交円を C と し，その半径を r とすると，次図のように なる。

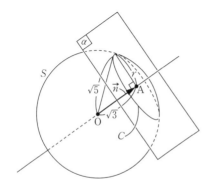

三平方の定理から
$$r=\sqrt{(\sqrt{5})^2-(\sqrt{3})^2}=\sqrt{2}$$

$\vec{n}$ に垂直で大きさが$\sqrt{2}$ のベクトルとして
$$\vec{u}=\begin{pmatrix}0\\-1\\1\end{pmatrix}$$

を選び，また，$\vec{n}$ にも $\vec{u}$ にも垂直で大きさ が$\sqrt{2}$ のベクトルとして
$$\vec{v}=\frac{1}{\sqrt{3}}\begin{pmatrix}-2\\1\\1\end{pmatrix}$$

を選ぶと，円 C 上の点(x,y,z)は，
$$\begin{pmatrix}x\\y\\z\end{pmatrix}=\overrightarrow{\mathrm{OA}}+\cos\theta\cdot\vec{u}+\sin\theta\cdot\vec{v}$$

とパラメータ表示できる。

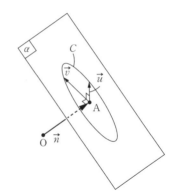

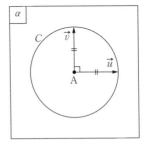

これを成分で表すと，
$$\begin{pmatrix}x\\y\\z\end{pmatrix}=\begin{pmatrix}1\\1\\1\end{pmatrix}+\cos\theta\begin{pmatrix}0\\-1\\1\end{pmatrix}+\frac{\sin\theta}{\sqrt{3}}\begin{pmatrix}-2\\1\\1\end{pmatrix}$$

よって，
$$\begin{aligned}w&=x-y\\&=\left(1-\frac{2}{\sqrt{3}}\sin\theta\right)-\left(1-\cos\theta+\frac{1}{\sqrt{3}}\sin\theta\right)\\&=\cos\theta-\sqrt{3}\sin\theta\\&=2\cos\left(\theta+\frac{\pi}{3}\right)\end{aligned}$$

今，θは全実数を動けるので，w のとり得る 値の範囲は，$\boxed{-2\leqq w\leqq 2}$ …(答)

□9

◆$\begin{pmatrix}1\\0\end{pmatrix}$を$x$回転したベクトルが$\begin{pmatrix}\cos x\\\sin x\end{pmatrix}$であることを 理解していれば他の知識は不要なはず。

XY 座標平面において，$(*)$を満たす点 $(\cos x,\sin x)$は，直線 $\ell:Y+\sqrt{3}X+c=0$

と単位円との交点である。

(1) （＊）が $0 \leqq x < 2\pi$ の範囲に異なる2つ
の解をもつための必要十分条件は，

　　直線 ℓ が単位円と異なる2点で交わる

$\iff$ 原点と直線 ℓ との距離が1未満

$\iff \dfrac{|c|}{\sqrt{(\sqrt{3})^2 + 1^2}} < 1$ （点と直線の距離公式）

$\iff |c| < 2$

$\iff \boxed{-2 < c < 2}$ …（答）

(2) 直線 ℓ は $\vec{n} = \begin{pmatrix} \sqrt{3} \\ 1 \end{pmatrix}$ に垂直なので，2点
A，B を

　　$A(\cos\alpha,\ \sin\alpha)$，$B(\cos\beta,\ \sin\beta)$

とすると，A と B は直線 $Y = \dfrac{1}{\sqrt{3}}X$ に

関して常に対称である。

また，点 M を

　　$M\left(\cos\dfrac{\alpha+\beta}{2},\ \sin\dfrac{\alpha+\beta}{2}\right)$

とすると，$0 \leqq \alpha < \beta < 2\pi$ に注意して，A，
B，M は次図のような位置にある。

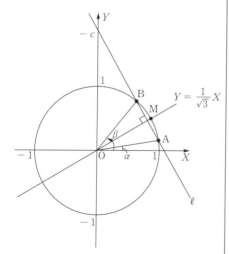

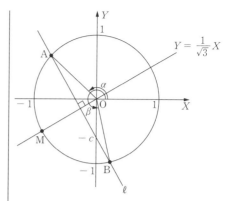

よって，図のように，$-2 < c < 2$ を満
たす任意の c に対し，点 M は常に直線

$Y = \dfrac{1}{\sqrt{3}}X$ 上にあるから，

$\tan\dfrac{\alpha+\beta}{2} = $（直線 OM の傾き）

　　　　　$= \boxed{\dfrac{1}{\sqrt{3}}}$ …（答）

□ 10

◆「柴刈り爺さん問題」(p.172) の空間バージョン。図
形的考察と計算によるアプローチの2通りで考えてみ
よ。

◆図形的考察をする場合は，点の位置関係をしっかり
把握することが重要。

【計算主体の方針】

　　点 P が直線 CD 上を動くとき，

　　$\overrightarrow{OP} = \overrightarrow{OC} + t\overrightarrow{CD}$

　　　　$= \begin{pmatrix} 3 \\ -9 \\ -1 \end{pmatrix} + t\begin{pmatrix} 1 \\ 1 \\ 2 \end{pmatrix}$

とパラメータ表示できる。このとき，

　　$\overrightarrow{AP} = \overrightarrow{OP} - \overrightarrow{OA} = \begin{pmatrix} 4 \\ -12 \\ -2 \end{pmatrix} + t\begin{pmatrix} 1 \\ 1 \\ 2 \end{pmatrix}$

　　$\overrightarrow{BP} = \overrightarrow{OP} - \overrightarrow{OB} = \begin{pmatrix} -10 \\ -6 \\ -7 \end{pmatrix} + t\begin{pmatrix} 1 \\ 1 \\ 2 \end{pmatrix}$

より，

$$\left|\overrightarrow{\mathrm{AP}}\right| = \sqrt{(t+4)^2 + (t-12)^2 + (2t-2)^2}$$
$$= \sqrt{6t^2 - 24t + 164}$$
$$= \sqrt{6(t-2)^2 + 140}$$
$$\left|\overrightarrow{\mathrm{BP}}\right| = \sqrt{(t-10)^2 + (t-6)^2 + (2t-7)^2}$$
$$= \sqrt{6t^2 - 60t + 185}$$
$$= \sqrt{6(t-5)^2 + 35}$$

ここで，2つの平面ベクトル $\vec{p}$，$\vec{q}$ を

$$\vec{p} = \begin{pmatrix} \sqrt{6}(t-2) \\ 2\sqrt{35} \end{pmatrix}, \quad \vec{q} = \begin{pmatrix} -\sqrt{6}(t-5) \\ \sqrt{35} \end{pmatrix}$$

と定めると，

$$\left|\overrightarrow{\mathrm{AP}}\right| = |\vec{p}|, \quad \left|\overrightarrow{\mathrm{BP}}\right| = |\vec{q}|,$$
$$\vec{p} + \vec{q} = \begin{pmatrix} 3\sqrt{6} \\ 3\sqrt{35} \end{pmatrix} = 3\begin{pmatrix} \sqrt{6} \\ \sqrt{35} \end{pmatrix}$$

であるから，

$$\mathrm{AP} + \mathrm{PB} = \left|\overrightarrow{\mathrm{AP}}\right| + \left|\overrightarrow{\mathrm{BP}}\right|$$
$$= |\vec{p}| + |\vec{q}|$$
$$\geqq |\vec{p} + \vec{q}| \ (三角不等式)$$
$$= \left|3\begin{pmatrix} \sqrt{6} \\ \sqrt{35} \end{pmatrix}\right| = 3\sqrt{6+35} = 3\sqrt{41}$$

よって，

$$\mathrm{AP} + \mathrm{PB} \geqq 3\sqrt{41}$$

が成り立つ。この等号が成り立つ条件は

$\vec{p}$ と $\vec{q}$ が同じ向きに平行になること

であるが，それは，$t=4$ のときに確かに実現する。

したがって，AP＋PB の最小値は $\boxed{3\sqrt{41}}$ …(答)

◆理系の人は
$\mathrm{AP}+\mathrm{PB} = \sqrt{6t^2 - 24t + 164} + \sqrt{6t^2 - 60t + 185}$
これを微分して増減を調べるという方針も考えられるが，相当な計算量を覚悟する必要がある。

【図形的考察】
$\vec{u} = \overrightarrow{\mathrm{CD}} = \begin{pmatrix} 1 \\ 1 \\ 2 \end{pmatrix}$ とおく。このとき，

$$\vec{u} \cdot \overrightarrow{\mathrm{CA}} = \begin{pmatrix} 1 \\ 1 \\ 2 \end{pmatrix} \cdot \begin{pmatrix} -4 \\ 12 \\ 2 \end{pmatrix} = 12,$$
$$\vec{u} \cdot \overrightarrow{\mathrm{CB}} = \begin{pmatrix} 1 \\ 1 \\ 2 \end{pmatrix} \cdot \begin{pmatrix} 10 \\ 6 \\ 7 \end{pmatrix} = 30$$

であるから，

$$\left(\overrightarrow{\mathrm{CA}} \text{ の } \vec{u} \text{ 向きの符号付き長さ}\right)$$
$$= \frac{\vec{u} \cdot \overrightarrow{\mathrm{CA}}}{|\vec{u}|} = \frac{12}{\sqrt{6}} = 2\sqrt{6}$$
$$\left(\overrightarrow{\mathrm{CB}} \text{ の } \vec{u} \text{ 向きの符号付き長さ}\right)$$
$$= \frac{\vec{u} \cdot \overrightarrow{\mathrm{CB}}}{|\vec{u}|} = \frac{30}{\sqrt{6}} = 5\sqrt{6}$$

また，

$$\left|\overrightarrow{\mathrm{CA}}\right| = \sqrt{16 + 144 + 4} = 2\sqrt{41},$$
$$\left|\overrightarrow{\mathrm{CB}}\right| = \sqrt{100 + 36 + 49} = \sqrt{185}$$

であるから，A，B から直線 CD に下ろした垂線と直線 CD との交点をそれぞれ H，I とおくと，三平方の定理より

$$\left|\overrightarrow{\mathrm{AH}}\right| = \sqrt{(2\sqrt{41})^2 - (2\sqrt{6})^2}$$
$$= 2\sqrt{35}$$
$$\left|\overrightarrow{\mathrm{BI}}\right| = \sqrt{(\sqrt{185})^2 - (5\sqrt{6})^2}$$
$$= \sqrt{35}$$

よって平面 ACD を α，点 B を通る $\overrightarrow{\mathrm{CD}}$ に垂直な平面を β とすると，次図のような位置関係になる。

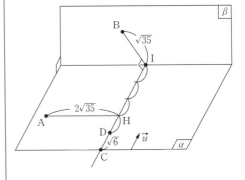

ここで，平面 β 上で点 B を点 I の周りに回転してできる円を S とし，S と平面 α との2つの交点のうち，直線 CD に関して A と反対側にある点を B′ とする。また，線分 AB′ と直線 CD との交点を P_0 とする。

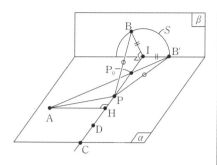

このとき, 直線 CD 上の点 P に対し,

$$AP + PB = AP + PB' \geqq AB'$$

で, 等号は $P = P_0$ のときに成り立つ。よって, 求める $AP + PB$ の最小値は, AB' である。次図は平面 α を真上から見下ろした図で, この図より,

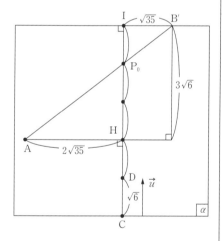

$$AB' = \sqrt{(3\sqrt{6})^2 + (3\sqrt{35})^2} = 3\sqrt{41}$$

であるから, 求める最小値は $\boxed{3\sqrt{41}}$ …(答)

☐ 11

◆3次元斜交座標の問題として解いてみよ。

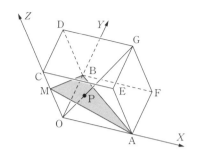

(1) O を原点, $\vec{a}$, $\vec{b}$, $\vec{c}$ を基底とする XYZ 斜交座標系で考えると,

$A(1, 0, 0)$, $B(0, 1, 0)$,

$M\left(0, 0, \dfrac{1}{1+t}\right)$, $G(1, 1, 1)$

であるから, 平面 ABM の方程式は

$$X + Y + (1+t)Z = 1 \cdots\cdots①$$

直線 OG の方程式は

$$X = Y = Z \cdots\cdots②$$

である。①, ②の交点 P の座標を求めると,

$P\left(\dfrac{1}{t+3}, \dfrac{1}{t+3}, \dfrac{1}{t+3}\right)$ であるから,

$$\boxed{\overrightarrow{OP} = \dfrac{1}{t+3}(\vec{a}+\vec{b}+\vec{c})} \cdots(答)$$

(2) 四面体 OABE と四面体 OABP において, △OAB を共通の底面とみると, 体積比は「高さ」の比であり, それは E と P の Z 座標の比であるから,

$$V_1 : V_2 = 1 : \dfrac{1}{t+3}$$

$$\boxed{\dfrac{V_1}{V_2} = t+3} \cdots(答)$$

(3) Q は三角形 OAB の重心なので, $Q\left(\dfrac{1}{3}, \dfrac{1}{3}, 0\right)$

また,

$P\left(\dfrac{1}{t+3}, \dfrac{1}{t+3}, \dfrac{1}{t+3}\right)$, $C(0, 0, 1)$,

$F(1, 1, 0)$ であるから,

$$\overrightarrow{\mathrm{CF}} = \begin{pmatrix} 1 \\ 1 \\ -1 \end{pmatrix}, \quad \overrightarrow{\mathrm{QP}} = \begin{pmatrix} \dfrac{1}{t+3} - \dfrac{1}{3} \\ \dfrac{1}{t+3} - \dfrac{1}{3} \\ \dfrac{1}{t+3} \end{pmatrix}$$

である。よって，$\overrightarrow{\mathrm{CF}} /\!/ \overrightarrow{\mathrm{QP}}$ となるのは，
成分の比が一致するときで，

$$\frac{1}{t+3} - \frac{1}{3} = -\frac{1}{t+3} \quad \therefore \ t+3 = 6$$

$$\therefore \ \boxed{t=3} \cdots (\text{答})$$

□ **12**

◆斜交座標内での平面の式を利用すると，W がどの
ような立体なのかが把握しやすい。
◆体積比はどの座標系でも同じなので，普通の直交座
標系で考えてもよい。
◆相似比が $1:k$ なら体積比は $1:k^3$

$$\overrightarrow{\mathrm{OP}} = \alpha \overrightarrow{\mathrm{OA}} + \beta \overrightarrow{\mathrm{OB}} + \gamma \overrightarrow{\mathrm{OC}}$$

より，O を原点，$\overrightarrow{\mathrm{OA}}$，$\overrightarrow{\mathrm{OB}}$，$\overrightarrow{\mathrm{OC}}$ を基底と
する斜交座標における点 P の座標は
(α, β, γ) であるから，

$$\alpha + 2\beta + 3\gamma \leqq 6,$$

$$2 \leqq \alpha \leqq 4, \quad \beta \geqq 0, \quad \gamma \geqq 0$$

を満たす点 P の全体 W は，次図において
三角形 GHI，三角形 JKL，台形 GJKH，
台形 KHIL，台形 GJLI で囲まれた部分。

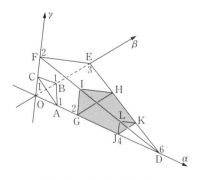

よって，W の体積を V' とすると

$$V' = (\text{四面体 DGHI の体積}) -$$
$$(\text{四面体 DJKL の体積})$$

ここで，

$$(\text{四面体 DOEF}) \infty (\text{四面体 DGHI})$$
$$\infty (\text{四面体 DJKL})$$

であり，相似比は $3 : 2 : 1$ であるから，体
積比は $27 : 8 : 1$ である。四面体 DOEF の
体積は，

$$V \times 6 \times 3 \times 2 = 36V$$

であるから，

$$(\text{四面体 DGHI の体積}) = 36V \times \frac{8}{27} \ \cdots\cdots ①$$

$$(\text{四面体 DJKL の体積}) = 36V \times \frac{1}{27} \ \cdots\cdots ②$$

よって，

$$V' = ① - ②$$
$$= 36V \left(\frac{8}{27} - \frac{1}{27} \right) = \frac{28}{3} V$$

よって W の体積は V の $\boxed{\dfrac{28}{3} 倍}$ $\cdots$(答)である。

□ **13**

◆(1)は座標軸の周りの回転体なので，存在条件を利
用するのがわかりやすい。
◆(2)は，α 上に直交する単位ベクトルを基底とする
座標系を設定し，S の方程式を求めることになる。

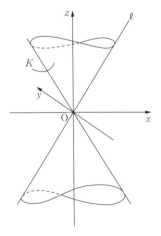

(1) K の平面 $z = t$ による断面は，この平面上の $(0, 0, t)$ を中心とする半径 $\dfrac{|t|}{2}$ の円周

$$\begin{cases} z = t \\ x^2 + y^2 = \dfrac{t^2}{4} \end{cases}$$

であるから，

$$(x, y, z) \in K$$

$$\Longleftrightarrow \exists t \in \mathbb{R}, \begin{cases} z = t \\ x^2 + y^2 = \dfrac{t^2}{4} \end{cases}$$

$$\Longleftrightarrow x^2 + y^2 = \dfrac{z^2}{4}$$

よって，K の方程式は，

$$\boxed{x^2 + y^2 = \dfrac{z^2}{4}} \cdots \text{(答)}$$

(2) 点 $\mathrm{A}(0, 0, a)$ を原点とし，$\vec{e} = \begin{pmatrix} 0 \\ 1 \\ 0 \end{pmatrix}$，

$\vec{u} = \dfrac{1}{\sqrt{5}} \begin{pmatrix} 1 \\ 0 \\ 2 \end{pmatrix}$ を基底とする XY 座標系

を W とする。$\vec{e}$, $\vec{u}$ は α に平行な単位ベクトルで，$\vec{e} \perp \vec{u}$ であることに注意する。

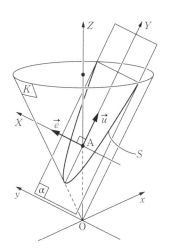

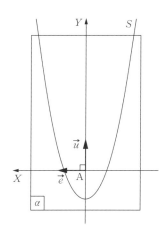

xyz 空間における点 $\mathrm{P}(x, y, z)$ が α 上にあるとき，P の W における座標を (X, Y) とすると，座標変換の式は，

$$\begin{pmatrix} x \\ y \\ z \end{pmatrix} = \overrightarrow{\mathrm{OA}} + X\vec{e} + Y\vec{u}$$

$$= \begin{pmatrix} 0 \\ 0 \\ a \end{pmatrix} + X \begin{pmatrix} 0 \\ 1 \\ 0 \end{pmatrix} + \dfrac{Y}{\sqrt{5}} \begin{pmatrix} 1 \\ 0 \\ 2 \end{pmatrix}$$

すなわち

$$x = \dfrac{Y}{\sqrt{5}}, \ y = X, \ z = a + \dfrac{2Y}{\sqrt{5}}$$

この点 P が円錐面 K 上にあるための条件は，

$$\mathrm{P} \in K \Longleftrightarrow x^2 + y^2 = \dfrac{z^2}{4}$$

$$\Longleftrightarrow \left(\dfrac{Y}{\sqrt{5}}\right)^2 + X^2 = \dfrac{1}{4}\left(a + \dfrac{2Y}{\sqrt{5}}\right)^2$$

$$\Longleftrightarrow \dfrac{Y^2}{5} + X^2$$

$$= \dfrac{1}{4}\left(a^2 + \dfrac{4aY}{\sqrt{5}} + \dfrac{4Y^2}{5}\right)$$

$$\Longleftrightarrow X^2 = \dfrac{a}{\sqrt{5}}Y + \dfrac{a^2}{4}$$

$$\Longleftrightarrow Y = \dfrac{\sqrt{5}}{a}X^2 - \dfrac{\sqrt{5}\,a}{4} \ \cdots\cdots\text{①}$$

これが W における曲線 S の方程式である。今，xy 座標平面と W は基底の大きさが同じ合同な座標系なので，S と xy

平面の放物線 $y=x^2$ が合同になる条件は,

$$\frac{\sqrt{5}}{a}=1 \quad \text{すなわち} \quad \boxed{a=\sqrt{5}} \cdots (答)$$

14

◆ (2) では, L の xy 平面への正射影を考えてみよう。

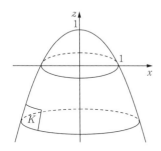

(1) K の平面 $z=t$ による断面を E_t とすると, E_t は,

$$\begin{cases} t>1 \text{のとき,} \quad 空集合 \\ t=1 \text{のとき,} \quad 1 \text{点} (0,0,1) \\ t<1 \text{のとき,} \quad z=t \text{上の} (0,0,t) \text{を中心} \\ \qquad\qquad\qquad\qquad \text{とする半径} \sqrt{1-t} \text{の円} \end{cases}$$

であるから, E_t の方程式は,

$$\begin{cases} z=t \\ x^2+y^2=1-t \end{cases}$$

t を動かしてこの E_t を集めたものが K なので,

$(x,y,z) \in K$

$$\Longleftrightarrow \exists t \in \mathbb{R} \begin{cases} z=t \\ x^2+y^2=1-t \end{cases}$$

$$\Longleftrightarrow x^2+y^2=1-z$$

よって, K の方程式は,

$$\boxed{x^2+y^2=1-z} \cdots (答)$$

(2) $L=K \cap \alpha$ より, L の方程式は,

$$\begin{cases} x^2+y^2=1-z \\ x+y+z=0 \end{cases}$$

$$\Longleftrightarrow \begin{cases} x^2+y^2=1+x+y \\ x+y+z=0 \end{cases}$$

$$\Longleftrightarrow \begin{cases} \left(x-\dfrac{1}{2}\right)^2+\left(y-\dfrac{1}{2}\right)^2=\dfrac{3}{2} \cdots \cdots \text{①} \\ x+y+z=0 \end{cases}$$

よって, L は円柱面①と平面 α との交線である。

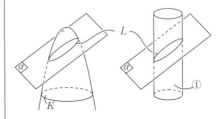

①は xy 平面に垂直な円柱なので, L の xy 平面への正射影は, 点 $\left(\dfrac{1}{2}, \dfrac{1}{2}, 0\right)$ を中心とする半径 $\dfrac{\sqrt{6}}{2}$ の円である。

平面 α の法線ベクトルとして $\vec{n}=\begin{pmatrix}1\\1\\1\end{pmatrix}$ を, xy 平面の法線ベクトルとして $\vec{e}=\begin{pmatrix}0\\0\\1\end{pmatrix}$ をそれぞれ選び, これらのなす角を θ とすると,

$$\cos\theta = \frac{\vec{n}\cdot\vec{e}}{|\vec{n}||\vec{e}|}=\frac{1}{\sqrt{3}}$$

であり, θ は α と xy 平面の2面角でもある。よって, この正射影によって図形の面積は $\dfrac{1}{\sqrt{3}}$ 倍されるので, 求める面積 S は,

$$S=\pi\left(\frac{\sqrt{6}}{2}\right)^2 \times \sqrt{3}$$

$$=\boxed{\frac{3\sqrt{3}}{2}\pi} \cdots (答)$$

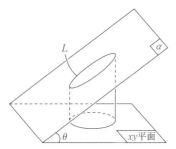

索引
Index

MEMO

MEMO

MEMO

MEMO

数学の真髄 —ベクトル—

発行日：2024年　7月29日　初版発行
　　　　2024年　8月26日　第2版発行

著者：青木純二
発行者：永瀬昭幸
発行所：株式会社ナガセ
　　　　〒180-0003 東京都武蔵野市吉祥寺南町1-29-2
　　　　出版事業部（東進ブックス）
　　　　TEL：0422-70-7456 ／ FAX：0422-70-7457
　　　　URL：http://www.toshin.com/books/（東進WEB書店）
　　　　※本書を含む東進ブックスの最新情報は東進WEB書店をご覧ください。
編集担当：河合桃子

校閲・制作協力：山内康太郎
編集協力：関根彩純，森下聡吾，久光幹太，城谷颯
図版制作・DTP：株式会社明友社
デザイン・装丁：東進ブックス編集部
印刷・製本：シナノ印刷株式会社

全国屈指の実力講師陣

東進の実力講師陣
数多くのベストセラー参考書を執筆!!

東進ハイスクール・
東進衛星予備校では、
そうそうたる講師陣が君を熱く指導する!

　本気で実力をつけたいと思うなら、やはり根本から理解させてくれる一流講師の授業を受けることが大切です。東進の講師は、日本全国から選りすぐられた大学受験のプロフェッショナル。何万人もの受験生を志望校合格へ導いてきたエキスパート達です。

英語

本物の英語力をとことん楽しく!日本の英語教育をリードするMr.4Skills.

安河内 哲也先生
[英語]

100万人を魅了した予備校界のカリスマ。抱腹絶倒の名講義を見逃すな!

今井 宏先生
[英語]

爆笑と感動の世界へようこそ。「スーパー速読法」で難解な長文も速読即解!

渡辺 勝彦先生
[英語]

雑誌『TIME』やベストセラーの翻訳も手掛け、英語界でその名を馳せる実力講師。

宮崎 尊先生
[英語]

いつのまにか英語を得意科目にしてしまう、情熱あふれる絶品授業。

大岩 秀樹先生
[英語]

全世界の上位5%(PassA)に輝く、世界基準のスーパー実力講師!

武藤 一也先生
[英語]

関西の実力講師が、全国の東進生に「わかる」感動を伝授。

慎 一之先生
[英語]

数学

数学を本質から理解し、あらゆる問題に対応できる珠玉の名講義!

志田 晶先生
[数学]

論理力と思考力を鍛え、問題解決力を養成。多数の東大合格者を輩出!

青木 純二先生
[数学]

「ワカル」を「デキル」に変える新しい数学は、君の思考力を刺激し、数学のイメージを覆す!

松田 聡平先生
[数学]

明快かつ緻密な講義が、君の「自立した数学力」を養成する!

寺田 英智先生
[数学]

国語

「脱・字面読み」トレーニングで、「読む力」を根本から改革する！

輿水 淳一先生
[現代文]

明快な構造板書と豊富な具体例で必ず君を納得させる！「本物」を伝える現代文の新鋭。

西原 剛先生
[現代文]

東大・難関大志望者から絶大なる信頼を得る本質の指導を追究。

栗原 隆先生
[古文]

ビジュアル解説で古文を簡単明快に解き明かす実力講師。

富井 健二先生
[古文]

縦横無尽な知識に裏打ちされた立体的な授業に、グングン引き込まれる！

三羽 邦美先生
[古文・漢文]

幅広い教養と明解な具体例を駆使した緩急自在の講義。漢文が身近になる！

寺師 貴憲先生
[漢文]

小論文、総合型、学校推薦型選抜のスペシャリストが、君の学問センスを磨き、執筆プロセスを直伝！

正司 光範先生
[小論文]

文章で自分を表現できれば、受験も人生も成功できますよ。「笑顔と努力」で合格を！

石関 直子先生
[小論文]

理科

正しい道具の使い方で、難問が驚くほどシンプルに見えてくる！

宮内 舞子先生
[物理]

化学現象を疑い化学全体を見通す"伝説の講義"は東大理三合格者も絶賛。

鎌田 真彰先生
[化学]

「なぜ」をとことん追究し「規則性」「法則性」が見えてくる大人気の授業！

立脇 香奈先生
[化学]

「いきもの」をこよなく愛する心が君の探究心を引き出す！生物の達人。

飯田 高明先生
[生物]

地歴公民

歴史の本質に迫る授業と、入試頻出の「表解板書」で圧倒的な信頼を得る！

金谷 俊一郎先生
[日本史]

つねに生徒と同じ目線に立って、入試問題に対する的確な思考法を教えてくれる。

井之上 勇先生
[日本史]

"受験世界史に荒巻あり"と言われる超実力人気講師！世界史の醍醐味を伝える。

荒巻 豊志先生
[世界史]

世界史を「暗記」科目だなんて言わせない。正しく理解すれば必ず伸びることを一緒に体感しよう。

加藤 和樹先生
[世界史]

どんな複雑な歴史も難問も、シンプルな解説で本質から徹底理解できる。

清水 裕子先生
[世界史]

わかりやすい図解と統計の説明に定評。

山岡 信幸先生
[地理]

政治と経済のメカニズムを論理的に解明しながら、入試頻出ポイントを明確に示す。

清水 雅博先生
[公民]

「今」を知ることは「未来」の扉を開くこと。受験に留まらず、目標を高く、そして強く持て！

執行 康弘先生
[公民]

※書籍画像は2024年7月末時点のものです。

合格の秘訣2 ココが違う 東進の指導

01 人にしかできないやる気を引き出す指導

夢と志は志望校合格への原動力！

夢・志を育む指導

東進では、将来を考えるイベントを毎月実施しています。夢・志は大学受験のその先を見据える、学習のモチベーションとなります。仲間とワクワクしながら将来の夢・志を考え、さらに志を言葉で表現していく機会を提供します。

一人ひとりを大切に君を個別にサポート

担任指導

東進が持つ豊富なデータに基づく君だけの合格設計図をともに考えます。熱誠指導でどんな時でも君のやる気を引き出します。

受験は団体戦！仲間と努力を楽しめる

チーム制

東進ではチームミーティングを実施しています。週に1度学習の進捗報告や将来の夢・目標について語り合う場です。一人じゃないから楽しく頑張れます。

現役合格者の声

東京大学 文科一類
中村 誠雄くん
東京都 私立 駒場東邦高校卒

林修先生の現代文記述・論述トレーニングは非常に良質で、大いに受講する価値があると感じました。また、担任指導やチームミーティングは心の支えでした。現状を共有でき、話せる相手がいることは、東進ならではの、受験という本来孤独な闘いにおける強みだと思います。

02 人間には不可能なことをAIが可能に

学力×志望校 一人ひとりに最適な演習をAIが提案！

AI演習

東進のAI演習講座は2017年から開講していて、のべ100万人以上の卒業生の、200億題にもおよぶ学習履歴や成績、合否等のビッグデータと、各大学入試を徹底的に分析した結果等の教務情報をもとに年々その精度が上がっています。2024年には全学年にAI演習講座が開講します。

■AI演習講座ラインアップ

高3生 苦手克服＆得点力を徹底強化！
「志望校別単元ジャンル演習講座」
「第一志望校対策演習講座」
「最難関4大学特別演習講座」

高2生 大学入試の定石を身につける！
「個人別定石問題演習講座」

高1生 素早く、深く基礎を理解！
「個人別基礎定着問題演習講座」 2024年夏 新規開講

現役合格者の声

千葉大学 医学部医学科
寺嶋 伶旺くん
千葉県立 船橋高校卒

高1の春に入学しました。野球部と両立しながら早くから勉強をする習慣がついていたことは合格した要因の一つです。「志望校別単元ジャンル演習講座」は、AIが僕の苦手を分析して、最適な問題演習セットを提示してくれるため、集中的に弱点を克服することができました。

03 本当に学力を伸ばすこだわり

楽しい！わかりやすい！そんな講師が勢揃い

実力講師陣

わかりやすいのは当たり前！おもしろくてやる気の出る授業を約束します。1.5倍速×集中受講の高速学習。そして、12レベルに細分化された授業を組み合わせ、スモールステップで学力を伸ばす君だけのカリキュラムをつくります。

パーフェクトマスターのしくみ

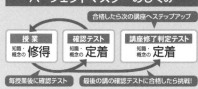

合格したら次の講座へステップアップ

授業	確認テスト	講座修了判定テスト
知識・概念の **修得**	知識・概念の **定着**	知識・概念の **定着**

毎授業後に確認テスト　　　最後の講の確認テストに合格したら挑戦！

英単語1800語を最短1週間で修得！

高速マスター

基礎・基本を短期間で一気に身につける「高速マスター基礎力養成講座」を設置しています。オンラインで楽しく効率よく取り組めます。

本番レベル・スピード返却学力を伸ばす模試

東進模試

常に本番レベルの厳正実施。合格のために何をすべきか点数でわかります。WEBを活用し、最短中3日の成績表スピード返却を実施しています。

現役合格者の声

早稲田大学 基幹理工学部
津行 陽奈さん
神奈川県 私立 横浜雙葉高校卒

私が受験において大切だと感じたのは、長期的な積み重ねです。基礎力をつけるために「高速マスター基礎力養成講座」や授業後の「確認テスト」を満点にすること、模試の復習などを積み重ねていくことでどんどん合格に近づき合格することができたと思います。

ついに登場！ 君の高校の進度に合わせて学習し、定期テストで高得点を取る！

高等学校対応コース

目指せ！「定期テスト」20点アップ！
「先取り」で学校の勉強がよくわかる！

楽しく、集中が続く、授業の流れ

1. 導入
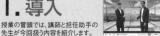
授業の冒頭では、講師と担任助手の先生が今回扱う内容を紹介します。

2. 授業

約15分の授業でポイントをわかりやすく伝えます。要点はテロップでも表示されるので、ポイントがよくわかります。

3. まとめ

授業が終わったら、次は確認テスト。その前に、授業のポイントをおさらいします。

合格の秘訣3 東進模試

学力を伸ばす模試

■ 本番を想定した「厳正実施」
統一実施日の「厳正実施」で、実際の入試と同じレベル・形式・試験範囲の「本番レベル」模試。
相対評価に加え、絶対評価で学力の伸びを具体的な点数で把握できます。

■ 12大学のべ42回の「大学別模試」の実施
予備校界随一のラインアップで志望校に特化した"学力の精密検査"として活用できます(同日・直近日体験受験を含む)。

■ 単元・ジャンル別の学力分析
対策すべき単元・ジャンルを一覧で明示。学習の優先順位がつけられます。

■ 最短中5日で成績表返却 WEBでは最短中3日で成績を確認できます。※マーク型の模試のみ

■ 合格指導解説授業 模試受験後に合格指導解説授業を実施。重要ポイントが手に取るようにわかります。

2024年度
東進模試 ラインアップ

共通テスト対策
■ 共通テスト本番レベル模試 〈全学年統一部門〉 全4回
■ 全国統一高校生テスト 〈高2生部門〉〈高1生部門〉 全2回
同日体験受験
■ 共通テスト同日体験受験 全1回

記述・難関大対策
■ 早慶上理・難関国公立大模試 全5回
■ 全国有名国公私大模試 全5回
■ 医学部82大学判定テスト 全2回

基礎学力チェック
■ 高校レベル記述模試 〈高2〉〈高1〉 全2回
■ 大学合格基礎力判定テスト 全4回
■ 全国統一中学生テスト 〈全学年統一部門〉〈中2部門〉〈中1部門〉 全2回
■ 中学学力判定テスト 〈中2生〉〈中1生〉 全4回

※ 2024年度に実施予定の模試は、今後の状況により変更する場合があります。
最新の情報はホームページでご確認ください。

大学別対策
■ 東大本番レベル模試 全4回
■ 高2東大本番レベル模試 全4回
■ 京大本番レベル模試 全4回
■ 北大本番レベル模試 全2回
■ 東北大本番レベル模試 全2回
■ 名大本番レベル模試 全3回
■ 阪大本番レベル模試 全3回
■ 九大本番レベル模試 全3回
■ 東工大本番レベル模試 [第1回]
東京科学大本番レベル模試 [第2回] 全2回
■ 一橋大本番レベル模試 全2回
■ 神戸大本番レベル模試 全2回
■ 千葉大本番レベル模試 全1回
■ 広島大本番レベル模試 全1回

同日体験受験
■ 東大入試同日体験受験 全1回
■ 東北大入試同日体験受験 全1回
■ 名大入試同日体験受験 全1回

直近日体験受験 各1回
| 京大入試 直近日体験受験 | 北大入試 直近日体験受験 | 阪大入試 直近日体験受験 |
| 九大入試 直近日体験受験 | 東京科学大入試 直近日体験受験 | 一橋大入試 直近日体験受験 |

2024年 東進現役合格実績
受験を突破する力は未来を切り拓く力!

※2024年4月現在